计算电磁学时域有限差分法

Finite-Difference Time-Domain Method
for Computational Electromagnetics

林志立　编著

清华大学出版社

北京

图书在版编目（CIP）数据

计算电磁学时域有限差分法/林志立编著.—北京：清华大学出版社，2019.12
（2023.6重印）

ISBN 978-7-302-54135-6

Ⅰ.①计… Ⅱ.①林… Ⅲ.①电磁计算－时域分析－有限差分法 Ⅳ.①TM15

中国版本图书馆 CIP 数据核字（2019）第 249753 号

责任编辑：鲁永芳
封面设计：常雪影
责任校对：赵丽敏
责任印制：丛怀宇

出版发行：清华大学出版社
 网　　　址：http://www.tup.com.cn，http://www.wqbook.com
 地　　　址：北京清华大学学研大厦 A 座　**邮　　编**：100084
 社 总 机：010-83470000　**邮　　购**：010-62786544
 投稿与读者服务：010-62776969，c-service@tup.tsinghua.edu.cn
 质量反馈：010-62772015，zhiliang@tup.tsinghua.edu.cn
印 装 者：涿州市般润文化传播有限公司
经　　销：全国新华书店
开　　本：170mm×240mm　**印　张**：15　**字　　数**：270 千字
版　　次：2019 年 12 月第 1 版　**印　　次**：2023 年 6 月第 4 次印刷
定　　价：79.00 元

产品编号：085948-01

　　时域有限差分(finite-difference time-domain,FDTD)法由美籍华裔伊(K. S. Yee)于 1966 年首次提出,是一种基于离散有限差分来近似代替连续偏导数推导得到麦克斯韦旋度方程的更新公式,并通过时域循环迭代获得电磁场时空分布的数值计算方法。FDTD 方法是一种功能强大的时域电磁算法,通过一次仿真即可获得一定频带内被仿真器件的频率响应特性。同时,FDTD 方法对应的各电磁分量更新公式中包含被仿真媒质的电磁参量,只需赋予对应网格节点相应的材料参数,就能模拟各种具有复杂结构形状和复杂材料特性的电磁学和光学问题。近三十年来,随着计算机硬件技术的发展,FDTD 方法的研究和应用得到了迅猛发展,每年数以千计并且数量不断增长的关于时域有限差分方法的研究和工程应用文献足以验证这一点。由于该方法的易用性、通用性和实用性,FDTD 方法已经成为一种能有效解决各类电磁学和光学问题的数值计算工具,在计算电磁学、微波工程、光学工程等众多学科领域得到了广泛的应用。

　　本书共分为 8 章。第 1 章简要介绍了计算电磁学及其主要计算方法,重点阐述了时域有限差分法的基本特点、发展历史和应用领域,及其相比于其他计算电磁学方法的特色和优势。第 2 章主要回顾了以麦克斯韦方程组和物质本构关系为代表的电磁场理论,为后续介绍 FDTD 方法打下坚实的电磁理论基础。第 3 章主要介绍了 FDTD 方法的工作原理,对有限差分格式近似计算连续导数、时空离散特点、空间网格剖分、麦克斯韦旋度方程的更新公式,以及 FDTD 方法的稳定性条件和仿真精度进行了详细的论述。第 4 章主要阐述了 FDTD 方法中可用于截断计算区域的三种边界条件,重点介绍了完全匹配层吸收边界条件。第 5 章主要介绍了 FDTD 方法的电磁波源,包括时谐电磁波源、脉冲电磁波源、平面电磁波源以及基于电流和磁流的电磁波激励算法。第 6 章主要讲述了各类材料的 FDTD 仿真算法，重点介绍了色散材料的各种高精度数值仿真算法。第 7 章主要讨论了 FDTD 仿真参数提取及仿真结果后处理，主要包括电磁波功率和能量参数的提取、电磁波电磁场时频域变换以及仿真过程和结果可视化编程。第 8 章展示了若干典型电磁学和光学问题的 FDTD 编程仿真案例，给出了一维、二维和三维电磁问题进行 FDTD 时域电磁仿真的完整 MATLAB 源代码、注释说明以及仿真结果。

本书的形成离不开作者在 FDTD 方法领域十余年的学习和研究积累。作者首次接触 FDTD 方法是 2008 年在瑞典皇家工学院做博士后期间，当时需要用 FDTD 方法实现对负折射率平板透镜成像特性的高精度数值模拟仿真。十余年来，作者一直利用 FDTD 方法从事电磁场数值计算领域的教学和科研工作，取得了诸多创新性研究成果，积累了丰富的 FDTD 方法算法开发及其 MATLAB 编程仿真经验。

本书相比于其他介绍 FDTD 方法图书的特色之处有：

（1）将麦克斯韦旋度方程和物质本构关系的更新公式分离开来，从而极大方便了模块化编程和材料仿真；

（2）给出了完整的 FDTD 仿真 MATLAB 源代码，并有详细的注释，请扫二维码下载。

由于作者水平有限和时间关系，书中难免有不足和错漏之处，欢迎广大读者对本书提出宝贵意见和建议，以期再版时得以改进和完善。

本书的出版得到了国家自然科学基金项目（61101007）、福建省杰出青年科学基金项目（2015J06015）、福建省本科高校重大教育教学改革研究项目（FBJG20190124）以及华侨大学中青年教师科技创新资助计划（ZQN-YX203）的研究工作和经费资助支持，在此一并表示感谢。

林志立

2019 年 9 月于华侨大学厦门校区

目录

CONTENTS

第1章
CHAPTER 1

绪　　论

1.1　计算电磁学简介

计算电磁学(computational electromagnetics,CEM)是一门以电磁场理论为基础,以数值计算方法为手段,以电子计算机为工具,专门用于解决复杂电磁场理论和工程问题的应用型科学。计算电磁学诞生于 20 世纪 60 年代,至今已有五十多年的历史。特别是 20 世纪 90 年代之后,随着计算机硬件技术的迅猛发展,计算电磁学得到了蓬勃发展,截至目前计算电磁学已发展出种类繁多的数值计算方法,应用领域十分广泛。在详细介绍时域有限差分方法之前,先对计算电磁学作一个简要介绍,以提高读者对计算电磁学的整体了解。

1.1.1　计算电磁学的形成

1864 年,英国物理学家麦克斯韦(Maxwell,1831—1879 年)用一组优美的数学方程概括了宏观电磁场的基本规律,从而奠定了理论电磁学的基石。从那时起,作为探索与人类生活关系最为密切的电磁相互作用研究的电磁场理论取得了丰富的成果和广泛的应用。最开始,电磁理论的研究重点放在获取电磁场问题的解析解,但仅限于一些具有规则形状和简单材料构成的电磁场问题。然而,前沿科学技术应用中亟待解决的电磁场问题往往是比较复杂的,这些问题不存在或很难求得解析解。于是众多理论电磁学家又发展了变分法、扰动法、级数展开法和渐近法等近似方法,以满足求解相对复杂电磁场问题的需要。不过,由于电磁问题的复杂性和计算条件的限制,实际能解决的电磁场问题的类型和结构比较有限。

直到 20 世纪 60 年代,电子计算机的出现开创了计算电磁场研究的新时代。以有限差分法、有限元法和矩量法为代表的几类电磁场数值计算方法陆续出现,计算电磁学迎来了一个蓬勃发展的时期。1968 年,哈林顿(Harrington)撰写的 *Field Computation by Moment Methods* 一书系统描述了矩量法(method of moment,MoM),标志着第一部计算电磁学著作的诞生。同时,具有悠久历史的有限差分法被用于求解由泊松方程决定的静电场计算,广泛应用于各类力学研究的有限元法(finite element method,FEM)被推广应用到复杂结构电磁场的计算。1966 年,美籍华裔科学家余树江(Kane S. Yee)在著名期刊 *IEEE Trans. Antennas Propagat.* 上发表了第一篇关于时域有限差分(FDTD)法的论文,标志着一种功能强大的全新时域电磁场数值计算方法的诞生。

近 20 年来,计算机软硬件的高速发展为计算电磁学提供了优越的技术基础。不断提升的计算机存储量,不断提高的计算速度,以及现代计算数学的不断发展,使得计算电磁学对很多之前无法处理的、复杂的电磁场问题也能获得满意精度的数值解。另外,大型计算机尤其是并行计算机的发展也推动了计算电磁学各种数值计算方法所对应的并行计算技术的研究。

1.1.2　计算电磁学的特点

计算电磁学是一门交叉学科,涉及的学科门类和知识面比较广,是电磁场理论、数值计算方法和计算机技术相结合的产物。借助计算电磁学认识和改造世界,掌握计算电磁学的特色和优势,必须对计算电磁学的交叉学科特性有深入的了解,并有效加以利用。

计算电磁学是一门实践的学科。解决各种实际的复杂电磁场问题是开展计算电磁学研究的最终目的,因此只有通过解决实际问题才能真正掌握计算电磁学的编程技巧。计算电磁学的各类数值计算方法的正确性必须经得起实验和实践的验证。

虽然计算电磁学的应用领域十分广泛,但目前还没有一个万能的算法或程序可以一劳永逸地解决所有电磁场问题。实践中一般需要针对具体问题的特点选用合适的方法,必要时需要充分发挥创造性,灵活地联合不同方法来解决实际问题。选择合适的数值计算方法是计算电磁学的精髓,也是完成一次电磁仿真中最关键的要件。事实上,计算机只能做一些简单的初级运算和操作,其所提供的处理能力与待求解的电磁问题之间存在相当大的差别。在解决一个实际电磁问题时,我们需要先将一个复杂的电磁问题根据其性质进行数学建模,将其简化为包括具体结构和材料参数的一组方程和对应的边界条件,再利用算法将模型转化为包含初级运算的计算公式或线性方程组,最后结合软件平台特征编写计算机能够执行的程序代码并通过运行代码获得最终仿真结果。算法选取的好坏是影响能否计算出有效结果、计算精度高低、计算量大小以及计算耗时长短的关键。

任何数值计算方法都存在误差,其来源有以下三个方面。①模型误差。有时准确的理论和方程较为复杂,为了完成数学建模和求解需要忽略掉次要因素或人为增加限制条件。这种理想化的"数学模型"实质上是对客观电磁现象的近似描述,这种近似描述本身就隐含着误差,这就是模型误差。②方法误差。这种误差来源于采用离散的有限次项近似替代连续的无限次项而获得的数值求解运算结果与模型的准确解之间产生的误差,因而也称为方法误差或截断误差。例如,在时域有限差分法中,一般采用仅有二阶计算精度的中心差分公式来替代麦克斯韦旋度方程中的连续偏微分,这种近似替代的方法本身就能产生误差。③舍入误差。由于计算机的有限字长而带来的误差称为舍入误差或计算误差。在计算机上进行较多次运算以后,其舍入误差的积累也是相当可观的。一般情况下,采用双精度浮点数据存储类型可减小这种误差。

最后,还需考虑算法的收敛性和稳定性问题。不收敛、不稳定的算法存在仿真失败的风险,在采用某种算法进行仿真时,对时空离散参数的设置需要考虑该算法的稳定性条件。

1.1.3　计算电磁学的意义

目前,随着计算机软硬件技术的进一步发展,计算电磁学的功能将越来越强大,可以解决越来越多采用传统的解析方法或半解析方法所无法解决的复杂电磁场问题。计算电磁学已成为对复杂体系的电磁规律和电磁性质进行研究的重要手段,为电磁场问题研究开辟了新的途径,对电磁工程技术的发展起到极大的推动作用。计算电磁学的出现,改变了电磁场研究的思路和面貌,使得采用更统一标准的方法解决种类繁多的复杂电磁场问题成为可能,并通过计算结果的图形可视化更直接地展示各类电磁现象。

计算电磁学提供了一条崭新的研究途径,不仅丰富了科学研究手段,而且架起了电磁场理论研究与实验研究、工程应用研究之间的桥梁。计算电磁学已渗透到电磁学的各个领域,与电磁场理论、电磁场工程互相联系、互相依赖、相辅相成。计算电磁学对电磁场工程的重要性不言而喻,可以解决实际电磁场工程中越来越复杂的电磁场问题的建模与仿真、优化与设计等问题;而电磁场工程也为计算电磁学新型算法提供了实验结果,以验证其正确性和可行性。对电磁场理论而言,计算电磁学研究不仅可以加深对电磁场理论的理解,也可提供不存在解析解的复杂电磁场问题的数值解;而电磁场理论研究也为计算电磁学研究提供了电磁理论基础和数学方程模型,为验证计算电磁学算法的正确性和计算精度提供了经典问题的解析解。

同时,对于复杂的电磁学问题,计算电磁学所能够提供的信息量往往比实验方法丰富。在某些极端环境或实验代价极高的应用场合,计算电磁方法甚至成为唯一可行的经济性研究手段。利用高性能计算机,可以对新研究的对象进行数值模拟和动态显示,获得由实验很难观测到的快速物理过程。在许多情况下,或者由于理论模型过于复杂尚未成功求解,或者由于实验费用昂贵无法开展实验,计算电磁学就成为解决这类问题的唯一途径。

1.2 计算电磁学的重要数值计算方法

由于实际工程中需要解决的电磁场问题极具多样性和复杂性,因此至今计算电磁学已发展了多种数值计算方法,其中很多方法主要针对某一类特殊问题,不具有普遍性。当前,计算电磁学的主流数值计算方法大致可分为两大类:一类是以电磁场问题的积分方程为基础的数值方法,比如矩量法、快速多极子方法和时域积分方程法等;另一类是以电磁场问题的微分方程为基础的数值方法,比如有限元法、有限差分法、有限体积法等。

值得注意的是,由于电磁场问题的积分方程描述和微分方程描述是可以互相转换的,对同一电磁场问题,上述两类方法在本质上是等效的。由于计算机软硬件条件或各种算法自身的局限性,使用任何单一方法独立解决一些复杂的电磁场问题存在困难时,联合使用积分方程法和微分方程法,发挥各自方法的优势用于解决同一个电磁场问题,可以设计出具有更优性能的混合型计算方法,成为当前计算电磁学研究的重要研究方向之一。

1.2.1　矩量法

矩量法(MoM)是一种将连续方程离散化为代数方程组的方法。1963年,梅(Mei)在其博士论文中首次采用这种方法。Harrington 于 1968 年出版的专著 *Field Computation by Moment Methods* 中,对用此法求解电磁场问题作了系统的论述,并成功地应用于天线设计和电磁散射等电磁学问题,成为当时求解电磁场问题数值解的主要方法。虽然矩量法可用于求解微分方程,但在实际电磁场问题中主要用于求解积分方程,这是由于使用矩量法求解微分方程时所得到的代数方程组的系数矩阵往往是病态的,无法求得比较准确的结果。用积分方程描述开域电磁场问题时,采用边界或表面积分方程,可将问题的求解降低一个维度,大大减少未知量个数。同时运用格林函数建立积分方程满足了辐射条件,可使解域限定在待求量的定义域之内,因此基于积分方程的矩量法具有一定优越性。

利用矩量法求解电磁场问题的基本步骤是:先选定基函数对未知电磁场量函数进行近似展开,代入电磁场量满足的算子方程,再选取适当的权函数,在加权平均的意义下使方程的余量等于零,由此将连续的算子方程转换为计算机可以使用迭代法编程求解的线性代数方程组,从而求出离散节点上的电磁场量并通过插值法求出任意位置处的电磁场量。

但是,矩量法具有计算复杂度高的劣势。当用直接分解法和迭代法求解具有 N 个未知量的满系数矩阵线性代数方程组时,所需的计算量分别为 $O(N^3)$ 和 $O(N^2)$,这种高计算复杂度限制了矩量法对大尺度电磁目标问题的应用。为此,在传统矩量法的基础上采取各种快速算法以降低计算复杂度,其中在 20 世纪 80 年代提出的快速多极子方法(fast multipole method, FMM)发展得最为成熟。快速多极子方法仍以矩量法为基础,将离散单元划分成若干组。在快速多极子方法的基础上,又发展了多层快速多极子算法(multi-layer fast-multipole algorithm, MLFMA)。使用快速多极子算法使散射问题的计算复杂度不断降低,每次迭代的计算量接近 $O(N\log N)$,使得矩量法在计算电磁学中的重要性更加明显。

1.2.2　有限元法

有限元法(FEM)是求解微分方程边值问题的一种数值计算方法。1943年,美国数学家库朗(R. Courant)教授从数学上提出有限元的思想。1960

年,美国克勒夫(R. W. Clough)教授在美国土木工程学会(ASCE)之计算机会议上发表了一篇名为 *The finite element method in plane stress analysis* 的论文,有限元法的名称第一次被正式提出。此后,该方法得到了发展并被广泛用于结构分析、流体力学、热传递等物理和工程问题之中。20 世纪 60 年代末至 70 年代初,有限元法开始被应用于求解电磁场问题。

有限元法是以剖分插值和变分原理或加权余量法为基础的一种数值计算方法,大体上可分为里茨有限元法和伽辽金有限元法两种。在早期,基于瑞利-里茨方法的里茨有限元法以变分原理为基础,广泛用于求解拉普拉斯方程和泊松方程所描述的各类物理场。伽辽金有限元法应用加权余量法中的伽辽金法或最小二乘法得到有限元方程,可用于任何微分方程所描述的各类物理场,同时适合于时变场、非线性场以及复杂介质电磁场问题的求解。

有限元法的基本求解思路是:先通过各种适当的形式将求解计算区域剖分成有限个单元,在每个单元中构造分域基函数,再利用里茨法或伽辽金法构造出代数形式的有限元方程。然后,通过计算机编程以求解巨型线性方程组的方式求出离散节点上电磁场量值。

有限元法的最大优点是其离散单元的灵活性。相对有限差分而言,有限元法可以更精确地模拟各种复杂的几何结构,并通过灵活选择取样点疏密情况适应场分布的不同情况,既能满足计算精度的要求,又不增加过大的计算量。有限元法的另一大优点是所形成的有限元方程组的系数矩阵是稀疏的、对称的,有利于代数方程组的求解。此外,由于有限元法应用广泛,所以其数学基础研究得比较透彻,已经有比较成熟的自动剖分等标准化的商业软件可供使用。

在电磁场问题的应用中,早期的有限元方法采用插值节点数值而获得的节点基标量单元来表示矢量电场或磁场,会遇到几个严重的问题。由于未强加散度条件,节点标量有限元会出现非物理的“伪解”现象。此外,在材料界面和导体表面强加边界条件不方便,存在处理导体和介质边缘及角的困难性,这是由于这些结构相关场的奇异性造成的。为此,在 20 世纪 80 年代末至 90 年代初,人们发展了一种矢量有限元技术,用设置在单元棱边上的矢量基函数表示电磁场,因此也称为棱边元(edge element)。棱边元法没有前面提到的所有缺点,其重要性很快就被大家所认识,逐渐成为电磁场计算中最流行的有限元形式。

在 20 世纪 70 年代,将边界积分方程与有限元的离散方式结合,又产生了一种新的数值计算方法——边界元法(boundary element method,BEM)。

该方法兼有积分方程法和有限元法的优点,是边界积分法的一种发展。边界元法与经典的边界积分方程采用的格林函数不同,其中的积分方程是通过加权余量法建立起来的。因为它具有许多优点,故一经提出便受到人们的普遍重视和深入研究,在各个领域得到应用并取得良好的效果。

1.2.3 有限差分法

有限差分法(finite difference method,FDM)是历史上出现最早、研究最透彻的用于求解各类偏微分方程的数值计算方法。这种方法早在19世纪末已经提出,但把差分法和近似数值分析联系起来,则是20世纪50年代中叶以后的一段时间。20世纪50年代有限差分法就以原理简单、概念直观等特点被广泛用于各种电磁场问题的数值分析,尤其是有限差分法对连续方程离散化处理的思想,成为后来各类数值方法的发展基础。无论是常微分方程还是偏微分方程,不管是各种类型的二阶线性方程还是高阶或非线性方程,均可利用有限差分法转化为线性代数方程组,而后利用计算机采用超松弛迭代法等数值方法求其数值解。

有限差分法的基本原理是:用离散形式的有限差分方程近似代替连续形式的微分方程,并在代数方程中将空间各点待求量的值与其邻近点的值联系起来。它把连续域内的电磁场问题变为离散系统的电磁场问题,即用各离散点上的数值解来逼近连续场域内的真实解,因而它是一种近似的计算方法。传统的有限差分法主要适用于求解标量问题,在电磁场领域多用于求解静态场问题。根据目前计算机硬件的容量和速度,对许多问题可以得到足够高的计算精度。

1966年,K. S. Yee在其著名的论文 *Numerical solution of initial boundary value problems involving Maxwell's equations in isotropic media* 中采用后来被称为Yee氏网格的空间离散方式将依赖于时间变量的时域麦克斯韦旋度方程转化为差分格式,并成功地模拟了电磁脉冲与理想导体作用的时域响应,开创了时域有限差分法(FDTD)。自20世纪80年代后期以来,FDTD方法进入一个新的发展阶段,由成熟转入被广泛接受和应用,在应用中又不断有新的发展。目前,时域有限差分法几乎被用于从微波工程到光学工程的各个方面,而且其应用范围和成效还在迅速地扩大和提高。

FDTD方法的应用主要受到两个方面因素的限制:数值色散误差和时间稳定性条件。这两个限制对FDTD方法的空间网格尺寸和时间步长的参数选取有着苛刻的要求,导致利用FDTD方法模拟复杂电磁结构或大尺寸目标时,需要消耗巨大的计算机资源,导致计算效率低下甚至不可实现。近年来,一些具有特色的时域算法得到了快速发展,例如高阶 FDTD 方法、基于小波变换的超分辨率时域方法、伪谱时域算法等;同时,多种无条件稳定的时域算法也被相继提出,例如基于交变隐式差分方向(alternating direction implicit,ADI)的 FDTD 方法、局部一维(locally one-dimensional,LOD)FDTD 方法以及基于加权拉盖尔多项式的 FDTD 方法等。

1.3　时域有限差分法的特点、发展和应用

1.3.1　时域有限差分法的特点

FDTD 方法能够得到广泛应用的一个重要原因是它的简单性、直观性,以及原理编程容易掌握。FDTD 方法不同于以往的任何一种数值计算方法,它以差分原理为基础,从概括电磁场普遍规律的麦克斯韦方程出发,直接将其转换为差分方程组。FDTD 方法基于简单的公式迭代,不需要复杂的渐近逼近或格林函数,也不像有限元那样需要导出其他方程,使得它成为电磁场数值计算方法中较简单的一种。其次,它直接求解时域麦克斯韦方程组,实质上是在计算机所能提供的离散数值时空中仿真再现电磁现象的物理过程,非常直观。它从概括电磁场普遍规律的麦克斯韦旋度方程出发,在一定体积内和一段时间上对连续电磁场的数据取样。因此,它是对电磁场问题的最原始、最本质、最完备的数值模拟,具有最广泛的适用性。

FDTD 方法使电磁场的理论与计算从处理稳态问题发展到瞬态问题,从处理标量场问题发展到直接处理矢量场问题,这在电磁场理论中是一个具有重要意义的发展。这一发展又是与计算科学的发展紧密联系在一起的。FDTD 算法易于使用并行计算方法。FDTD 方法的发展是与现代高速大容量计算机、矢量计算机、并行计算机以及计算科学中并行算法的发展分不开的。应用一般的计算方法,对于这种有多个变量的偏微分方程组的计算是很困难的,它将需要很长的计算时间,而这类问题采用并行算法可以大量节省计算时间。

另外,FDTD 方法求解的是麦克斯韦方程组的时域解,借助傅里叶变换通过一次仿真即可得到被仿真器件在宽频带中的频域响应。同时,它可以很容易地处理由不同媒质构成的电磁结构,如介质、磁体、色散媒质、非线性或各向异性媒质。这些特点使得 FDTD 方法成为了在诸多微波器件和微纳

光电器件的仿真应用中最具吸引力的计算电磁学方法。

1.3.2　时域有限差分法的发展历史

经过 50 多年的发展,FDTD 方法已发展成为一种功能强大的流行数值计算方法。它的成熟可归因于众多先驱者为推进 FDTD 方法的发展所作出的大量贡献,对推动 FDTD 方法发展到今天的水平发挥了关键作用。FDTD 方法发展和应用的关键性历史节点有:

- 1966 年,K. S. Yee 发表了第一篇关于 FDTD 方法的论文,首先提出基于麦克斯韦方程的 Yee 网格差分离散方式,并用来处理电磁脉冲的传播和反射问题。
- 1975 年,塔夫洛夫(Taflove)和布罗德温(Brodwin)等将 Yee 网格方法应用于电磁散射和生物加热问题的研究,讨论了时谐场情况的近-远场外推,给出了数值稳定性条件的正确形式。
- 1977 年,霍兰(Holland)开发了可用于 EMP 瞬态场仿真的第一款 FDTD 软件 THREDE。
- 1980 年,Taflove 首次提出了 FDTD 这个名称。
- 1981 年,Holland 和辛普森(Simpson)开发了适用于细线模拟仿真的亚网格技术;穆尔(Mur)提出了适用于 FDTD 的二阶吸收边界——Mur 吸收边界条件。
- 1982—1983 年,乌马夏卡(Umashankar)和 Taflove 提出了总场/散射平面波源激励边界条件,并提出了二维和三维近场-远场转换外推方法;Holland 提出了非正交网格 FDTD。
- 1988 年,苏利万(Sullivan)、甘地(Gandhi)和 Taflove 开发了适用于 FDTD 方法的第一个人体模型。
- 1989 年,楚(Chu)和查德胡里(Chadhuri)将 FDTD 方法第一次应用于光学结构。
- 1990 年,沈(Sheen)等首次用 FDTD 方法计算了电路的散射参数;萨诺(Sano)和什巴达(Shibata)首次将 FDTD 方法用于仿真光电器件。
- 1991 年,吕贝斯(Luebbers)等和约瑟夫(Joseph)等开发了稳定的线性色散材料 FDTD 仿真算法。
- 1992 年,古尔金(Goorjian)等将 FDTD 方法用于仿真电磁波在非线性介质中的传播特性。
- 1993 年,昆茨(Kunz)和吕贝斯(Luebbers)出版了第一部关于 FDTD

方法的著作；施奈德（Schneider）和哈德森（Hudson）等将 FDTD 方法用于各向异性介质仿真。

- 1994 年，Luebbers、兰登（Langdon）以及彭尼（Penney）等成立了 REMCOM 公司，并推出了 XFDTD 仿真软件；贝伦格（Berenger）首次提出了基于场分量分裂形式的完全匹配层（PML），这是一种全新的吸收边界；周永祖（Chew）和威登（Weedon）提出了坐标伸缩形式的 PML。

- 1994 年，盖德尼（Gedney）提出了适用于集群并行计算机的 FDTD 方法。

- 1995 年，Taflove 出版了关于 FDTD 的经典著作（第一版）；该书第二版、第三版分别于 2000 年和 2005 年出版；Gedney 等开发了各向异性媒质形式的 PML。

- 1997 年，哈格斯（Hagness）等将 FDTD 方法应用于光电子学并仿真了一个光方向耦合器。

- 1998 年，罗登（Roden）等开发了电磁波斜入射周期性结构的 FDTD 分析方法。

- 2000 年，张（Zhang）、陈（Chen）和张（Zhang）开发了一种无条件稳定性 ADI-FDTD 方法；Roden 和 Gedney 介绍了一种具有复数频率移位参数的卷积 PML 方法——CPML。

- 2001 年，齐科夫斯基（Ziolkowski）和海曼（Heyman）开发了负折射率超材料的 FDTD 模型。

- 2002 年，沙瓦纳（Chavannes）开发了多嵌套亚网格模拟方法。

- 2006 年，翁（Ong）等使用 FDTD 仿真了纳米阵列阴极太阳能电池。

- 2007 年，赵（Zhao）等使用 FDTD 方法模拟了空间色散介质。

- 2010 年，阿盖洛普洛斯（Argyropoulos）等使用 FDTD 方法模拟了光黑洞现象。

1.3.3　时域有限差分法的应用领域

FDTD 方法因其强大的数值计算功能，在电磁研究的多个领域获得广泛应用，主要集中在天线、波导器件、电磁散射、电磁兼容、集成电路、光子晶体、近场光学、瞬态电磁场和生物电磁学等领域，具体包括：

（1）天线辐射特性的计算分析。FDTD 方法用于天线辐射特性计算所具有的优越性得益于其对复杂结构的模拟能力，特别地在计算天线的瞬态辐射特性和宽频带辐射特性方面具有突出的优势。FDTD方法不仅用来计算天线辐射的方向性,也可以计算天线的各种重要的辐射参量。一般来说,利用FDTD方法可仿真的天线类型有柱状和锥状天线、接地导体附近的天线、喇叭天线、微带天线、手机天线、缝隙天线、螺旋天线以及天线阵列等。

(2) 目标电磁散射特性。FDTD方法的提出和发展大多是围绕电磁散射问题进行的。FDTD方法由于其对复杂结构模拟的超凡能力,对于结构复杂或线度达到数个波长的目标散射特性的计算具有突出的优越性。通过目标对设定的入射脉冲平面波瞬态响应的计算,FDTD方法可获得目标在宽频带范围的散射特性,而且这种丰富信息的获得只需一次计算便能完成,而采用频域法时必须逐个频率进行计算。FDTD方法可以计算的电磁散射类型有:导体、介质物体和具有复杂结构及形状物体(导弹、飞机)之类的雷达截面(RCS),导弹导引头的电磁波透入分布、人体对电磁波的吸收、地下物体散射等。

(3) 电子封装和电磁兼容分析。电磁兼容性越来越受到人们的重视,其中有许多复杂的电磁场计算问题,透入和串扰是两个最具特点的问题。为了计算这些复杂的电磁场问题,首先对这些复杂的结构进行正确的模拟,而FDTD方法正是在这方面有其突出的优越性。因此,FDTD方法已用于计算非常复杂的电磁兼容问题,由于FDTD方法的直接时域计算的特性,因而对核电磁脉冲的计算问题特别合适,并在这方面已经取得了很多重要的成果。应用例子如多线传输及高密度封装时的数字信号传输,分析环境和结构对元器件和系统电磁参数及性能的影响等。

(4) 微波电路和光电器件的时域分析。FDTD方法的另一个重要应用是可用于微波电路和光电器件的时域分析,能通过一次仿真即可获得电路或器件的频率响应特性信息,而且可以了解脉冲信号在电路和光路中的实时传输物理过程,加深对电路和器件工作原理的深刻理解。可仿真的微波电路和光电器件类型有波导、介质波导、微带传输、铁氧体器件、谐振腔、光子晶体、微光学元器件、双负介质中电磁波的传播特性等。

(5) 瞬态脉冲电磁场研究。瞬态电磁场还涉及核电磁脉冲防护、冲激脉冲雷达、遥感和目标识别以及时域测量技术等领域,值得指出的是,FDTD方法的发展初期就把解决核电磁脉冲对复杂目标的作用问题作为开发目的之一,因此FDTD方法能在瞬态电磁场问题的研究中得到广泛的有效应用就是很自然的事情了。

(6) 周期性结构和随机表面反射特性分析。利用FDTD方法的周期性边界条件,可以计算分析周期性结构的电磁特性,比如频率选择表面、光栅传输特性、周期阵列天线、光子带隙结构。利用 FDTD 方法可仿真计算类似随机粗糙复杂表面的反射特性。

1.4　本书内容的安排

本书主要讲述时域有限差分(FDTD)方法的工作原理、主要算法及其编程实现,涉及内容包括 FDTD 方法的优势、特点和发展历史、电磁场理论基础、FDTD 方法工作原理、FDTD 边界条件、电磁波激励算法、电磁材料模拟算法、电磁仿真过程参数提取和后期处理,以及典型电磁学和光学问题的编程仿真案例。本书共分为 8 章,各章具体内容如下:

第 1 章,简要介绍计算电磁学及其主要计算方法,重点阐述 FDTD 方法的基本特点、发展历史和应用领域,及其相比于其他计算电磁学方法的特色和优势。

第 2 章,主要介绍矢量代数和电磁场论的基本知识,回顾以时域麦克斯韦方程组为代表的电磁场理论,为后续介绍 FDTD 方法打下坚实的电磁理论基础。

第 3 章,主要介绍 FDTD 方法的工作原理,对有限差分格式近似计算连续导数、时空离散特点、空间网格剖分、麦克斯韦旋度方程的更新公式,以及 FDTD 方法的稳定性条件和仿真精度进行了详细的论述。

第 4 章,主要阐述 FDTD 方法中可用于截断计算区域外围的三种边界条件:PEC/PMC 边界条件、周期性边界条件和完全匹配层吸收边界条件,重点介绍完全匹配层吸收边界条件的理论基础、算法设计和编程实现。

第 5 章,主要介绍 FDTD 方法的电磁波源,包括时谐电磁波源、脉冲电磁波源、平面电磁波源以及基于电流和磁流的电磁波激励算法。

第 6 章,主要讲述各种类型电磁材料的 FDTD 仿真算法,重点介绍各类典型色散材料的高精度数值仿真算法。

第 7 章,主要讨论 FDTD 仿真参数提取及仿真结果后处理,包括电磁波功率和能量参数的提取、电磁波电磁场时频域变换以及仿真过程和结果可视化编程。

第 8 章,展示若干典型电磁学和光学问题的 FDTD 编程仿真案例,给出一维、二维和三维电磁问题进行 FDTD 时域电磁仿真的完整 MATLAB 源代码、注释说明以及仿真结果。

参考文献

［1］ 王长清. 现代计算电磁学基础［M］. 北京：北京大学出版社，2005.

［2］ 王秉中，邵维. 计算电磁学［M］. 2 版. 北京：科学出版社，2018.

［3］ 吕英华. 计算电磁学的数值计算方法［M］. 北京：清华大学出版社，2006.

［4］ 盛新庆. 计算电磁学要论［M］. 3 版. 北京：科学出版社，2018.

［5］ SADIKU M N O. Numerical techniques in electromagnetics［M］. 2nd ed. Boca Raton，FL：CRC Press，2001.

［6］ JIN J M. Theory and computation of electromagnetic fields［M］. 2nd ed. Hoboken，NJ：John Wiley & Sons，2015.

［7］ HARRINGTON R F. Field computation by moment methods［M］. New York：Macmillan，1968.

［8］ CLOUGH R W. The finite element method in plane stress analysis［C］. Proceedings of the 2nd ASCE Conference on Electronic Computation，1960，345-378.

［9］ SILVESTER P P. Finite element solution of homogeneous waveguide problems［J］. Alta Freq. ，1969，38：313-317.

［10］ MEI K K. Unimoment method of solving antenna and scattering problems［J］. IEEE Trans. Antennas Propag. ，1974，22(6)：760-766.

［11］ NEDELEC J C. Mixed finite elements in R3［J］. Numer. Math. ，1980，35：315-341.

［12］ BOSSAVIT A，VERITE J C. A mixed FEM-BIEM method to solve 3-D deep current problems［J］. IEEE Trans. Magn. ，1982，18(2)：431-435.

［13］ AXELSSON O，BARKER V. Finite element solution of boundary value problems［M］. Orlando：Academic，1984.

［14］ KAGAMI S，FUKAI I. Application of boundary element method to electromagnetic field problems［J］. IEEE Trans. Microw. Theory Tech. ，1984，32(4)：455-461.

［15］ YEE K S. Numerical solution of initial boundary value problems involving Maxwell's equations in isotropic media［J］. IEEE Trans. Antennas Propagat. ，1966，14(3)：302-307.

［16］ KRUMPHOLZ M，KATEHI L P B. MRTD：new time-domain schemes based on multiresolution analysis［J］. IEEE Trans. Antennas Propagat. ，1996，44(4)：555-571.

［17］ TAFLOVE A，BRODWIN M E. Numerical-solution of steady-state electromagnetic scattering problems using time-dependent Maxwell's equations［J］. IEEE Transactions on Microwave Theory and Techniques，1975，23：623-630.

［18］ LIU Q H. The PSTD algorithm：a time-domain method requiring only two cells per wavelength［J］. Microw. Opt. Tech. Lett. ，1997，14(10)：158-165.

［19］ NAMIKI T. A new FDTD algorithm based on alternating-direction implicit method ［J］. IEEE Trans. Micro. Theory Tech. ,1999,47(10)：2003-2007.

［20］ ZHENG F,CHEN Z,ZHANG J. Toward the development of a three-dimensional unconditionally stable finite-difference time-domain method［J］. IEEE Trans. Micro. Theory Tech. ,2000,48(9)：1550-1558.

［21］ SHIBAYAMA J,MURAKI M,YAMAUCHI J. Efficient implicit FDTD algorithm based on locally one-dimensional scheme［J］. Electron. Lett. , 2005, 41（19）：1046-1047.

［22］ GEDNEY S D. Introduction to the Finite-Difference Time-Domain （FDTD） method for electromagnetics［M］. 2nd ed. San Rafael,CA：Morgan & Claypool Publisher,2011.

第2章
CHAPTER 2

电 磁 理 论

自然界存在的四种基本相互作用中,电磁相互作用是与我们的生活最为密切相关的。实际上,从公元前 7 世纪,古人们就逐渐发现了各类电现象、磁现象以及电磁感应现象。近两三百年来,电磁学家们对这些电、磁和电磁感应现象进行了广泛深入的研究,逐渐发现电磁之间的关系及其规律,从而形成了完整、系统的电磁理论。电磁理论不仅促进了科技的发展,也推动了社会的进步。矢量分析是研究电磁理论的基本数学工具,它的出现极大简化了电磁理论公式和方程。麦克斯韦方程组是电磁理论的基石,是人类最伟大的发现之一。本书所讲述的 FDTD 方法就是求解时域麦克斯韦方程组和反映物质电磁特性的物质本构关系的一种时域数值计算方法。熟练掌握以麦克斯韦方程组为核心的电磁理论是学习计算电磁学各类方法的前提和基础,因此有必要在本章对矢量分析、电磁场论、麦克斯韦方程组、物质本构关系等基础理论进行简要介绍,以便后面更好地介绍 FDTD 方法。

2.1 矢量分析

矢量分析方法是分析和解决科学和工程中涉及矢量物理量的数学物理问题所广泛采用的一种数学分析方法。与坐标表示法相比,这种方法在描述物理现象和规律时,具有物理图像清晰、公式书写简明的优点,特别是用矢量法给出的公式不依赖于坐标系的选择。不过,如果需要具体的空间坐标和数值结果,仍要用到具体的坐标系,因而熟知矢量表示法和坐标表示法是同样重要的。这里先介绍矢量代数的一些基础理论知识。

2.1.1　矢量代数与微分算符

我们在分析各种物理问题时会遇到各类物理量,其中最常见的有两类:一类是只有大小就能完整描述,而无需指明方向的物理量,它们称为标量(scalar)。标量是只要标明它的大小即可完全确定的量,如质量、时间、长度、密度、温度等。标量的空间分布构成标量场。另一类物理量不仅有大小,而且还需指明它们的方向才能完全确定,如位移、力、速度、电场强度、磁场强度等,它们称为矢量(vector)。矢量的大小也称为矢量的模。矢量的空间分布构成矢量场。在著作或教材中,矢量一般用粗斜体字母表示,例如 $\boldsymbol{A}$,其大小用普通斜体字母 A 表示,即 $A=|\boldsymbol{A}|$;在手写时,写成粗体字不太方便,一般在普通斜体字母 A 的上方标上向右的箭头或半箭头表示,例如 $\vec{A}$ 或 $\overrightarrow{A}$。

空间中的某个矢量与其三个坐标分量之间存在一定的关系。在直角坐标系中,若把代表矢量的有向线段的始端放在坐标系原点,则对于不同的矢量,其终端坐标不同。例如,矢量 $\boldsymbol{A}$ 的终端点坐标为 (A_x,A_y,A_z),其数学表达式为

$$\boldsymbol{A}=A_x\boldsymbol{e}_x+A_y\boldsymbol{e}_y+A_z\boldsymbol{e}_z \qquad (2.1)$$

我们称 A_x,A_y,A_z 为矢量 $\boldsymbol{A}$ 在三个坐标轴方向上的投影分量。矢量的三个坐标分量都是标量,它们的组合对应着一个矢量。用三个坐标分量表示一个矢量称为三维空间矢量的代数表示。由此可见,在三维空间中,一个矢量可用其三个坐标分量来表示。反之,三个坐标分量用一个矢量即可代替。这正是我们在研究矢量场时,用矢量比用标量表达更加简洁的原因。

两个矢量之间的代数运算有加法、减法和乘法,只有位于空间中同一位置点 P 处的两个矢量 $\boldsymbol{A}$ 和 $\boldsymbol{B}$(即两矢量的起始端点重合)才能进行相应的代数运算。从空间几何上看,矢量 $\boldsymbol{A}$ 和 $\boldsymbol{B}$ 的加法,即两矢量相加之后的矢量和 $\boldsymbol{A}+\boldsymbol{B}$ 可按平行四边形法则得到:从 P 点引出两条有向线段,画出矢量 $\boldsymbol{A}$ 和 $\boldsymbol{B}$,构成一个平行四边形,则其对角线矢量即矢量和 $\boldsymbol{A}+\boldsymbol{B}$。在直角坐标系下,矢量 $\boldsymbol{A}$ 和 $\boldsymbol{B}$ 加法运算的数学表达式为

$$\boldsymbol{A}+\boldsymbol{B}=(A_x+B_x)\boldsymbol{e}_x+(A_y+B_y)\boldsymbol{e}_y+(A_z+B_z)\boldsymbol{e}_z \qquad (2.2)$$

同样地,空间中同一点 P 处的两个矢量 $\boldsymbol{A}$ 与 $\boldsymbol{B}$ 的减法,可以归结为加法运

算,即 $A - B = A + (-B)$,式中 $-B$ 表示与矢量 B 大小相等、方向相反的矢量。因此,可以先将代表矢量 B 的有向线段按反方向画出之后,按平行四边形法则即可画出代表矢量差 $A - B$ 的有向线段。在直角坐标系下,矢量 A 和 B 减法运算的数学表达式为

$$A - B = (A_x - B_x)e_x + (A_y - B_y)e_y + (A_z - B_z)e_z \quad (2.3)$$

矢量的乘法可以分为三种情况:标量和矢量的乘积,矢量和矢量的标积,矢量和矢量的矢积。标量 k 与矢量 A 的乘积 kA 仍为一个矢量。乘积矢量 kA 的大小为 $|k||A|$。若 $|k| > 1$,则乘积矢量的大小变大;若 $0 < |k| < 1$,则乘积矢量的大小变小;若 $k = 0$,则乘积矢量变为零矢量,其大小为零。乘积矢量 kA 的方向由 k 的取值决定。若 $k > 0$,则 kA 与 A 同方向;若 $k < 0$,则 kA 与 A 反方向;若 $k = 0$,则乘积为零矢量,方向任意。

两个矢量 A 和 B 的乘法有两种:标积 $A \cdot B$ 和矢积 $A \times B$。两个矢量 A 和 B 的标积(scalar product)表示为 $A \cdot B$,运算符号用点号"·"表示,因此标积又称点积(dot product),有时亦称内积或标量积。顾名思义,标积 $A \cdot B$ 是一个标量,它定义为矢量 A 和 B 的大小与它们之间夹角 θ 的余弦之积,即

$$A \cdot B = |A||B|\cos\theta = AB\cos\theta \quad (2.4)$$

式中,$B\cos\theta$ 可以看作是矢量 B 在矢量 A 方向上的投影线段的长度,或者将 $A\cos\theta$ 看作是矢量 A 在矢量 B 方向上的投影线段的长度。因此,当矢量 A 与矢量 B 垂直时,$\cos\theta = 0$,两者的标积为零;当矢量 A 与矢量 B 平行时,$\cos\theta = 1$,两者的标积最大,为两者大小的乘积 AB。在直角坐标系下,矢量 A 和 B 标积运算的数学表达式为

$$A \cdot B = A_x B_x + A_y B_y + A_z B_z \quad (2.5)$$

两个矢量 A 与 B 的矢积(vector product)表示为 $A \times B$,运算符号用叉号"×"表示,因此矢积又称叉积(cross product),有时亦称外积或矢量积。顾名思义,矢积是一个矢量,它的大小定义为 $AB\sin\theta$,方向定义为垂直于矢量 A 和 B 所在的平面,并且 A、B 及其矢积 $A \times B$ 构成右手螺旋关系(右旋关系)。当 A、B 所代表的有向线段的起始端点重合时,右手四个手指逆着矢量 B 的方向握向矢量 A 的方向时右手大拇所指的方向(或摊开右手,四指指向矢量 A 的方向,然后握向矢量 B 的方向,右手大拇指的指向)就是矢积 $A \times B$ 的方向。因此,矢量 A 和 B 的矢积可表示为

$$A \times B = e_n|A||B|\sin\theta = e_n AB\sin\theta \quad (2.6)$$

式中,e_n 表示矢积 $A \times B$ 方向上的单位矢量。因此,当矢量 A 与矢量 B 平行时,$\sin\theta = 0$,两者的矢积为零;当矢量 A 与矢量 B 垂直时,$\sin\theta = 1$,两者的

矢积最大,为两者大小的乘积 AB。值得注意的是,两矢量的矢积不遵循交换律,即 $\boldsymbol{A}\times\boldsymbol{B}\neq\boldsymbol{B}\times\boldsymbol{A}$,而是 $\boldsymbol{A}\times\boldsymbol{B}=-\boldsymbol{B}\times\boldsymbol{A}$。在直角坐标系下,矢量 $\boldsymbol{A}$ 和 $\boldsymbol{B}$ 矢积运算的数学表达式为

$$\boldsymbol{A}\times\boldsymbol{B}=\begin{vmatrix} \boldsymbol{e}_x & \boldsymbol{e}_y & \boldsymbol{e}_z \\ A_x & A_y & A_z \\ B_x & B_y & B_z \end{vmatrix}$$

$$=\boldsymbol{e}_x(A_yB_z-A_zB_y)+\boldsymbol{e}_y(A_zB_x-A_xB_z)+\boldsymbol{e}_z(A_xB_y-A_yB_x) \tag{2.7}$$

在矢量分析中,经常用到哈密顿算符(Hamiltonian/ˌhæmɪlˈtəʊn ɪən/ operator),一般标记为∇(读作"del"或"Nabla"/-ˈnæblə-/)。在直角坐标系中,哈密顿算符的定义式为

$$\nabla=\boldsymbol{e}_x\frac{\partial}{\partial x}+\boldsymbol{e}_y\frac{\partial}{\partial y}+\boldsymbol{e}_z\frac{\partial}{\partial z} \tag{2.8}$$

哈密顿算符∇具有矢量和微分的双重性质,在电磁理论中具有极其广泛的应用。

另一个常用的算符是拉普拉斯算符(Laplace/lɑːˈplɑːs/operator 或 Laplacian/lɑːˈplɑːsɪən/operator),一般标记为"∇^2"或"Δ"。对于标量场,拉普拉斯算符一般定义为标量场梯度的散度,即 $\nabla\cdot(\nabla f)$。在直角坐标系中,拉普拉斯算符的定义式为

$$\nabla^2\overset{\triangle}{=}\Delta=\frac{\partial^2}{\partial x^2}+\frac{\partial^2}{\partial y^2}+\frac{\partial^2}{\partial z^2} \tag{2.9}$$

可见拉普拉斯算符∇^2为二阶微分算法,是分别对 x、y 和 z 轴变量的二阶偏微分之和。

2.1.2 标量场的方向导数和梯度

对应于一个标量函数的物理量所确定的场称为标量场,如温度场、密度场、电位场等都是标量场。在标量场中,各点场量是随空间位置变化的标量。因此,一个标量场 Φ 可以用一个单值的标量函数来表示。例如,在直角坐标系中,三维标量场 Φ 可表示为

$$\Phi=\Phi(x,y,z) \tag{2.10}$$

式中,$\Phi(x,y,z)$等于常数的空间曲面称为该标量场的等值面。在研究标量场时,用等值面可以形象直观地描述标量场物理量的空间分布状况。除了大小处处相等的均匀标量场外,标量场中相邻各点的标量通常不仅大小不

同,其沿不同方向的变化率也可能不同。为了衡量标量场的大小在空间某点处沿不同方向的变化特性,我们需要引入方向导数的概念。

设 P 为某标量场 Φ 中的某一解析点,从点 P 出发沿某个方向 l 在其邻域内引出一条射线,点 P' 是射线上的可动点,到 P 点的距离为 Δl。当点 P' 沿射线逆方向无限趋近于 P 点,即 $\Delta l \rightarrow 0$ 时,比值 $(\Phi(P') - \Phi(P))/\Delta l$ 的极限称为标量场 Φ 在点 P 处沿 l 方向的方向导数

$$\frac{\partial \Phi}{\partial l}\bigg|_P = \lim_{P' \rightarrow P} \frac{\Phi(P') - \Phi(P)}{\Delta l} = \lim_{\Delta l \rightarrow 0} \frac{\Phi(P') - \Phi(P)}{\Delta l} \qquad (2.11)$$

可以看到,方向导数反映了标量场 Φ 在点 P 处沿 l 方向的空间变化率。标量场 Φ 在 P 点处的方向导数既与点 P 的位置有关,也与方向矢量 l 的方向有关。在直角坐标系中,标量场 Φ 对 l 的偏微分表达式为

$$\frac{\partial \Phi}{\partial l} = \frac{\partial \Phi}{\partial x}\cos\alpha + \frac{\partial \Phi}{\partial y}\cos\beta + \frac{\partial \Phi}{\partial z}\cos\gamma \qquad (2.12)$$

式中,$\cos\alpha$、$\cos\beta$、$\cos\gamma$ 分别是方向矢量 l 与坐标轴 x、y、z 的三个夹角(称为方向角)α、β 和 γ 的余弦(称为方向余弦)。

由于标量场 Φ 在 P 点处的方向导数与矢量 l 的方向有关,那么就存在沿某个方向具有最大方向导数的问题。标量场 Φ 在其定义域内某解析点 P 处的梯度是一个矢量,它的方向沿 Φ 变化率最大的方向,大小等于其最大变化率,并将该矢量记作 $\mathrm{grad}\Phi$,即

$$\mathrm{grad}\Phi = \boldsymbol{e}_l \frac{\partial \Phi}{\partial l}\bigg|_{\max} \qquad (2.13)$$

式中,$\boldsymbol{e}_l$ 是场量 Φ 在点 P 处具有最大变化率方向上的单位矢量。根据方向导数的定义,也就是说,标量场在空间某点处的梯度大小等于该点处标量场的最大方向导数,而梯度的方向为该点具有最大方向导数的方向。在直角坐标系,根据哈密顿算符 ∇ 的定义,梯度的表达式为

$$\nabla u = \mathrm{grad}\Phi = \boldsymbol{e}_x \frac{\partial \Phi}{\partial x} + \boldsymbol{e}_y \frac{\partial \Phi}{\partial y} + \boldsymbol{e}_z \frac{\partial \Phi}{\partial z} \qquad (2.14)$$

因此,标量场的梯度可认为是哈密顿算符 ∇ 作用于标量函数 Φ 的一种运算。

2.1.3 矢量场的散度和旋度

若所研究的物理量是一个矢量,则该物理量所确定的场称为矢量场。例如,力场、速度场、电场、磁场等都是矢量场。一个矢量场 $\boldsymbol{F}$ 可以用一个矢量函数来表示。在直角坐标系中,矢量场 $\boldsymbol{F}$ 可表示为

$$\boldsymbol{F} = \boldsymbol{F}(x, y, z) \qquad (2.15)$$

同时，一个矢量场 $\boldsymbol{F}$ 可以分解为三个分量标量场，

$$\boldsymbol{F} = \boldsymbol{e}_x F_x(x,y,z) + \boldsymbol{e}_y F_y(x,y,z) + \boldsymbol{e}_z F_z(x,y,z) \qquad (2.16)$$

式中，$F_x(x,y,z)$、$F_y(x,y,z)$ 和 $F_z(x,y,z)$ 分别是 $\boldsymbol{F}(x,y,z)$ 沿 x、y 和 z 轴方向的三个分量。

在矢量场 $\boldsymbol{F}$ 中，矢量 $\boldsymbol{F}$ 穿过任意有向曲面 S 的通量表达式为

$$\boldsymbol{\Psi} = \int_S \boldsymbol{F} \cdot \mathrm{d}\boldsymbol{S} = \int_S \boldsymbol{F} \cdot \boldsymbol{e}_n \mathrm{d}S \qquad (2.17)$$

式中，$\mathrm{d}\boldsymbol{S}$ 是有向曲面 S 的面元矢量，$\boldsymbol{e}_n$ 是 S 的法向单位矢量。如果 S 是一闭合曲面，则通过闭合曲面的通量表示为

$$\boldsymbol{\Psi} = \oint_S \boldsymbol{F} \cdot \mathrm{d}\boldsymbol{S} = \oint_S \boldsymbol{F} \cdot \boldsymbol{e}_n \mathrm{d}S \qquad (2.18)$$

在矢量场 $\boldsymbol{F}$ 中的任一点 M 处作一个包围该点的任意闭合曲面 S，当 S 所限定的体积 V 以任意方式趋近于零时，则比值 $\oint_S \boldsymbol{F} \cdot \mathrm{d}\boldsymbol{S}/\Delta V$ 称为矢量场 $\boldsymbol{F}$ 在点 M 处的散度，并记作 $\mathrm{div}\boldsymbol{F}$，即

$$\mathrm{div}\boldsymbol{F} = \lim_{\Delta V \to 0} \frac{\oint_S \boldsymbol{F} \cdot \mathrm{d}\boldsymbol{S}}{\Delta V} \qquad (2.19)$$

可以证明，在直角坐标系中，利用哈密顿算符 ∇，矢量场 $\boldsymbol{F}$ 的散度可以表示为

$$\nabla \cdot \boldsymbol{F} = \mathrm{div}\boldsymbol{F} = \frac{\partial F_x}{\partial x} + \frac{\partial F_y}{\partial y} + \frac{\partial F_z}{\partial z} \qquad (2.20)$$

在矢量分析中，有一个关于矢量场散度的重要定理，称为高斯定理（Gauss' theorem），又称散度定理（divergence theorem），其表达式为

$$\int_V \nabla \cdot \boldsymbol{F} \mathrm{d}V = \oint_S \boldsymbol{F} \cdot \mathrm{d}\boldsymbol{S} \qquad (2.21)$$

该定理表明，矢量场 $\boldsymbol{F}$ 的散度 $\nabla \cdot \boldsymbol{F}$ 在体积 V 上的体积分等于矢量场 $\boldsymbol{F}$ 在限定该体积的闭合曲面 S 上的面积分，是矢量散度的体积分与该矢量的闭合曲面积分之间的一个变换关系。

另一方面，矢量场 $\boldsymbol{F}$ 沿场中的某一条闭合路径 C 的曲线积分

$$\Gamma = \oint_C \boldsymbol{F} \cdot \mathrm{d}\boldsymbol{l} \qquad (2.22)$$

称为矢量场 $\boldsymbol{F}$ 沿闭合路径 C 的环流。其中 $\mathrm{d}\boldsymbol{l}$ 是路径上的线元矢量，其大小为 $\mathrm{d}l$、方向沿路径 C 的切线方向。矢量场的环流与矢量场穿过闭合曲面的通量一样，都是描述矢量场性质的重要物理量。如果矢量场的环流不等于零，则认为场中有产生带涡旋的矢量场的源。但这种源与通量源不同，它既不发出矢量线也不汇聚矢量线。也就是说，这种源所产生的矢量场的矢量线是闭合曲线，通常称之为旋涡源。

从矢量分析的要求来看,希望可以知道矢量场在每一点附近的环流状态。为此,在矢量场 $\boldsymbol{F}$ 中的任一点 M 处作一面元 ΔS,取 $\boldsymbol{e}_n$ 为此面元的法向单位矢量,$\mathrm{d}\boldsymbol{l}$ 为面元边界上的线元矢量。当面元 ΔS 保持以 $\boldsymbol{e}_n$ 为法线方向而向点 M 处无限缩小时,极限 $\lim\limits_{\Delta S \to 0} \oint_C \boldsymbol{F} \cdot \mathrm{d}\boldsymbol{l} / \Delta S$ 称为矢量场 $\boldsymbol{F}$ 在点 M 处沿方向 $\boldsymbol{e}_n$ 的环流面密度,记作 $\mathrm{rot}_n \boldsymbol{F}$,即

$$\mathrm{rot}_n \boldsymbol{F} = \lim_{\Delta S \to 0} \frac{\oint_C \boldsymbol{F} \cdot \mathrm{d}\boldsymbol{l}}{\Delta S} \tag{2.23}$$

由此定义不难看出,矢量场 $\boldsymbol{F}$ 在点 M 处的环流面密度与面元 ΔS 的法线方向 $\boldsymbol{e}_n$ 有关,因此,在矢量场中,一个给定点 M 处沿不同方向 $\boldsymbol{e}_n$,其环流面密度的值一般是不同的。在某一个确定的方向上,环流面密度取得最大值,这个方向就是矢量场旋度的方向。

矢量场 $\boldsymbol{F}$ 在点 M 处的旋度是一个矢量,记作 $\mathrm{rot}\,\boldsymbol{F}$(或记作 $\mathrm{curl}\,\boldsymbol{F}$),它的方向沿着使环流面密度取得最大值的面元法线方向,大小等于环流面密度的最大值,即

$$\mathrm{rot}\,\boldsymbol{F} = \boldsymbol{e}_{n\max} \lim_{\Delta S \to 0} \frac{1}{\Delta S} \oint_C \boldsymbol{F} \cdot \mathrm{d}\boldsymbol{l} \bigg|_{\max} \tag{2.24}$$

式中,$\boldsymbol{e}_{n\max}$ 是环流面密度取得最大值的面元正法线单位矢量。在直角坐标系下,矢量场 $\boldsymbol{F}$ 的旋度可以写为

$$\nabla \times \boldsymbol{F} = \begin{vmatrix} \boldsymbol{e}_x & \boldsymbol{e}_y & \boldsymbol{e}_z \\ \dfrac{\partial}{\partial x} & \dfrac{\partial}{\partial y} & \dfrac{\partial}{\partial z} \\ F_x & F_y & F_z \end{vmatrix}$$

$$= \boldsymbol{e}_x \left(\frac{\partial F_z}{\partial y} - \frac{\partial F_y}{\partial z} \right) + \boldsymbol{e}_y \left(\frac{\partial F_x}{\partial z} - \frac{\partial F_z}{\partial x} \right) + \boldsymbol{e}_z \left(\frac{\partial F_y}{\partial x} - \frac{\partial F_x}{\partial y} \right) \tag{2.25}$$

在矢量场 $\boldsymbol{F}$ 所在的空间中,对于任意一个以曲线 C 为周界的有向曲面 $\boldsymbol{S}$,存在如下关系式:

$$\int_S \nabla \times \boldsymbol{F} \cdot \mathrm{d}\boldsymbol{S} = \oint_C \boldsymbol{F} \cdot \mathrm{d}\boldsymbol{l} \tag{2.26}$$

上式称为斯托克斯定理(Stokes' theorem),也称为旋度定理。它表明矢量场 $\boldsymbol{F}$ 的旋度 $\nabla \times \boldsymbol{F}$ 在曲面 $\boldsymbol{S}$ 上的面积分等于矢量场 $\boldsymbol{F}$ 在限定曲面边界的闭合曲线 C 上的线积分,是矢量旋度的曲面积分与该矢量沿闭合曲线积分之间的一个变换关系。

2.1.4 标量场和矢量场的拉普拉斯运算

标量场 Φ 的梯度 $\nabla\Phi$ 是一个矢量场,如果再对 $\nabla\Phi$ 求散度,即 $\nabla\cdot(\nabla\Phi)$,称为标量场 Φ 的拉普拉斯运算,记为

$$\nabla^2\Phi \triangleq \Delta\Phi = \nabla\cdot(\nabla\Phi)$$

式中,"∇^2"或"Δ"称为拉普拉斯算符。在直角坐标系中,标量场 Φ 的拉普拉斯运算的数学表达式为

$$\nabla^2\Phi = \nabla\cdot\left(e_x\frac{\partial\Phi}{\partial x}+e_y\frac{\partial\Phi}{\partial y}+e_z\frac{\partial\Phi}{\partial z}\right) = \frac{\partial^2\Phi}{\partial x^2}+\frac{\partial^2\Phi}{\partial y^2}+\frac{\partial^2\Phi}{\partial z^2} \quad (2.27)$$

对于矢量场 $\boldsymbol{F}$,虽然算符 ∇^2 对其已失去梯度的散度的概念。然而,矢量场 $\boldsymbol{F}$ 的三个坐标分量为标量,可以进行拉普拉斯运算。因此,这里将矢量场 $\boldsymbol{F}$ 的拉普拉斯运算 $\nabla^2\boldsymbol{F}$ 定义为

$$\nabla^2\boldsymbol{F} = \nabla(\nabla\cdot\boldsymbol{F}) - \nabla\times(\nabla\times\boldsymbol{F}) \quad (2.28)$$

在直角坐标系下,矢量场 $\boldsymbol{F}$ 的拉普拉斯运算的三个坐标分量分别等于 $\boldsymbol{F}$ 的三个坐标分量的拉普拉斯运算,即

$$\nabla^2\boldsymbol{F}(x,y,z) = e_x\nabla^2 F_x + e_y\nabla^2 F_y + e_z\nabla^2 F_z \quad (2.29)$$

值得注意的是,式(2.29)只在直角坐标系下才成立,并与式(2.28)相等。

2.2 电磁场论

麦克斯韦诞生前的半个多世纪,人们对电磁现象的认识已经取得了很大的进展。1785 年,法国物理学家库仑(1736—1806 年)在扭秤实验结果的基础上,建立了说明两个点电荷之间相互作用力的库仑定律。1820 年,丹麦物理学家奥斯特(1777—1851 年)发现电流能使磁针偏转,从而把电与磁联系起来。其后,法国物理学家和数学家安培(1775—1836 年)分析了磁场强度和电流之间的关系,研究了电流之间的相互作用力,提出了安培环路定理,是电动力学的创始人。英国物理学家法拉第(1791—1867 年)对电磁学领域贡献巨大,特别是 1831 年发表的电磁感应定律,验证了对电动机和发动机至关重要的电磁旋转现象,奠定了经典电磁场理论的基础。

2.2.1 亥姆霍兹定理

矢量场的散度和旋度都是代表矢量场性质的量度,一个矢量场所具有

的性质,可由它的散度和旋度来说明。可以证明:在有限的区域 V 内,任一矢量场由它的散度、旋度和边界条件(即限定区域 V 的闭合面 S 上的矢量场分布)唯一地确定,且可表示为

$$\boldsymbol{F} = -\nabla\Phi(\boldsymbol{r}) + \nabla\times\boldsymbol{A}(\boldsymbol{r}) \tag{2.30}$$

其中,

$$\Phi(\boldsymbol{r}) = \frac{1}{4\pi}\int_{V'}\frac{\nabla'\cdot\boldsymbol{F}(\boldsymbol{r}')}{R}\mathrm{d}V' - \frac{1}{4\pi}\oint_{S'}\frac{\boldsymbol{e}_\mathrm{n}'\cdot\boldsymbol{F}(\boldsymbol{r}')}{R}\mathrm{d}S' \tag{2.31}$$

$$\boldsymbol{A}(\boldsymbol{r}) = \frac{1}{4\pi}\int_{V'}\frac{\nabla'\times\boldsymbol{F}(\boldsymbol{r}')}{R}\mathrm{d}V' - \frac{1}{4\pi}\oint_{S'}\frac{\boldsymbol{e}_\mathrm{n}'\times\boldsymbol{F}(\boldsymbol{r}')}{R}\mathrm{d}S' \tag{2.32}$$

式中,$R = |\boldsymbol{R}| = |\boldsymbol{r}-\boldsymbol{r}'|$ 为场点与源点的相对距离,$\boldsymbol{r}$ 是场点的位置矢量,$\boldsymbol{r}'$ 是源点(电荷元或电流元)的位置矢量。这就是亥姆霍兹定理(Helmholtz's theorem),它表明:

(1) 任一矢量场 $\boldsymbol{F}$ 可以用一个标量函数的梯度和一个矢量函数的旋度之和来表示。此标量函数由 $\boldsymbol{F}$ 的散度和 $\boldsymbol{F}$ 在边界面 S 上的法向分量完全确定;而矢量函数由 $\boldsymbol{F}$ 的旋度和 $\boldsymbol{F}$ 在边界面 S 上的切向分量完全确定。

(2) 由于 $\nabla\times[\nabla\Phi(\boldsymbol{r})]\equiv0$,$\nabla\cdot[\nabla\times\boldsymbol{A}(\boldsymbol{r})]\equiv0$,因而一个矢量场可以表示为一个有散无旋场(irrotational vector field)$\boldsymbol{F}_\mathrm{i}$ 与有旋无散场(solenoidal vector field)$\boldsymbol{F}_\mathrm{s}$ 之和,即

$$\boldsymbol{F} = \boldsymbol{F}_\mathrm{i} + \boldsymbol{F}_\mathrm{s} \tag{2.33}$$

其中,

$$\begin{cases}\boldsymbol{F}_\mathrm{i} = -\nabla\Phi(\boldsymbol{r})\\ \nabla\times\boldsymbol{F}_\mathrm{i} = \boldsymbol{0}\\ \nabla\cdot\boldsymbol{F}_\mathrm{i} = \nabla\cdot\boldsymbol{F}\end{cases}, \quad \begin{cases}\boldsymbol{F}_\mathrm{s} = \nabla\times\boldsymbol{A}(\boldsymbol{r})\\ \nabla\cdot\boldsymbol{F}_\mathrm{s} = 0\\ \nabla\times\boldsymbol{F}_\mathrm{s} = \nabla\times\boldsymbol{F}\end{cases} \tag{2.34}$$

(3) 如果在区域 V 内矢量场 $\boldsymbol{F}$ 的散度与旋度均处处为零,则 $\boldsymbol{F}$ 由其在边界面 S 上的场分布完全确定。

(4) 对于无界空间 $S\to\infty$,只要当 $r\to\infty$ 时,矢量场大小 F 衰减得比 r 快,即满足

$$|\boldsymbol{F}| \propto \frac{1}{|\boldsymbol{r}-\boldsymbol{r}'|^{1+\delta}} \quad (\delta>0) \tag{2.35}$$

则式(2.31)和式(2.32)中的面积分项为零。此时,矢量场由其散度和旋度完全确定,即

$$\Phi(\boldsymbol{r}) = \frac{1}{4\pi}\int_{\text{all space}}\frac{\nabla'\cdot\boldsymbol{F}(\boldsymbol{r}')}{R}\mathrm{d}V' \tag{2.36}$$

$$\boldsymbol{A}(\boldsymbol{r}) = \frac{1}{4\pi}\int_{\text{all space}}\frac{\nabla'\times\boldsymbol{F}(\boldsymbol{r}')}{|\boldsymbol{r}-\boldsymbol{r}'|}\mathrm{d}V' \tag{2.37}$$

因此,在无界空间中,散度与旋度均为零的矢量场亦为零。因此任何一个物理场都必须有源,场是同源一起出现的,源是产生场的起因。

值得注意的是,只有在 $\boldsymbol{F}$ 连续的区域内,研究 $\nabla \cdot \boldsymbol{F}$ 和 $\nabla \times \boldsymbol{F}$ 才有意义,因为它们都包含着对空间坐标的导数。在两种不同材料的分界面上,$\boldsymbol{F}$ 是不连续的,$\boldsymbol{F}$ 的导数不存在,因而不能使用散度和旋度来分析分界面上矢量场的性质。此时,需要采用矢量场的积分形式或利用矢量场的边界条件来研究。

亥姆霍兹定理给出了矢量场与场源之间的关系,具有重要意义。分析矢量场时,总是从研究它的散度和旋度着手,得到的散度方程和旋度方程便可组成矢量场基本方程的微分形式。

2.2.2　电场的散度和旋度

1785 年,法国物理学家库仑通过著名的扭称实验研究了静止电荷之间存在的库仑力特点,发现了在真空中沿两个点电荷之间的连线作用在电荷上的引力或斥力正比于两电荷的电荷量之积、反比于两电荷间距离的平方,这就是著名的库仑定律(Coulomb's law)。库仑定律可采用严格的数学表达式描述。例如,扭秤实验的结果表明点电荷 q_1 作用于点电荷 q_2 的库仑力表达式为

$$\boldsymbol{F}_{12} = \frac{q_1 q_2}{4\pi\varepsilon_0 R_{12}^3}\boldsymbol{R}_{12} = \frac{q_1 q_2}{4\pi\varepsilon_0 R_{12}^2}\boldsymbol{e}_{R_{12}} \tag{2.38}$$

式中,$\varepsilon_0 = 1/(c_0^2 \mu_0) \approx 8.8541878 \times 10^{-12}\,\text{F/m}$ 是真空介电常数;$\boldsymbol{R}_{12} = \boldsymbol{r}_2 - \boldsymbol{r}_1$ 是从点电荷 q_1 所在位置 $\boldsymbol{r}_1$ 指向点电荷 q_2 所在位置 $\boldsymbol{r}_2$ 的相对位置矢量,其大小 R_{12} 是两个点电荷之间的距离,$\boldsymbol{e}_{R_{12}}$ 是 $\boldsymbol{R}_{12}$ 所指方向的单位矢量。据此可以写出点电荷 q_1 在点电荷 q_2 处产生的电场强度为

$$\boldsymbol{E}(\boldsymbol{r}) = \frac{\boldsymbol{F}_{12}}{q_2} = \frac{q_1}{4\pi\varepsilon_0 R_{12}^3}\boldsymbol{R}_{12} \overset{\triangle}{=} \frac{q_1}{4\pi\varepsilon_0 R^3}\boldsymbol{R} \tag{2.39}$$

上式定义了位于源点位置 $\boldsymbol{r}'$ 处的点电荷(或电荷元)q 在空间任意一场点位置 $\boldsymbol{r}$ 处产生的电场强度 $\boldsymbol{E}(\boldsymbol{r})$ 的大小和方向,其中 $\boldsymbol{R} = \boldsymbol{r} - \boldsymbol{r}'$ 为相对位置矢量,$\boldsymbol{r}$ 是场点的位置矢量,$\boldsymbol{r}'$ 是源点(点电荷或电荷元)的位置矢量。点电荷是一种理想的数学假设,现实中并不存在,哪怕是电子,其所带的基本电荷也是分布在具有一定半径的电子外表面上。现实中的电荷结构形状可以是线状的(和长度比足够细)、片状的(和长宽比足够薄)或块状的。实际上,一条电荷线密度为 $\rho_l(\boldsymbol{r}')$ 的带电细线 l' 在自由空间中产生的电场强度为

$$E(r) = \frac{1}{4\pi\varepsilon_0} \int_{l'} \frac{\rho_l(r')R}{R^3} dl' \qquad (2.40)$$

一张电荷面密度为 $\rho_S(r')$ 的带电薄片 S' 在自由空间中产生的电场强度为

$$E(r) = \frac{1}{4\pi\varepsilon_0} \int_{S'} \frac{\rho_S(r')R}{R^3} dS' \qquad (2.41)$$

一块电荷体密度为 $\rho(r')$ 的带电体积块 V' 在自由空间中产生的电场强度为

$$E(r) = \frac{1}{4\pi\varepsilon_0} \int_{V'} \frac{\rho(r')R}{R^3} dV' \qquad (2.42)$$

实际上,根据微积分知识,$\rho_l(r')dl'$、$\rho_S(r')dS'$ 和 $\rho(r')dV'$ 均可视为点电荷,故得以上三式。

下面推导电场的散度和旋度公式。根据矢量等式 $\nabla(1/R) = -R/R^3$,式(2.42)可以改写为

$$E(r) = \frac{1}{4\pi\varepsilon_0} \int_{V'} -\rho(r')\nabla\left(\frac{1}{R}\right) dV' \qquad (2.43)$$

其中,带一撇(′)的物理量是在源点坐标系 (x',y',z') 下的物理量,不带一撇的物理量是在场点坐标系 (x,y,z) 下的物理量,两套坐标系相互独立。

对式(2.43)取散度运算,并利用矢量恒等式 $\nabla^2(1/R) = -4\pi\delta(R)$,有

$$\nabla \cdot E(r) = \frac{1}{4\pi\varepsilon_0} \int_{V'} -\rho(r')\nabla^2\left(\frac{1}{R}\right) dV' = \frac{1}{\varepsilon_0}\rho(r) \qquad (2.44)$$

这就是电场高斯定理的微分形式。值得注意的是,在电介质中能够产生电场的电荷密度 $\rho(r)$ 包括自由电荷密度 $\rho_f(r)$ 和极化电荷密度 $\rho_p(r)$ 两种,因此介质中的电场高斯定理为

$$\nabla \cdot E(r) = \frac{1}{\varepsilon_0}\rho(r) = \frac{1}{\varepsilon_0}\left[\rho_f(r) + \rho_p(r)\right] \qquad (2.45)$$

1831 年,英国物理学家法拉第等发现当穿过某回路 C 的磁通量发生改变时,沿回路一周将产生感应电动势 ε_{in},其大小等于回路磁通量 Ψ 的时间变化率

$$\varepsilon_{in} = \oint_C E \cdot dl = -\frac{d\Psi}{dt} = -\frac{d}{dt}\int_S B \cdot dS \qquad (2.46)$$

式中,S 是以导体回路 C 为周围边界的任意有向曲面。值得注意的是,若该回路是面积在发生变化的导体回路,那么式(2.46)所表示的电动势还包括了导体回路切割磁力线产生的电动势。但是,对于在自由空间或介质空间中传输的电磁波,该回路一般是虚拟的不导电的固定回路,结合应用斯克托斯定理,则有

$$\oint_C E \cdot dl = \int_S \nabla \times E \cdot dS = -\frac{d}{dt}\int_S B \cdot dS = -\int_S \frac{dB}{dt} \cdot dS \qquad (2.47)$$

上式对任意以回路 C 为周围边界的曲面 S 均成立，面积分的被积函数必须相等，有

$$\nabla \times \boldsymbol{E} = -\frac{\mathrm{d}\boldsymbol{B}}{\mathrm{d}t} \tag{2.48}$$

这就是法拉第电磁感应定律的微分形式，表明随时间变化的磁场可以产生涡旋电场。

2.2.3 磁场的散度和旋度

1826 年，法国物理学家安培等发现了电流元之间的作用力也符合平方反比关系，提出了安培环路定律（1826 年）。在电磁学中，两条载流导线所产生的安培力，是由一条导线中的电流所产生的磁场，作用于另一条导线中全部移动电荷的洛伦兹力之和。安培力定律（Ampère's law）揭示了两个分别通有恒定电流 I_1 和 I_2 的线电流 l_1 和 l_2 之间的相互作用力规律。实验上可以验证线电流 l_1 对线电流 l_2 所施加的安培力为

$$\boldsymbol{F}_{12} = \int_{l_2} \int_{l_1} \frac{\mu_0}{4\pi} \frac{I_2 \mathrm{d}\boldsymbol{l}_2 \times I_1 \mathrm{d}\boldsymbol{l}_1 \times \boldsymbol{R}_{12}}{R_{12}^3} \tag{2.49}$$

式中，$\mu_0 = 4\pi \times 10^{-7} \mathrm{H/m}$ 是真空磁导率；$\boldsymbol{R}_{12} = \boldsymbol{r}_2 - \boldsymbol{r}_1$ 是从电流元 $I_1 \mathrm{d}\boldsymbol{l}_1$ 所在位置 $\boldsymbol{r}_1$ 指向电流元 $I_2 \mathrm{d}\boldsymbol{l}_2$ 所在位置 $\boldsymbol{r}_2$ 的相对位置矢量，其大小 R_{12} 是两个电流元之间的距离。从微观角度看，电流元 $I_2 \mathrm{d}\boldsymbol{l}_2$ 受到电流元 $I_1 \mathrm{d}\boldsymbol{l}_1$ 的安培力同电流大小、电流方向以及两电流元之间的距离存在关系，其微分数学表达式为

$$\mathrm{d}\boldsymbol{F}_{12} = \frac{\mu_0}{4\pi} \frac{I_2 \mathrm{d}\boldsymbol{l}_2 \times I_1 \mathrm{d}\boldsymbol{l}_1 \times \boldsymbol{R}_{12}}{R_{12}^3} \tag{2.50}$$

根据安培力与磁感应强度之间的关系 $\mathrm{d}\boldsymbol{F}_{12} = I_2 \mathrm{d}\boldsymbol{l}_2 \times \mathrm{d}\boldsymbol{B}$，可以定义电流元 $I_1 \mathrm{d}\boldsymbol{l}_1$ 在电流元 $I_2 \mathrm{d}\boldsymbol{l}_2$ 所在位置处产生的磁感应强度为

$$\mathrm{d}\boldsymbol{B} = \frac{\mu_0}{4\pi} \frac{I_1 \mathrm{d}\boldsymbol{l}_1 \times \boldsymbol{R}_{12}}{R_{12}^3} \xlongequal{\Delta} \frac{\mu_0}{4\pi} \frac{I \mathrm{d}\boldsymbol{l}' \times \boldsymbol{R}}{R^3} \tag{2.51}$$

上式定义了位于源点位置 $\boldsymbol{r}'$ 处的电流元 $I \mathrm{d}\boldsymbol{l}'$ 在空间任意一场点位置 $\boldsymbol{r}$ 处产生的磁感应强度 $\mathrm{d}\boldsymbol{B}$ 的大小和方向，其中 $\boldsymbol{R} = \boldsymbol{r} - \boldsymbol{r}'$ 为相对位置矢量，$\boldsymbol{r}$ 是场点的位置矢量，$\boldsymbol{r}'$ 是源点（即电流元）的位置矢量。这就是毕奥-萨伐尔定律（Biot-Savart law）的微分形式。

根据毕奥-萨伐尔定律的微分形式，通过积分可以计算得到各种形状结构的电流载体在自由空间中任意一点处所产生的磁场。例如，某线电流路

径 l' 上通有恒定电流 I,则它在自由空间中任意一点 r 处所产生的磁感应强度为

$$\boldsymbol{B}(\boldsymbol{r})=\frac{\mu_0}{4\pi}\int_{l'}\frac{I\,\mathrm{d}\boldsymbol{l}'\times\boldsymbol{R}}{R^3} \qquad (2.52)$$

式中,$I\,\mathrm{d}\boldsymbol{l}'$ 是线电流路径上的任一电流元,其方向是线电流在该电流元处的切向方向;$\boldsymbol{R}=\boldsymbol{r}-\boldsymbol{r}'$ 为相对位置矢量,$\boldsymbol{r}$ 是场点的位置矢量,$\boldsymbol{r}'$ 是源点(即电流元)的位置矢量。若电流分布在一个薄平面 S' 上,则它在自由空间中任意一点 r 处所产生的磁感应强度为

$$\boldsymbol{B}(\boldsymbol{r})=\frac{\mu_0}{4\pi}\int_{s'}\frac{\boldsymbol{J}_{S'}(\boldsymbol{r}')\times\boldsymbol{R}}{R^3}\mathrm{d}S' \qquad (2.53)$$

式中,$\boldsymbol{J}_{S'}(\boldsymbol{r}')$ 是薄电流平面上对应于源点位置矢量 $\boldsymbol{r}'$ 处的面电流密度,单位为 A/m;$\mathrm{d}S'$ 是薄平面 S' 上对应于位置矢量 $\boldsymbol{r}'$ 处的微面积元,其中,$J_{S'}\,\mathrm{d}S'=J\,\mathrm{d}l'_\perp\,\mathrm{d}l'=I\,\mathrm{d}l'$。若电流分布在三维体积区域 V' 内,则它在自由空间中任意一点 r 处所产生的磁感应强度为

$$\boldsymbol{B}(\boldsymbol{r})=\frac{\mu_0}{4\pi}\int_{v'}\frac{\boldsymbol{J}(\boldsymbol{r}')\times\boldsymbol{R}}{R^3}\mathrm{d}V' \qquad (2.54)$$

式中,$\boldsymbol{J}(\boldsymbol{r}')$ 是三维体电流区域内对应于位置矢量 $\boldsymbol{r}'$ 处的体电流密度,单位为 A/m^2;$\mathrm{d}V'$ 是电流区域 V' 内对应于位置矢量 $\boldsymbol{r}'$ 处的微体积元,其中,$J\,\mathrm{d}V'=J\,\mathrm{d}S'_\perp\,\mathrm{d}l'=I\,\mathrm{d}l'$。

下面推导磁场的散度和旋度公式。根据矢量等式 $\nabla(1/R)=-\boldsymbol{R}/R^3$,式(2.54)可以写为

$$\boldsymbol{B}(\boldsymbol{r})=\frac{\mu_0}{4\pi}\int_{v'}-\boldsymbol{J}(\boldsymbol{r}')\times\nabla\left(\frac{1}{R}\right)\mathrm{d}V' \qquad (2.55)$$

再利用矢量等式 $\nabla\times(u\boldsymbol{F})=u\nabla\times\boldsymbol{F}-\boldsymbol{F}\times\nabla u$,并令 $\boldsymbol{F}=\boldsymbol{J}$ 和 $u=1/R$,则式(2.55)可改写为

$$\boldsymbol{B}(\boldsymbol{r})=\frac{\mu_0}{4\pi}\int_{v'}\left[\nabla\times\frac{\boldsymbol{J}(\boldsymbol{r}')}{R}-\frac{1}{R}\nabla\times\boldsymbol{J}(\boldsymbol{r}')\right]\mathrm{d}V'=\nabla\times\left[\frac{\mu_0}{4\pi}\int_{v'}\frac{\boldsymbol{J}(\boldsymbol{r}')}{R}\mathrm{d}V'\right]$$
$$(2.56)$$

式中,注意到 ∇ 和 $\boldsymbol{J}(\boldsymbol{r}')$ 分别为相互独立的场点坐标系 (x,y,z) 和源点坐标系 (x',y',z') 下的哈密顿算符和电流密度矢量,因此有 $\nabla\times\boldsymbol{J}(\boldsymbol{r}')=\boldsymbol{0}$。

对式(2.56)取散度运算,并利用矢量恒等式 $\nabla\cdot(\nabla\times\boldsymbol{F})\equiv0$,有

$$\nabla\cdot\boldsymbol{B}(\boldsymbol{r})=\nabla\cdot\nabla\times\left[\frac{\mu_0}{4\pi}\int_{v'}\frac{\boldsymbol{J}(\boldsymbol{r}')}{R}\mathrm{d}V'\right]\equiv0 \qquad (2.57)$$

这就是磁场散度定理的微分形式。

此外，位移电流密度 $\boldsymbol{J}_d = \partial \boldsymbol{D}/\partial t$ 也可以产生磁场。实际上，根据式(2.73)，有

$$\frac{\partial P}{\partial t} = \frac{\partial P \Delta S}{\partial t \Delta S} = \frac{\partial (qN\Delta V)}{\partial t \Delta S} = \frac{\partial q_p}{\partial t \Delta S} = \frac{I_p}{\Delta S} \tag{2.58}$$

式中，q_p 为体积元 ΔV 内的极化电荷；I_p 为极化电荷在电磁波的时变电磁场作用下周期振荡形成的电流，因此位移电流密度

$$\boldsymbol{J}_d = \frac{\partial \boldsymbol{D}}{\partial t} = \varepsilon_0 \frac{\partial \boldsymbol{E}}{\partial t} + \frac{\partial \boldsymbol{P}}{\partial t} = \varepsilon_0 \frac{\partial \boldsymbol{E}}{\partial t} + \frac{I_p}{\Delta S} \tag{2.59}$$

是由变化的电场以及介质中振荡的极化电荷产生的。

对式(2.56)取旋度运算，并利用矢量恒等式 $\nabla \times (\nabla \times \boldsymbol{F}) = \nabla(\nabla \cdot \boldsymbol{F}) - \nabla^2 \boldsymbol{F}$，有

$$\nabla \times \boldsymbol{B}(\boldsymbol{r}) = \nabla \times \nabla \times \left[\frac{\mu_0}{4\pi} \int_{V'} \frac{\boldsymbol{J}(\boldsymbol{r}')}{R} \mathrm{d}V' \right]$$

$$= \frac{\mu_0}{4\pi} \nabla \int_{V'} \nabla \cdot \frac{\boldsymbol{J}(\boldsymbol{r}')}{R} \mathrm{d}V' - \frac{\mu_0}{4\pi} \int_{V'} \boldsymbol{J}(\boldsymbol{r}') \nabla^2 \frac{1}{R} \mathrm{d}V' \tag{2.60}$$

再利用矢量等式 $\nabla \cdot (u\boldsymbol{F}) = u\nabla \cdot \boldsymbol{F} + \boldsymbol{F} \cdot \nabla u$，$\nabla(1/R) = -\nabla'(1/R)$，$\nabla \cdot \boldsymbol{J}(\boldsymbol{r}') = 0$，有

$$\nabla \cdot \frac{\boldsymbol{J}(\boldsymbol{r}')}{R} = \boldsymbol{J}(\boldsymbol{r}') \cdot \nabla \frac{1}{R} + \frac{1}{R}\nabla \cdot \boldsymbol{J}(\boldsymbol{r}') = -\boldsymbol{J}(\boldsymbol{r}') \cdot \nabla' \frac{1}{R}$$

$$= \frac{1}{R}\nabla' \cdot \boldsymbol{J}(\boldsymbol{r}') - \nabla' \cdot \frac{\boldsymbol{J}(\boldsymbol{r}')}{R} \tag{2.61}$$

值得注意的是，虽然毕奥-萨伐尔定律的推导过程仅考虑到传导电流，但实际上能够产生磁场 $\boldsymbol{B}(\boldsymbol{r})$ 的电流密度 $\boldsymbol{J}(\boldsymbol{r}')$ 可分为三种类型：传导电流密度 $\boldsymbol{J}_c = \sigma \boldsymbol{E}$，位移电流密度 $\boldsymbol{J}_d = \partial \boldsymbol{D}/\partial t$，以及磁化电流密度 $\boldsymbol{J}_m(\boldsymbol{r}') = \nabla' \times \boldsymbol{M}(\boldsymbol{r}')$，则有

$$\nabla' \cdot \boldsymbol{J}(\boldsymbol{r}') = \nabla' \cdot \boldsymbol{J}_c(\boldsymbol{r}') + \nabla' \cdot \boldsymbol{J}_d(\boldsymbol{r}') + \nabla' \cdot \boldsymbol{J}_m(\boldsymbol{r}') = 0 \tag{2.62}$$

式中，$\nabla' \cdot \boldsymbol{J}_m(\boldsymbol{r}') = \nabla' \cdot (\nabla' \times \boldsymbol{M}) \equiv 0$；由电流连续性方程 $\boldsymbol{J}_c(\boldsymbol{r}') + \partial \rho_f / \partial t = 0$ 和介质电场高斯定理 $\nabla \cdot \boldsymbol{D} = \rho_f$，其中 ρ_f 为自由电荷密度，有

$$\nabla' \cdot \boldsymbol{J}_c(\boldsymbol{r}') + \nabla' \cdot \boldsymbol{J}_d(\boldsymbol{r}') = \nabla' \cdot \boldsymbol{J}_c(\boldsymbol{r}') + \frac{\partial (\nabla' \cdot \boldsymbol{D})}{\partial t}$$

$$= \nabla' \cdot \left[\boldsymbol{J}_c(\boldsymbol{r}') + \frac{\partial \rho_f}{\partial t} \right] = 0 \tag{2.63}$$

同时，由于电流 $\boldsymbol{J}(\boldsymbol{r}')$ 分布在体积 V' 内部，在边界面 S' 上其法向分量必须为零，不然体积 V' 外部也有电流，因此 $\boldsymbol{J}(\boldsymbol{r}') \cdot \mathrm{d}\boldsymbol{S}' = 0$，则根据高斯定理有

$$\frac{\mu_0}{4\pi} \nabla \int_{V'} \nabla' \cdot \frac{\boldsymbol{J}(\boldsymbol{r}')}{R} \mathrm{d}V' = \frac{\mu_0}{4\pi} \nabla \oint_{S'} \frac{\boldsymbol{J}(\boldsymbol{r}') \cdot \mathrm{d}\boldsymbol{S}'}{R} = 0 \tag{2.64}$$

因此,等式(2.60)右边的第一项为零。由于$\nabla^2(1/R)=-4\pi\delta(\boldsymbol{R})$,等式(2.60)右边的第二项为

$$\frac{\mu_0}{4\pi}\int_{V'}\boldsymbol{J}(\boldsymbol{r}')\nabla^2\frac{1}{R}\mathrm{d}V'=\mu_0\boldsymbol{J}(\boldsymbol{r}) \tag{2.65}$$

依据以上严格的推导结果,可以得到磁场的旋度为

$$\nabla\times\boldsymbol{B}(\boldsymbol{r})=\mu_0\boldsymbol{J}(\boldsymbol{r})=\mu_0[\boldsymbol{J}_c(\boldsymbol{r})+\boldsymbol{J}_d(\boldsymbol{r})+\boldsymbol{J}_m(\boldsymbol{r})] \tag{2.66}$$

式中,$\boldsymbol{J}_c$为传导电流密度,$\boldsymbol{J}_d$为位移电流密度,$\boldsymbol{J}_m$为磁化电流密度。

1862年,英国物理学家麦克斯韦在英国的《哲学杂志》上发表了论文《论物理的力线》,首先提出了位移电流的概念。他在将安培环路定理应用于时变电磁场时发现了其与电荷守恒定律之间的矛盾,于是提出了位移电流的概念,并对安培环路定理进行了修正,从而揭示了随时间变化的电场也可以激发磁场,预言了电磁场能以波的形式在空间中传播。

实际上,对式(2.66)取散度运算,有

$$\nabla\cdot(\nabla\times\boldsymbol{B}(\boldsymbol{r}))\equiv0=\mu_0\nabla\cdot\boldsymbol{J}(\boldsymbol{r})=\mu_0\nabla\cdot[\boldsymbol{J}_c(\boldsymbol{r})+\boldsymbol{J}_d(\boldsymbol{r})+\boldsymbol{J}_m(\boldsymbol{r})] \tag{2.67}$$

式中,磁化电流密度$\boldsymbol{J}_m(\boldsymbol{r})=\nabla\times\boldsymbol{M}$,因此有$\nabla\cdot\boldsymbol{J}_m(\boldsymbol{r})\equiv0$,从而有

$$\nabla\cdot[\boldsymbol{J}_c(\boldsymbol{r})+\boldsymbol{J}_d(\boldsymbol{r})]=0 \tag{2.68}$$

另外,根据电荷守恒定律$\nabla\cdot\boldsymbol{J}_c+\partial\rho_f/\partial t=0$和介质空间中的电场散度定理$\nabla\cdot D=\rho_f$,有

$$\nabla\cdot\left[\boldsymbol{J}_c(\boldsymbol{r})+\frac{\partial\boldsymbol{D}(\boldsymbol{r})}{\partial t}\right]=0 \tag{2.69}$$

通过比较式(2.68)和式(2.69),可以发现若定义位移电流密度为

$$\boldsymbol{J}_d(\boldsymbol{r})=\frac{\partial\boldsymbol{D}(\boldsymbol{r})}{\partial t} \tag{2.70}$$

则可以巧妙地解决时变电磁场下安培环路定理与电荷守恒定律之间的矛盾。

2.3　物质本构关系

当所研究的空间不是真空之类的自由空间,而是材料空间时,组成材料的分子、原子的外层电子将会对外加电磁场产生影响,导致材料内部实际的电磁场大小和分布不同于外加的电磁场大小和分布。材料对外加电磁场的响应可分为三种类型:电介质的极化、磁介质的磁化和导电媒质的传导。

2.3.1　电介质的极化与介电常数

组成电介质的分子或原子中,带正电荷的分(原)子实和带负电荷的外层电子可以组成电偶极子(electric dipole),即由两个相距很近且带等量异号电量的电荷元所组成的电荷系统。一个电偶极子在空间中仅能产生很微弱的电场,但电介质中包含有极大数量的电偶极子,如果朝向相同时叠加起来亦可产生强度可观的极化电场。当电偶极子位于电场 E 中时,其将受到旋转力矩 $M = p \times E$ 的作用而转向,其中 p 为电偶极子的电偶极矩

$$p = qd \tag{2.71}$$

式中,q 是电偶极子中正电荷的电荷量,d 是由负电荷 $-q$ 指向正电荷 $+q$ 的相对距离矢量。通常使用极化强度矢量 P 描述电介质的极化程度。假设电介质中电偶极子的空间分布密度为 N,则有

$$P = \lim_{\Delta V \to 0} \frac{\sum_i p_i}{\Delta V} = Np = Nqd \tag{2.72}$$

因此,极化强度矢量代表单位体积电介质内电偶极矩的矢量和。

如图 2.1(a)所示,在外加电场 E_0 作用下电介质内的众多电偶极子将在旋转力矩的作用下排列方向趋于相同,这些电偶极子朝向相同的电偶极矩将产生极化电场(也称二次电场)E',最终的合成电场 E 是外加电场和极化电场的矢量叠加。对于电介质内部,如果电介质分子分布均匀,相邻分子的正负电荷会互相抵消,电介质内部的净极化电荷为零;如果介电质分子分布

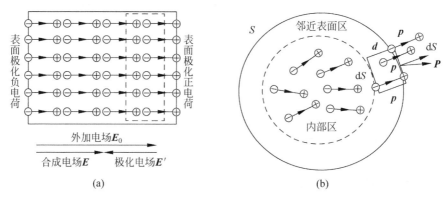

图 2.1　均匀和非均匀电介质的极化

(a) 均匀电介质的极化；(b) 非均匀电介质的极化

不均匀,正负极化电荷没有完全抵消,电介质内部的净极化电荷不为零,则在电介质内部出现极化电荷的体密度分布。如图 2.1(b)所示,在电介质内部任意闭合曲面 S 上取一个面积元 $\mathrm{d}\boldsymbol{S}$,其法向方向为单位矢量 $\boldsymbol{e}_{\mathrm{n}}$。假设在电介质极化时,每个分子的正负电荷中心的平均相对位移为 $\boldsymbol{d}$,则分子电偶极矩为 $\boldsymbol{p}=q\boldsymbol{d}$,其中 $\boldsymbol{d}$ 由负电荷指向正电荷。以 $\mathrm{d}\boldsymbol{S}$ 为底、$\boldsymbol{d}$ 为斜高构成一个体积元 $\Delta V=\mathrm{d}\boldsymbol{S}\cdot\boldsymbol{d}$。设电介质的分子密度为 N,则穿出面积元 S 的正电荷为

$$qN\Delta V=Nq\boldsymbol{d}\cdot\mathrm{d}\boldsymbol{S}=N\boldsymbol{p}\cdot\mathrm{d}\boldsymbol{S}=\boldsymbol{P}\cdot\mathrm{d}\boldsymbol{S} \qquad (2.73)$$

因此,从闭合曲面 S 穿出的全部正电荷为 $\oint_S \boldsymbol{P}\cdot\mathrm{d}\boldsymbol{S}$。注意到电偶极子正负电荷是一一配对的,根据散度定理,留在闭合曲面 S 内的净极化电荷量计算公式为

$$q_{\mathrm{p}}=\int_V \rho_{\mathrm{p}}(\boldsymbol{r})\,\mathrm{d}V=-\oint_S \boldsymbol{P}\cdot\mathrm{d}\boldsymbol{S}=-\int_V \nabla\cdot\boldsymbol{P}\,\mathrm{d}V \qquad (2.74)$$

式中,ρ_{p} 为极化电荷密度。由于闭合曲面 S 及其所包围的体积是可以任意选择的,因此非均匀电介质内部的极化电荷密度与电极化强度矢量的关系为

$$\rho_{\mathrm{p}}(\boldsymbol{r})=-\nabla\cdot\boldsymbol{P} \qquad (2.75)$$

同时,在电介质的外表面上将出现表面极化电荷(或称束缚电荷),其电荷面密度可通过在电介质内部紧贴电介质表面取一微小闭合曲面 S 求取,如图 2.1(a)中的虚线框所示,则根据式(2.73),电介质表面上的极化电荷密度为

$$\rho_{\mathrm{sp}}=\frac{\boldsymbol{P}\cdot\mathrm{d}\boldsymbol{S}}{\mathrm{d}S}=\boldsymbol{P}\cdot\boldsymbol{e}_{\mathrm{n}} \qquad (2.76)$$

式中,$\boldsymbol{e}_{\mathrm{n}}$ 为闭合曲面 S 的外法线方向。

电介质的极化现象将导致极化电荷 ρ_{p} 的出现,因此能够产生电场的电荷密度 ρ 除了自由电荷密度 ρ_{f},还有极化电荷密度 ρ_{p},两者均需要考虑。根据电场高斯定理式(2.44),可以获得在电介质中的电场高斯定理为

$$\nabla\cdot\boldsymbol{E}(\boldsymbol{r})=\frac{1}{\varepsilon_0}\rho(\boldsymbol{r})=\frac{1}{\varepsilon_0}\left[\rho_{\mathrm{f}}(\boldsymbol{r})+\rho_{\mathrm{p}}(\boldsymbol{r})\right] \qquad (2.77)$$

将式(2.75)代入式(2.77)并整理,可得

$$\nabla\cdot(\varepsilon_0\boldsymbol{E}+\boldsymbol{P})=\rho_{\mathrm{f}}(\boldsymbol{r}) \qquad (2.78)$$

因此,可以定义一个新的电场辅助矢量——电位移矢量 $\boldsymbol{D}=\varepsilon_0\boldsymbol{E}+\boldsymbol{P}$,则有

$$\nabla\cdot\boldsymbol{D}(\boldsymbol{r})=\rho_{\mathrm{f}}(\boldsymbol{r}) \qquad (2.79)$$

这就是电介质中高斯定理的微分形式。可以看到电位移矢量 $\boldsymbol{D}$ 仅与自由电

荷有关,与极化电荷无关。在很多涉及求解电介质电磁场问题的场合,自由电荷一般是事先已知或容易求解的,而极化电荷是未知或不便求解的,因此引入电位移矢量 $\boldsymbol{D}$,不仅简化了电场高斯定理表达式,更是巧妙避开了复杂的极化电荷求解,从而有利于问题的解决。

如果介质为各向同性线性电介质,则极化强度矢量 $\boldsymbol{P}=\varepsilon_0\chi_e\boldsymbol{E}$,有

$$\boldsymbol{D}=\varepsilon_0\boldsymbol{E}+\boldsymbol{P}=\varepsilon_0(1+\chi_e)\boldsymbol{E}=\varepsilon_0\varepsilon_r\boldsymbol{E}=\varepsilon\boldsymbol{E} \tag{2.80}$$

式中,χ_e 为电介质的极化率,ε 为电介质的介电常数,ε_r 为相对介电常数。式(2.80)就是电介质的物质本构关系,反映了电位移矢量和电磁强度矢量之间的关系。因此,对于涉及电介质材料的电磁问题,可以先利用式(2.79)求出电位移矢量 $\boldsymbol{D}$ 后,再利用 $\boldsymbol{E}=\boldsymbol{D}/\varepsilon$ 求出电场强度矢量 $\boldsymbol{E}$。值得注意的是,真正代表电场并能产生电力效应的物理量是电场强度矢量 $\boldsymbol{E}$,而不是电位移矢量 $\boldsymbol{D}$,后者只是为描述和求解问题方便而引入的一个辅助矢量。

值得一提的是,在电介质中,若输入场为含有时变电磁场的电磁波,位移电流 $\boldsymbol{J}_d$ 不完全是虚拟的电流,它有两种来源:一是来源于不依赖于介质的电场 $\boldsymbol{E}$ 的变化率,一是来源于极化电荷在时变电场作用下振荡形成的极化电流。实际上,根据式(2.80),位移电流 $\boldsymbol{J}_d$ 可分解为

$$\boldsymbol{J}_d=\frac{\partial\boldsymbol{D}}{\partial t}=\varepsilon_0\frac{\partial\boldsymbol{E}}{\partial t}+\frac{\partial\boldsymbol{P}}{\partial t}=\varepsilon_0\frac{\partial\boldsymbol{E}}{\partial t}+\boldsymbol{J}_p \tag{2.81}$$

其中,前一项 $\varepsilon_0\partial\boldsymbol{E}/\partial t$ 正比于电场强度的变化率,与电磁感应定律呼应,对在无电荷的真空中形成电磁波具有重要的意义;而后一项 $\partial\boldsymbol{P}/\partial t$ 的大小为

$$\frac{\partial P}{\partial t}=\frac{\partial P}{\partial t}\frac{\Delta S}{\Delta S}=\frac{\partial q_p}{\partial t\Delta S}=\frac{I_p}{\Delta S}=J_p \tag{2.82}$$

代表了介质中的极化电荷在电磁波的时变电场作用下振荡所形成的极化电流密度。

2.3.2 磁介质的磁化与磁导率

组成磁介质的分子或原子可等效于一个环形电流,称为分子电流(或束缚电流)。当分子电流位于磁场 $\boldsymbol{B}$ 中时,其将受到旋转力矩 $\boldsymbol{M}=\boldsymbol{p}_m\times\boldsymbol{B}$ 的作用而转向,其中磁偶极矩为

$$\boldsymbol{p}_m=i\Delta\boldsymbol{S} \tag{2.83}$$

式中,i 为分子电流,$\Delta\boldsymbol{S}=\boldsymbol{e}_n\Delta S$ 为分子电流所围的面积元矢量,其方向与 i 流动的方向构成右手螺旋关系。通常使用磁化强度矢量 $\boldsymbol{M}$ 描述磁介质磁化的程度。假设磁介质中的分子电流密度为 N,则有

$$M = \lim_{\Delta V \to 0} \frac{\sum_i \boldsymbol{p}_{mi}}{\Delta V} = N\boldsymbol{p}_m = Ni\Delta \boldsymbol{S} \tag{2.84}$$

因此,磁化强度矢量代表单位磁介质体积内磁偶极矩的矢量和。

如图 2.2(a)所示,在外加磁场 $\boldsymbol{B}_e$ 作用下磁介质内的众多分子电流将在旋转力矩的作用下排列方向趋于相同,这些分子电流朝向相同的磁偶极矩将产生磁化磁场(也称二次磁场)B',最终的合成磁场 $\boldsymbol{B}$ 是外加磁场和磁化电场的矢量叠加。对于磁介质内部,如果磁介质分子分布均匀,相邻分子的正负电流会互相抵消,磁介质内部的净磁化电流为零;如果磁电质分子分布不均匀,部分分子电流没有完全抵消,磁介质内部的净磁化电流不为零,则在磁介质内部出现磁化电流的体密度分布。如图 2.2(b)所示,在磁介质内部任意取一个闭合有向回路 C 和以回路 C 为边界的任意曲面 $\boldsymbol{S}$,曲面的外法线方向与回路方向构成右手螺旋关系。在回路 C 上取长度元 $\mathrm{d}\boldsymbol{l}$,其方向为回路在长度元处的切向方向。以分子电流环面积 ΔS 为底、$\mathrm{d}\boldsymbol{l}$ 为斜高作一圆柱体积元 $\Delta V = \mathrm{d}\boldsymbol{S} \cdot \mathrm{d}\boldsymbol{l}$,此时只有分子电流中心在圆柱体内的分子电流才对回路内的磁化电流有贡献。设磁介质的分子密度为 N,则与长度 $\mathrm{d}\boldsymbol{l}$ 交链的磁化电流为

$$\mathrm{d}I_m = iN\Delta V = Ni\Delta \boldsymbol{S} \cdot \mathrm{d}\boldsymbol{l} = N\boldsymbol{p}_m \cdot \mathrm{d}\boldsymbol{l} = \boldsymbol{M} \cdot \mathrm{d}\boldsymbol{l} \tag{2.85}$$

因此,若定义磁化电流体密度为 $\boldsymbol{J}_m$ 并结合利用斯托克斯定理,可以得到穿过回路 C 的全部磁化电流为

$$I_m = \int_S \boldsymbol{J}_m \cdot \mathrm{d}\boldsymbol{S} = \oint_C \mathrm{d}I_m = \oint_C \boldsymbol{M} \cdot \mathrm{d}\boldsymbol{l} = \oint_S \nabla \times \boldsymbol{M} \cdot \mathrm{d}\boldsymbol{S} \tag{2.86}$$

由于积分回路和曲面选取的任意性,两个面积分的被积函数必须相等,有

$$\boldsymbol{J}_m = \nabla \times \boldsymbol{M} \tag{2.87}$$

这就是磁介质内部磁化电流体密度与磁化强度矢量间的关系式。

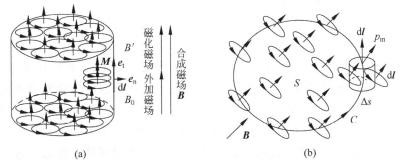

(a)　　　　　　　　　　　　(b)

图 2.2　均匀和非均匀电介质的极化

(a) 均匀磁介质的磁化;(b) 非均匀磁介质的磁化

同时,在磁介质的外表面上将出现表面磁化电流(或称束缚电流),其电流面密度可通过在磁介质内部紧贴磁介质表面取一微小长度元 $\mathrm{d}\boldsymbol{l} = \boldsymbol{e}_t \mathrm{d}l$ 来求取,如图 2.2(a)中的圆柱侧面实线所示,其中 $\boldsymbol{e}_t$ 为磁介质表面的切向方向并且与 $\boldsymbol{M}$ 方向平行的单位矢量。则根据式(2.85),磁介质表面上的磁化电流密度为

$$\boldsymbol{J}_{sm} = \frac{\mathrm{d}I_m}{\mathrm{d}l}\boldsymbol{e}_{Jsm} = \frac{\boldsymbol{M} \cdot \mathrm{d}\boldsymbol{l}}{\mathrm{d}l}\boldsymbol{e}_{Jsm} = (\boldsymbol{M} \cdot \boldsymbol{e}_t)\boldsymbol{e}_{Jsm} = \boldsymbol{M} \times \boldsymbol{e}_n \qquad (2.88)$$

式中,$\boldsymbol{e}_n$ 为磁介质表面的法向单位矢量。

磁介质的磁化现象将导致磁化电流 $\boldsymbol{J}_m$ 的出现,因此能够产生磁场的电流 $\boldsymbol{J}$ 除了传导电流 $\boldsymbol{J}_c$ 和位移电流 $\boldsymbol{J}_d$ 外,还有磁化电流 $\boldsymbol{J}_m$。因此,磁介质中的磁场旋度为

$$\nabla \times \boldsymbol{B} = \mu_0 \boldsymbol{J} = \mu_0(\boldsymbol{J}_c + \boldsymbol{J}_d + \boldsymbol{J}_m) \qquad (2.89)$$

将式(2.87)代入式(2.89)并整理,可得

$$\nabla \times \left(\frac{1}{\mu_0}\boldsymbol{B} - \boldsymbol{M}\right) = \boldsymbol{J}_c + \boldsymbol{J}_d \qquad (2.90)$$

因此,可以定义一个新的磁场辅助矢量——磁场强度矢量 $\boldsymbol{H} = \boldsymbol{B}/\mu_0 - \boldsymbol{M}$,则有

$$\nabla \times \boldsymbol{H} = \boldsymbol{J}_c + \boldsymbol{J}_d = \sigma\boldsymbol{E} + \frac{\partial \boldsymbol{D}}{\partial t} \qquad (2.91)$$

这就是全电流安培环路定理(也称麦克斯韦-安培环路定理)的微分形式。可以看到磁场强度矢量 $\boldsymbol{H}$ 仅和传导电流及位移电流有关,与磁化电流无关。在很多涉及求解磁介质材料电磁问题的场合,传导电流及位移电流一般是事先已知或容易求解的,而磁化电流是未知或不便求解的,因此引入磁场强度矢量 $\boldsymbol{H}$,不仅简化了安培环路定理的表达式,更是巧妙避开了复杂的磁化电流求解,从而有利于问题的解决。

如果介质为各向同性线性磁介质,则磁场强度矢量 $\chi_m \boldsymbol{H} = \boldsymbol{M}$,有

$$\boldsymbol{B} = \mu_0(\boldsymbol{H} + \boldsymbol{M}) = \mu_0(1 + \chi_m)\boldsymbol{H} = \mu_0\mu_r\boldsymbol{H} = \mu\boldsymbol{H} \qquad (2.92)$$

式中,χ_m 为磁介质的磁化率,μ 为磁介质的磁导率,μ_r 为相对磁导率。式(2.92)就是磁介质的物质本构关系,反映了磁感应强度矢量和磁场强度矢量之间的关系。因此,对于涉及磁介质材料的电磁问题,可以先利用式(2.91)求出磁场强度矢量 $\boldsymbol{H}$ 后,再利用 $\boldsymbol{B} = \mu\boldsymbol{H}$ 求出磁感应强度矢量 $\boldsymbol{B}$。值得注意的是,真正代表磁场并能产生磁力效应的物理量是磁感应强度矢量 $\boldsymbol{B}$,而不是磁场强度矢量 $\boldsymbol{H}$,后者只是为了描述和求解问题方便而引入的一个辅助矢量。

2.3.3　导电媒质的传导特性与电导率

导电媒质内部一般有许多能自由移动的电子,它们在外电场的作用下发生有规则的定向运动而形成电流。电子在运动过程中,将与原子实(原子核＋内层电子)发生碰撞而消耗动能,自由路程很短。因此,形成电流的电子平均速度很慢,一般在 $10^{-5}\sim10^{-4}\,\mathrm{m/s}$ 数量级。

通常将单位时间内通过某一截面的电荷量定义为电流 I,其定义式为

$$I=\frac{\mathrm{d}q}{\mathrm{d}t} \tag{2.93}$$

式中,q 是通过截面的电荷量。同时,为了描述导电媒质截面上电流分布的不均匀性,定义电流密度矢量 $\boldsymbol{J}$,其大小为单位时间内垂直穿过单位面积的电荷量,方向为正电荷的运动方向,单位是 $\mathrm{A/m^2}$。因此,穿过截面 S 的电流 I 也可以表示为

$$I=\int_S \boldsymbol{J}\cdot\mathrm{d}\boldsymbol{S} \tag{2.94}$$

式中,$\mathrm{d}\boldsymbol{S}$ 为截面 S 上的某一有向面元。若电流密度分布均匀且与截面垂直,则有 $I=JS$。

根据电路实验中的欧姆定律,可以获得长度为 l、横截面积为 S 的圆柱形电阻 R 的电压 U 和电流 I 之间的关系

$$U=IR \tag{2.95}$$

将电阻 $R=l/\sigma S$,电压 $U=El$ 和电流 $I=JS$ 代入式(2.95),并考虑到方向,可得到电流密度矢量与电场强度矢量之间的关系

$$\boldsymbol{J}=\sigma\boldsymbol{E} \tag{2.96}$$

式中,σ 称为电导率,其单位为 $\mathrm{S/m}$。某一媒质的电导率越大说明其导电性能越好。

2.4　麦克斯韦方程组

经典的电磁学领域有着悠久而辉煌的历史。它的应用范围从分布式电路理论一直延伸到现代光学。为此,它可用于分析电路和天线等无源元件,以及激光和微波源等有源器件。从本质上讲,整个电磁学理论可以简明地归纳为一组四个方程,这些方程在 19 世纪由英国物理学家麦克斯韦(1831—1879 年)组成一组自洽的方程。因此,它们被统称为麦克斯韦方

程组。

　　1845 年,关于电磁现象的三个最基本的实验定律:库仑定律(1785 年)、毕奥-萨伐尔定律(1820 年)和法拉第电磁感应定律(1831—1845 年)已被总结出来,法拉第的"电力线"和"磁力线"概念已发展成"电磁场概念"。1855—1865 年,英国物理学家麦克斯韦在全面地审视了库仑定律、毕奥-萨伐尔定律和法拉第定律的基础上,把数学分析方法带进了电磁学的研究领域,由此导致以麦克斯韦方程组为基石的现代电磁理论的诞生。麦克斯韦在 1865 年提出的最初形式的方程组由 20 个等式和 20 个变量组成。他在 1873 年尝试用四元数来表达,但未成功。现在所使用的四个方程组成的数学形式是赫维赛德和吉布斯于 1884 年以矢量分析的形式重新表达的,包括描述电荷如何产生电场的高斯定律、论述磁单极子不存在的高斯磁定律、描述电流和时变电场怎样产生磁场的麦克斯韦-安培定律,以及描述时变磁场如何产生电场的法拉第感应定律。从麦克斯韦方程组可以推论出电磁波在真空中以光速传播,并进而得出光是电磁波的猜想。1887 年,德国物理学家赫兹(1857—1894 年)用实验方法产生和检测到了电磁波,证实了麦克斯韦关于电磁波的猜想。

2.4.1　麦克斯韦方程组的微分形式

　　如前所述,真正代表磁场的物理量是磁感应强度矢量 $\boldsymbol{B}$,真正代表电场的物理量是电场强度矢量 $\boldsymbol{E}$。在前述电磁场论和物质本构关系的讨论基础上,可以汇总一下关于 $\boldsymbol{B}$ 和 $\boldsymbol{E}$ 的散度和旋度的表达式

$$\begin{cases} \nabla \times \boldsymbol{B} = \mu_0 (\boldsymbol{J}_{\mathrm{c}} + \boldsymbol{J}_{\mathrm{d}} + \boldsymbol{J}_{\mathrm{m}}) \\ \nabla \times \boldsymbol{E} = -\dfrac{\partial \boldsymbol{B}}{\partial t} \\ \nabla \cdot \boldsymbol{E} = \dfrac{1}{\varepsilon_0} (\rho_{\mathrm{f}} + \rho_{\mathrm{p}}) \\ \nabla \cdot \boldsymbol{B} = 0 \end{cases} \tag{2.97}$$

式中,$\boldsymbol{J}_{\mathrm{c}}$ 为传导电流密度,$\boldsymbol{J}_{\mathrm{d}} = \partial \boldsymbol{D}/\partial t$ 为位移电流密度,$\boldsymbol{J}_{\mathrm{m}} = \nabla \times \boldsymbol{M}$ 为磁化电流密度;ρ_{f} 为自由电荷密度,$\rho_{\mathrm{p}} = -\nabla \cdot \boldsymbol{P}$ 为极化(束缚)电荷密度。再将以下物质本构关系式 $\boldsymbol{D} = \varepsilon \boldsymbol{E} = \varepsilon_0 \boldsymbol{E} + \boldsymbol{P}$、$\boldsymbol{B} = \mu \boldsymbol{H} = \mu_0 (\boldsymbol{H} + \boldsymbol{M})$ 和 $\boldsymbol{J}_{\mathrm{c}} = \sigma \boldsymbol{E}$ 代入式(2.97),经过整理可以获得由四个一阶偏微分方程组成的麦克斯韦方程组微分形式

$$\begin{cases} \nabla \times \boldsymbol{H} = \boldsymbol{J}_{\mathrm{c}} + \boldsymbol{J}_{\mathrm{d}} = \dfrac{\partial \boldsymbol{D}}{\partial t} + \sigma \boldsymbol{E} \\[2mm] \nabla \times \boldsymbol{E} = -\dfrac{\partial \boldsymbol{B}}{\partial t} \\[2mm] \nabla \cdot \boldsymbol{D} = \rho_{\mathrm{f}} \\[2mm] \nabla \cdot \boldsymbol{B} = 0 \end{cases} \tag{2.98}$$

式中,第一个方程代表全电流定律,是安培环路定律的完备形式;第二个方程代表法拉第电磁感应定律;第三个方程代表高斯定律,其中 ρ_{f} 为自由电荷体密度;第四个方程代表磁通连续性原理。离开激励源之后的电磁波主要由第一个方程和第二方程这两个旋度方程决定,因此利用 FDTD 方法进行电磁波仿真主要就是数值求解这两个方程。

2.4.2 麦克斯韦方程组的积分形式

对麦克斯韦方程组微分形式中的两个旋度方程进行曲面积分并应用斯托克斯定理,对两个散度方程进行体积分并应用高斯定理,即可获得麦克斯韦方程组的积分形式

$$\begin{cases} \displaystyle\oint_C \boldsymbol{H} \cdot \mathrm{d}\boldsymbol{l} = I_{\mathrm{c}} + \int_S \dfrac{\partial \boldsymbol{D}}{\partial t} \cdot \mathrm{d}\boldsymbol{S} \\[3mm] \displaystyle\oint_C \boldsymbol{E} \cdot \mathrm{d}\boldsymbol{l} = -\int_S \dfrac{\partial \boldsymbol{B}}{\partial t} \cdot \mathrm{d}\boldsymbol{S} \\[3mm] \displaystyle\oint_S \boldsymbol{D} \cdot \mathrm{d}\boldsymbol{S} = q_{\mathrm{f}} \\[3mm] \displaystyle\oint_S \boldsymbol{B} \cdot \mathrm{d}\boldsymbol{S} = 0 \end{cases} \tag{2.99}$$

式中,$I_{\mathrm{c}} = \displaystyle\int_S \boldsymbol{J}_{\mathrm{c}} \cdot \mathrm{d}\boldsymbol{S}$,是闭合曲线 C 所包围的全部传导电流之和,$q_{\mathrm{f}} = \displaystyle\int_V \rho_{\mathrm{f}} \mathrm{d}V$,是闭合曲面 S 所包围的全部自由电荷之和;S 是积分曲面,C 是曲面的外边界路径;V 是积分体积,S 是体积 V 的闭合外表面。麦克斯韦方程组积分形式描述了一个大范围内(任意闭合曲线或闭合曲面所围或所占空间)的电磁场与场源(电荷、电流以及时变的电场和磁场)之间的相互关系。第一个方程是全电流定律的积分形式,表明磁场强度沿任意闭合曲线的环量,等于穿过以该闭合曲线为周界的任意曲面的传导电流、位移电流以及外加电流之和。第二个方程是电磁感应定律的积分形式,表明电场强度沿任意闭合曲线的环量,等于穿过以该闭合曲线为周界的任意曲面的磁通量变

化率的负值。第三个方程是电场高斯定理的积分形式,表明穿过任意闭合曲面的电位移通量等于该闭合面所包围的全部自由电荷之和。第四个方程是磁通连续性原理的积分形式,表明穿过任意闭合曲面的磁感应强度通量恒等于零,自然界没有天然存在的磁荷。

2.4.3 电磁场边界条件

微分形式的麦克斯韦方程组可以描述空间任意一点处的电磁场变化规律。但是需要注意的是这是一组偏微分方程。在两个不同媒质的边界面上,电场矢量和磁场矢量将发生大小或方向上的变化,即电场和磁场在边界面上不再连续,进而不可导,此时麦克斯韦方程组的微分形式失效。若将电磁场矢量相对于分界面分解为法向分量和切向分量,则需要四个边界条件来连接分界面两侧电场矢量的法向和切向分量、磁场矢量的法向和切向分量等四个电磁场分量。

虽然在分界面上,麦克斯韦方程组的微分形式失效,但是麦克斯韦方程组的积分形式因不存在求导所以依然成立。利用麦克斯韦方程组的积分形式,并在两种不同媒质的分界面上引入无限贴近分界面的高度趋于零的圆柱体或宽度趋于零的矩形,可以证明获得以下四个电磁场边界条件的矢量形式

$$\begin{cases} \boldsymbol{e}_n \times (\boldsymbol{E}_1 - \boldsymbol{E}_2) = \boldsymbol{0} \\ \boldsymbol{e}_n \cdot (\boldsymbol{D}_1 - \boldsymbol{D}_2) = \rho_s \\ \boldsymbol{e}_n \times (\boldsymbol{H}_1 - \boldsymbol{H}_2) = \boldsymbol{J}_s \\ \boldsymbol{e}_n \cdot (\boldsymbol{B}_1 - \boldsymbol{B}_2) = 0 \end{cases} \quad (2.100)$$

式中,$\boldsymbol{e}_n$ 为由媒质 2 指向媒质 1 的分界面法线方向的单位矢量;ρ_s 和 $\boldsymbol{J}_s$ 分别为分界面上的自由电荷面密度和传导电流面密度。在两种不导电的理想介质的边界面上 $\rho_s = 0$,其他导电媒质情况下一般 $\rho_s \neq 0$;一般情况下 $\boldsymbol{J}_s = 0$,但在一边媒质为理想导体时不为零。式(2.100)还可以写成仅描述了分界面两侧电磁场之间大小关系的边界条件标量形式

$$\begin{cases} E_{1t} - E_{2t} = 0 \\ D_{1n} - D_{2n} = \rho_s \\ H_{1t} - H_{2t} = J_s \\ B_{1n} - B_{2n} = 0 \end{cases} \quad (2.101)$$

可以看到:电场强度矢量的切向分量是连续的;电位移矢量的法向分量不连续,与表面自由电荷密度有关;磁场强度矢量是不连续的,与表面传导电

流有关；磁感应强度矢量的法向分量连续。结合物质本构关系 $\boldsymbol{D}=\varepsilon\boldsymbol{E}$ 和 $\boldsymbol{B}=\mu\boldsymbol{H}$，最终获得了连接分界面两边的电场 $\boldsymbol{E}_1=E_{1t}\boldsymbol{e}_t+E_{1n}\boldsymbol{e}_n$ 和 $\boldsymbol{E}_2=E_{2t}\boldsymbol{e}_t+E_{2n}\boldsymbol{e}_n$ 的方程组

$$\begin{cases} E_{1t}-E_{2t}=0 \\ \varepsilon_1 E_{1n}-\varepsilon_2 E_{2n}=\rho_s \end{cases} \tag{2.102}$$

以及连接分界面两边磁场 $\boldsymbol{B}_1=B_{1t}\boldsymbol{e}_t+B_{1n}\boldsymbol{e}_n$ 和 $\boldsymbol{B}_2=B_{2t}\boldsymbol{e}_t+B_{2n}\boldsymbol{e}_n$ 的方程组

$$\begin{cases} \dfrac{1}{\mu_1}B_{1t}-\dfrac{1}{\mu_2}B_{2t}=J_s \\ B_{1n}-B_{2n}=0 \end{cases} \tag{2.103}$$

因此，通过求解以上方程组即可由分界面一边的电磁场矢量求得另一边的电磁场矢量。

参考文献

[1] 谢处方,饶克谨.电磁场与电磁波[M].4 版.北京：高等教育出版社,2006.

[2] 杨儒贵.电磁场与电磁波[M].2 版.北京：高等教育出版社,2007.

[3] 钟顺时.电磁场与波[M].2 版.北京：清华大学出版社,2015.

[4] 王蔷,李国定,龚克.电磁场理论基础[M].北京：清华大学出版社,2001.

[5] 张善杰.工程电磁理论[M].北京：科学出版社,2009.

[6] 赵凯华,陈熙谋.电磁学[M].北京：高等教育出版社,2011.

[7] STRATTON J A. Electromagnetic theory[M]. New York：McGraw-Hill,1941.

[8] COLLIN R E. Field theory of guided waves[M]. New York：McGraw-Hill,1960.

[9] HARRINGTON R F. Time-harmonic electromagnetic fields [M]. New York：McGraw-Hill,1961.

[10] KONG J A. Electromagnetic wave theory[M]. Cambridge,MA：EMW Publishing,2000.

[11] PAUL C R,WHITES K W,NASAR S A. Introduction to electromagnetic fields [M]. 3rd ed. New York：McGraw-Hill,1997.

第3章
CHAPTER 3

工 作 原 理

本章主要介绍时域有限差分(FDTD)方法的基本工作原理,主要包括介绍利用离散有限差分近似计算偏微分的有限差分数学基础,FDTD 方法的时空离散特性和空间网格剖分,与电磁波相关的麦克斯韦旋度方程的 FDTD 更新公式,以及 FDTD 的数值色散和数值稳定性条件。本章内容是 FDTD 方法的基础,对理解 FDTD 的算法设计和编程实现具有重要作用。

3.1 二阶中心差分格式

有限差分法是先将连续变量按某种方式进行离散,然后用离散量的差商近似替代连续变量的微商来构造差分方程或更新公式,再通过求解线性方程组或进行循环迭代法来获得离散节点上的变量数值的一种数值求解方法。有限差分法的首要任务是选择合适的差分格式,使得它的数值解既能保持原问题的主要性质,又能满足工程问题需要的精度。对于求解仅含有一阶偏微分运算的时域麦克斯韦方程组旋度方程,二阶中心差分格式是最佳选择。

为了说明利用有限差分来近似计算连续函数导数的可行性和计算精度,下面以求解一元函数 $f(x)$ 的导数 $f'(x)$ 为例进行分析。如图 3.1 所示,对连续函数 $f(x)$ 以间隔 $\Delta x/2$ 进行空间离散,则 $f(x)$ 的前后两个采样值

$f(x\pm\Delta x/2)$在 x 点处的泰勒级数展开式为

$$f\left(x\pm\frac{\Delta x}{2}\right)= f(x)\pm\frac{\Delta x}{2}f'(x)+\frac{(\Delta x)^2}{8}f''(x)\pm\frac{(\Delta x)^3}{48}f'''(x)+O((\Delta x)^3)$$

$$(3.1)$$

将上式中带正负号的两个泰勒级数展开式相减,并经过整理可获取一阶导数的差分格式

$$f'(x)= \frac{f\left(x+\dfrac{\Delta x}{2}\right)-f\left(x-\dfrac{\Delta x}{2}\right)}{\Delta x}-O((\Delta x)^2)\approx \frac{f\left(x+\dfrac{\Delta x}{2}\right)-f\left(x-\dfrac{\Delta x}{2}\right)}{\Delta x}$$

$$(3.2)$$

这就是一阶导数的中心差分近似,其误差主项为 $(\Delta x)^2 f'''(x)/24$,因此中心差分具有二阶精度,因此式(3.2)也称为二阶中心差分格式。从图 3.1 也可以看到,连接 $f(x)$ 的前后两个离散节点 $f(x\pm\Delta x/2)$ 的直线,与 $f(x)$ 在 x 点处的切线基本平行,因此从几何上看两者亦具有较好的近似程度。当 Δx 取值越小时,这种近似程度越高,计算误差越小。当然对于同样尺寸的问题,若减小离散间隔,离散节点数和计算量会相应增加,将加重计算机资源负担。因此,对于计算电磁学的各种数值计算方法,仿真计算精度和计算资源消耗量往往是一对矛盾体。

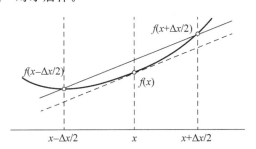

图 3.1 中心差分近似计算一阶导数示意图

采用式(3.2)所代表的中心差分格式近似计算一阶导数 $f'(x)$ 还有一个突出的优点就是差分格式中只涉及 $f(x)$ 的前后两个采样值 $f(x\pm\Delta x/2)$,而不涉及 $f(x)$ 本身的数值。这个特点对 FDTD 方法具有重要的意义,因为在 FDTD 方法中电场(或磁场)的两个相邻节点之间的中心位置处并不存在电场(或磁场)的节点值,而是另外一个场量——磁场(或电场)的节点值。在 FDTD 方法中,将大量使用式(3.2)所代表的二阶中心差分格式对时域麦克斯韦方程组旋度方程中的偏微分运算进行替代。

假设在直角坐标系下,$f(x,y,z,t)$ 为电磁场矢量在直角坐标系下的某一个分量标量,三个坐标轴方向的空间离散间隔分别为 Δx、Δy 和 Δz,时间

上的离散间隔为 Δt，后者一般称为时间步长。在 FDTD 方法中，一般将 $f(x,y,z,t)$ 在 $t=n\Delta t$ 时刻位于空间离散节点 $(i\Delta x,j\Delta y,k\Delta z)$ 处的节点数值约定标记为

$$f(x,y,z,t)=f(i\Delta x,j\Delta y,k\Delta z,n\Delta t)\overset{\triangle}{=}f^n(i,j,k) \qquad (3.3)$$

一般情况下 FDTD 的更新公式较长，以上简记法在不影响理解的同时极大缩短了公式长度，既提高了阅读速度，也节省了笔墨纸张。下面以 f 对坐标轴变量 x 和时间 t 的一阶偏微分为例进行说明。根据中心差分格式，$f(x,y,z,t)$ 关于 x 的一阶偏导数在 $x=i\Delta x$ 处的近似值可以写为

$$\left.\frac{\partial f(x,y,z,t)}{\partial x}\right|_{x=i\Delta x}\approx\frac{f^n\left(i+\frac{1}{2},j,k\right)-f^n\left(i-\frac{1}{2},j,k\right)}{\Delta x} \qquad (3.4)$$

而 $f(x,y,z,t)$ 关于 x 的一阶偏导数在 $x=(i+1/2)\Delta x$ 处的近似值可以写为

$$\left.\frac{\partial f(x,y,z,t)}{\partial x}\right|_{x=(i+1/2)\Delta x}\approx\frac{f^n(i+1,j,k)-f^n(i,j,k)}{\Delta x} \qquad (3.5)$$

又如，$f(x,y,z,t)$ 关于 t 的一阶偏导数在 $t=n\Delta t$ 处的近似值可以写为

$$\left.\frac{\partial f(x,y,z,t)}{\partial t}\right|_{t=n\Delta t}\approx\frac{f^{n+1/2}(i,j,k)-f^{n-1/2}(i,j,k)}{\Delta t} \qquad (3.6)$$

而 $f(x,y,z,t)$ 关于 t 的一阶偏导数在 $t=(n+1/2)\Delta t$ 处的近似值可以写为

$$\left.\frac{\partial f(x,y,z,t)}{\partial t}\right|_{t=(n+1/2)\Delta t}\approx\frac{f^{n+1}(i,j,k)-f^n(i,j,k)}{\Delta t} \qquad (3.7)$$

值得注意的是，中心差分格式不仅可以计算一阶导数，亦可以计算二阶导数。例如，对连续函数 $f(x)$ 以间隔 Δx 进行空间离散，则 $f(x)$ 的前后两个采样值 $f(x\pm\Delta x)$ 在 x 点处的泰勒级数展开式为

$$f(x\pm\Delta x)=f(x)\pm\Delta xf'(x)+\frac{(\Delta x)^2}{2}f''(x)\pm\frac{(\Delta x)^3}{6}f'''(x)+O((\Delta x)^3)$$

$$(3.8)$$

将上式中带正负号的两个泰勒级数展开式相加，并经过整理可获取二阶导数的差分格式

$$f''(x)=\frac{f(x+\Delta x)-2f(x)+f(x-\Delta x)}{(\Delta x)^2}-O((\Delta x)^2)$$

$$\approx\frac{f(x+\Delta x)-2f(x)+f(x-\Delta x)}{(\Delta x)^2} \qquad (3.9)$$

可见,用中心差分格式计算二阶导数亦具有二阶计算精度,其误差主项为
$(\Delta x)^2 f^{(4)}(x)/12$。式(3.9)在后面推导 FDTD 算法的稳定性条件和数值
色散时要用到。

3.2 电磁场量时空离散

时域形式的麦克斯韦方程组是一组一阶的偏微分方程组,包含有电磁
场各个分量对相应坐标轴和时间的一阶偏微分求导。从物理上看,电磁场
各个分量都是坐标轴或时间的连续函数。根据电磁场理论,用于描述电磁
波的两个麦克斯韦旋度方程为

$$\begin{cases} \nabla \times \boldsymbol{H} = \dfrac{\partial \boldsymbol{D}}{\partial t} + \boldsymbol{J}_i \\ \nabla \times \boldsymbol{E} = -\dfrac{\partial \boldsymbol{B}}{\partial t} - \boldsymbol{M}_i \end{cases} \tag{3.10}$$

式中,$\boldsymbol{J}_i$ 和 $\boldsymbol{M}_i$ 分别是为激励产生电磁波而人为外加(impressed)的电流密
度源和磁流密度源。值得注意的是,第一个方程中电磁波的传输媒质如果
是导电媒质,其传导电流项 $\boldsymbol{J}_c = \sigma\boldsymbol{E}$ 可以通过定义复介电常数而包含在
$\partial\boldsymbol{D}/\partial t$ 里面,从而极大方便了 FDTD 方法对材料的模块化仿真编程。为方
便推导 FDTD 时域更新公式,将时间偏微分项移到方程的左边,有

$$\begin{cases} \dfrac{\partial \boldsymbol{D}}{\partial t} = \nabla \times \boldsymbol{H} - \boldsymbol{J}_i \\ \dfrac{\partial \boldsymbol{B}}{\partial t} = -\nabla \times \boldsymbol{E} - \boldsymbol{M}_i \end{cases} \tag{3.11}$$

因计算机不方便存储矢量,上述方程适合写成关于电磁场分量的标量方程
形式。这样,在直角坐标系中,关于电位移矢量 $\boldsymbol{D}$ 的三个分量 D_x、D_y 和 D_z
的标量偏微分方程为

$$\begin{cases} \dfrac{\partial D_x}{\partial t} = \dfrac{\partial H_z}{\partial y} - \dfrac{\partial H_y}{\partial z} - J_{ix} \\ \dfrac{\partial D_y}{\partial t} = \dfrac{\partial H_x}{\partial z} - \dfrac{\partial H_z}{\partial x} - J_{iy} \\ \dfrac{\partial D_z}{\partial t} = \dfrac{\partial H_y}{\partial x} - \dfrac{\partial H_x}{\partial y} - J_{iz} \end{cases} \tag{3.12}$$

关于磁感应强度矢量 $\boldsymbol{B}$ 的三个分量 B_x、B_y 和 B_z 的标量偏微分方程为

$$\begin{cases} \dfrac{\partial B_x}{\partial t} = \dfrac{\partial E_y}{\partial z} - \dfrac{\partial E_z}{\partial y} - M_{ix} \\[3mm] \dfrac{\partial B_y}{\partial t} = \dfrac{\partial E_z}{\partial x} - \dfrac{\partial E_x}{\partial z} - M_{iy} \\[3mm] \dfrac{\partial B_z}{\partial t} = \dfrac{\partial E_x}{\partial y} - \dfrac{\partial E_y}{\partial x} - M_{iz} \end{cases} \tag{3.13}$$

　　由于计算机的存储容量及运算速度等计算资源的有限性,为了实现对麦克斯韦方程组两个旋度方程的数值求解,我们必须对连续的电磁场量按照一定的空间或时间间隔进行离散化,使得有限数量的离散电磁场量有可能保存于计算机中。因此我们需要首先对电位移矢量 **D** 和磁感应强度矢量 **B** 进行空间和时间离散化。那么如何对电磁场矢量的六个分量进行时空离散就成为了重要的问题。

　　首先讨论电磁场分量的空间离散。1966 年,美籍华人 K. S. Yee 分析了麦克斯韦方程组旋度方程的特点,结合式(3.12)和式(3.13)所示关于六个电磁场分量的标量方程,引入了一种极为巧妙的空间差分格式——Yee 元胞,从而在直角坐标系下建立起了 FDTD 方法的三维空间差分网格。图 3.2 给出以节点(i,j,k)和节点$(i+1,j+1,k+1)$为长方体对角点的 Yee 元胞示意图以及电位移矢量 **D** 和磁感应强度矢量 **B** 的全部直角坐标分量在该元胞上所处的节点位置。另外,电磁强度矢量 **E** 的三个分量所处节点位置与对应的电位移矢量 **D** 的三个分量所处节点位置相同,磁场强度矢量 **H** 的三个分量所处节点位置与对应的磁感应强度矢量 **B** 的三个分量所处节点位置相同。为保持图形整洁,根据麦克斯韦旋度方程中电磁场量的关系,将上述十二个电磁场分量按 **D** 和 **H** 以及 **B** 和 **E** 分两组分别标示于两个 Yee 元胞中,以便在后续章节中推导相应的电磁场量更新公式。

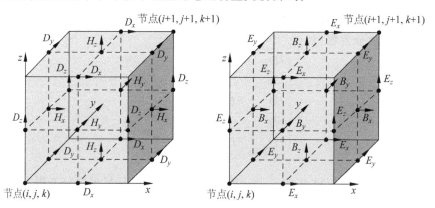

图 3.2　Yee 元胞以及全部电磁场分量的节点位置分布

从图 3.2 可以看到,电位移矢量 **D** 或电场强度矢量 **E** 的三个分量分别位于平行于坐标轴 x、y 和 z 轴的总共十二条棱边的中心点位置。磁感应强度矢量 **B** 或磁场强度矢量 **H** 的三个分量分别位于垂直于坐标轴 x、y 和 z 轴的总共六个矩形表面的中心点位置。这样设置电磁场分量节点位置的目的是:当 Yee 元胞沿着三个坐标轴方向复制拓展时,每个电场分量的四周均有四个磁场分量环绕,每个磁场分量的四周也有四个电场分量环绕,刚好与麦克斯韦方程组中的旋度运算所描述的物理场景相吻合。

同时,为了方便进行时域偏微分的数值计算,电场和磁场在时域上也需要进行离散化,所采用的时间间隔 Δt 一般称为时间步长。根据麦克斯韦方程组旋度方程中时域偏微分的特点,并依据传统习惯,可以设置电场的采样时刻为整数倍的时间步长,即 $t=n\Delta t$;磁场的采样时刻为整数加 1/2 倍的时间步长,即 $t=(n+1/2)\Delta t$。因此,电场分量和磁场分量在采样时刻上错开了 1/2 时间步长,从而方便了二阶中心差分格式的应用。

基于以上电磁场量的空间和时间离散规范,可以进一步明确 Yee 元胞中任一电磁场分量的时空标记。例如,在 $t=n\Delta t$ 时刻位于通过空间节点 (i,j,k) 且平行于 x 轴的棱边中点位置的电场 D_x 分量,可以标记为 $D_x^n(i+1/2,j,k)$;在 $t=(n+1/2)\Delta t$ 时刻位于空间节点 $(i+1/2,j+1/2,k)$ 处且平行于 z 轴的磁场 B_z 分量,可以标记为 $B_z^{n+1/2}(i+1/2,j+1/2,k)$。表 3.1 给出了紧邻空间节点 (i,j,k) 的电磁场各直角坐标分量的空间离散编号、时间离散编号以及电磁场分量离散标记符号,供读者们在推导 FDTD 更新公式时参考。

表 3.1　Yee 元胞中各电磁场分量的时空离散编号及离散标记符号

电磁场分量	空间离散编号 $(x/\Delta x,y/\Delta y,z/\Delta z)$	时间离散编号 $(t/\Delta t)$	电磁场分量离散标记符号
D_x	$(i+1/2,j,k)$		$D_x^n(i+1/2,j,k)$
E_x	$(i+1/2,j,k)$		$E_x^n(i+1/2,j,k)$
D_y	$(i,j+1/2,k)$		$D_y^n(i,j+1/2,k)$
E_y	$(i,j+1/2,k)$	n	$E_y^n(i,j+1/2,k)$
D_z	$(i,j,k+1/2)$		$D_z^n(i,j,k+1/2)$
E_z	$(i,j,k+1/2)$		$E_z^n(i,j,k+1/2)$
B_x	$(i,j+1/2,k+1/2)$		$B_x^{n+1/2}(i,j+1/2,k+1/2)$
H_x	$(i,j+1/2,k+1/2)$		$H_x^{n+1/2}(i,j+1/2,k+1/2)$
B_y	$(i+1/2,j,k+1/2)$	$n+1/2$	$B_y^{n+1/2}(i+1/2,j,k+1/2)$
H_y	$(i+1/2,j,k+1/2)$		$H_y^{n+1/2}(i+1/2,j,k+1/2)$
B_z	$(i+1/2,j+1/2,k)$		$B_z^{n+1/2}(i+1/2,j+1/2,k)$
H_z	$(i+1/2,j+1/2,k)$		$H_z^{n+1/2}(i+1/2,j+1/2,k)$

值得注意的是,上述电磁场分量的节点位置编号中含有 1/2,然而利用 C 语言或 MATLAB 语言进行 FDTD 编程时,用于存储电磁场各个分量的数组(三维问题)、矩阵(二维问题)和向量(一维问题)的元素索引变量只能为整数,因而采用以上编号不利于编程实现。在不引起混淆的前提下,将各电磁场分量的空间离散节点编号进行如下转换:

$$\begin{cases} D_x、E_x : (i+1/2,j,k) \Rightarrow (i,j,k) \\ D_y、E_y : (i,j+1/2,k) \Rightarrow (i,j,k) \\ D_z、E_z : (i,j,k+1/2) \Rightarrow (i,j,k) \\ B_x、H_x : (i,j+1/2,k+1/2) \Rightarrow (i,j,k) \\ B_y、H_y : (i+1/2,j,k+1/2) \Rightarrow (i,j,k) \\ B_z、H_z : (i+1/2,j+1/2,k) \Rightarrow (i,j,k) \end{cases} \tag{3.14}$$

以上转换确保了索引编号均是整数,方便了各电磁场分量存储数组的初始化和元素索引。不过,在设计 FDTD 算法和编写程序代码时一定要记住各离散电磁场分量所处的实际位置仍是转换前 Yee 元胞里规定的离散节点位置。

假设 FDTD 仿真计算空间为长方体区域,按照指定的空间离散参数进行离散剖分后,在 x、y 和 z 轴方向各剖分出 N_x、N_y 和 N_z 个 Yee 元胞,并以最左前下的 Yee 元胞的左前下角点作为仿真区域的坐标原点 $(0,0,0)$,那么上述节点编号 i、j 和 k 是从 0 开始的整数。

由于 C 语言中数组的索引变量(也称为下标)也是从 0 开始的整数,因此若使用 C 语言进行 FDTD 编程,直接使用式(3.14)的变换公式即可,并且 C 语言程序代码中各电磁场分量的实际节点位置、场量存储数组尺寸以及存储数组索引范围如下所列:

(1) C 语言编程中的电场分量 $D_x(i,j,k)$ 或 $E_x(i,j,k)$
○ 场量实际节点位置:$x=(i+1/2)\Delta x$;$y=j\Delta y$;$z=k\Delta z$
○ 场量存储数组尺寸:$N_x \times (N_y+1) \times (N_z+1)$
○ 存储数组索引范围:$i=0:(N_x-1)$;$j=0:N_y$;$k=0:N_z$
(2) C 语言编程中的电场分量 $D_y(i,j,k)$ 或 $E_y(i,j,k)$
○ 场量实际节点位置:$x=i\Delta x$;$y=(j+1/2)\Delta y$;$z=k\Delta z$
○ 场量存储数组尺寸:$(N_x+1) \times N_y \times (N_z+1)$
○ 存储数组索引范围:$i=0:N_x$;$j=0:(N_y-1)$;$k=0:N_z$
(3) C 语言编程中的电场分量 $D_z(i,j,k)$ 或 $E_z(i,j,k)$
○ 场量实际节点位置:$x=i\Delta x$;$y=j\Delta y$;$z=(k+1/2)\Delta z$
○ 场量存储数组尺寸:$(N_x+1) \times (N_y+1) \times N_z$
○ 存储数组索引范围:$i=0:N_x$;$j=0:N_y$;$k=0:(N_z-1)$

(4) C 语言编程中的磁场分量 $B_x(i,j,k)$ 或 $H_x(i,j,k)$
○ 场量实际节点位置：$x=i\Delta x$；$y=(j+1/2)\Delta y$；$z=(k+1/2)\Delta z$
○ 场量存储数组尺寸：$(N_x+1)\times N_y\times N_z$
○ 存储数组索引范围：$i=0:N_x$；$j=0:(N_y-1)$；$k=0:(N_z-1)$

(5) C 语言编程中的磁场分量 $B_y(i,j,k)$ 或 $H_y(i,j,k)$
○ 场量实际节点位置：$x=(i+1/2)\Delta x$；$y=j\Delta y$；$z=(k+1/2)\Delta z$
○ 场量存储数组尺寸：$N_x\times(N_y+1)\times N_z$
○ 存储数组索引范围：$i=0:(N_x-1)$；$j=0:N_y$；$k=0:(N_z-1)$

(6) C 语言编程中的磁场分量 $B_z(i,j,k)$ 或 $H_z(i,j,k)$
○ 场量实际节点位置：$x=(i+1/2)\Delta x$；$y=(j+1/2)\Delta y$；$z=k\Delta z$
○ 场量存储数组尺寸：$N_x\times N_y\times(N_z+1)$
○ 存储数组索引范围：$i=0:(N_x-1)$；$j=0:(N_y-1)$；$k=0:N_z$

如果是利用 MATLAB 软件进行编程，由于 MATLAB 对数组索引变量 i、j 和 k 是从 1 开始的正整数，因此场量存储数组的索引范围与 C 语言不同。MATLAB 程序代码中各电磁场分量和激励源的实际节点位置、场源存储数组尺寸，以及存储数组索引范围如下所列：

(1) MATLAB 编程中的电场分量 $D_x(i,j,k)$ 或 $E_x(i,j,k)$
○ 场量实际节点位置：$x=(i-1/2)\Delta x$；$y=(j-1)\Delta y$；$z=(k-1)\Delta z$
○ 场量存储数组尺寸：$N_x\times(N_y+1)\times(N_z+1)$
○ 存储数组索引范围：$i=1:N_x$；$j=1:(N_y+1)$；$k=1:(N_z+1)$

(2) MATLAB 编程中的电场分量 $D_y(i,j,k)$ 或 $E_y(i,j,k)$
○ 场量实际节点位置：$x=(i-1)\Delta x$；$y=(j-1/2)\Delta y$；$z=(k-1)\Delta z$
○ 场量存储数组尺寸：$(N_x+1)\times N_y\times(N_z+1)$
○ 存储数组索引范围：$i=1:(N_x+1)$；$j=1:N_y$；$k=1:(N_z+1)$

(3) MATLAB 编程中的电场分量 $D_z(i,j,k)$ 或 $E_z(i,j,k)$
○ 场量实际节点位置：$x=(i-1)\Delta x$；$y=(j-1)\Delta y$；$z=(k-1/2)\Delta z$
○ 场量存储数组尺寸：$(N_x+1)\times(N_y+1)\times N_z$
○ 存储数组索引范围：$i=1:(N_x+1)$；$j=1:(N_y+1)$；$k=1:N_z$

(4) MATLAB 编程中的磁场分量 $B_x(i,j,k)$ 或 $H_x(i,j,k)$
○ 场量实际节点位置：$x=(i-1)\Delta x$；$y=(j-1/2)\Delta y$；$z=(k-1/2)\Delta z$
○ 场量存储数组尺寸：$(N_x+1)\times N_y\times N_z$
○ 存储数组索引范围：$i=1:(N_x+1)$；$j=1:N_y$；$k=1:N_z$

(5) MATLAB 编程中的磁场分量 $B_y(i,j,k)$ 或 $H_y(i,j,k)$
○ 场量实际节点位置：$x=(i-1/2)\Delta x$；$y=(j-1)\Delta y$；$z=(k-1/2)\Delta z$

○ 场量存储数组尺寸：$N_x \times (N_y+1) \times N_z$

○ 存储数组索引范围：$i=1:N_x$；$j=1:(N_y+1)$；$k=1:N_z$

(6) MATLAB 编程中的磁场分量 $B_z(i,j,k)$ 或 $H_z(i,j,k)$

○ 场量实际节点位置：$x=(i-1/2)\Delta x$；$y=(j-1/2)\Delta y$；$z=(k-1)\Delta z$

○ 场量存储数组尺寸：$N_x \times N_y \times (N_z+1)$

○ 存储数组索引范围：$i=1:N_x$；$j=1:N_y$；$k=1:(N_z+1)$

若基于 MATLAB 软件平台编程，则上述电磁场分量的初始化 MATLAB 程序代码为

```
%%设置元胞数
Nx = 100;                              %设置 x 轴方向的元胞数
Ny = 100;                              %设置 y 轴方向的元胞数
Nz = 100;                              %设置 z 轴方向的元胞数


%%电磁场量初始化
Dx = zeros(Nx, Ny + 1, Nz + 1);        %初始化电场分量 Dx
Dy = zeros(Nx + 1, Ny, Nz + 1);        %初始化电场分量 Dy
Dz = zeros(Nx + 1, Ny + 1, Nz);        %初始化电场分量 Dz
Ex = zeros(Nx, Ny + 1, Nz + 1);        %初始化电场分量 Ex
Ey = zeros(Nx + 1, Ny, Nz + 1);        %初始化电场分量 Ey
Ez = zeros(Nx + 1, Ny + 1, Nz);        %初始化电场分量 Ez


Bx = zeros(Nx + 1, Ny, Nz);            %初始化磁场分量 Bx
By = zeros(Nx, Ny + 1, Nz);            %初始化磁场分量 By
Bz = zeros(Nx, Ny, Nz + 1);            %初始化磁场分量 Bz
Hx = zeros(Nx + 1, Ny, Nz);            %初始化磁场分量 Hx
Hy = zeros(Nx, Ny + 1, Nz);            %初始化磁场分量 Hy
Hz = zeros(Nx, Ny, Nz + 1);            %初始化磁场分量 Hz
```

3.3　电磁场量更新公式

FDTD 方法的核心算法思想，就是采用离散电磁场量二阶中心差分格式近似替代连续电磁场量关于空间和时间的一阶偏微分，代入时域旋度方程推导出各个电磁场分量的更新公式，进而通过时域上的迭代更新而不断获得后续时刻电磁场量空间分布的数值解。在前述二阶中心差分格式以及电磁场量时空离散方式基础上，可以逐一推导出式(3.12)和式(3.13)所代表的六个电磁场分量旋度方程所对应的 FDTD 更新公式。

下面先以推导电场分量 D_x 的更新公式为例，介绍如何从连续偏微分方程推导出对应的更新公式。根据麦克斯韦方程组，D_x 所遵循的一阶连续偏微分方程为

$$\frac{\partial D_x}{\partial t} = \frac{\partial H_z}{\partial y} - \frac{\partial H_y}{\partial z} - J_{ix} \qquad (3.15)$$

根据 FDTD 中电磁场的时空离散特点，标记 D_x 的当前值为 $D_x^n(i+1/2,j,k)$，后一时刻的更新值为 $D_x^{n+1}(i+1/2,j,k)$，则根据中心差分格式有

$$\left.\frac{\partial D_x}{\partial t}\right|_{t=\left(n+\frac{1}{2}\right)\Delta t} \approx \frac{D_x^{n+1}\left(i+\frac{1}{2},j,k\right) - D_x^n\left(i+\frac{1}{2},j,k\right)}{\Delta t} \qquad (3.16)$$

因此，偏微分方程式(3.15)右边的磁场分量 H_z、H_y 以及外加电流 J_{ix} 对应的时刻应该是 $t=(n+1/2)\Delta t$。类似地，对于空间偏微分 $\partial H_z/\partial y$ 和 $\partial H_y/\partial z$，其中心差分格式分别为

$$\left.\frac{\partial H_z}{\partial y}\right|_{y=j\Delta y} \approx \frac{H_z^{n+\frac{1}{2}}\left(i+\frac{1}{2},j+\frac{1}{2},k\right) - H_z^{n+1/2}\left(i+\frac{1}{2},j-\frac{1}{2},k\right)}{\Delta y}$$
$$(3.17)$$

$$\left.\frac{\partial H_y}{\partial z}\right|_{z=k\Delta z} \approx \frac{H_y^{n+\frac{1}{2}}\left(i+\frac{1}{2},j,k+\frac{1}{2}\right) - H_y^{n+1/2}\left(i+\frac{1}{2},j,k-\frac{1}{2}\right)}{\Delta z}$$
$$(3.18)$$

将式(3.16)、式(3.17)和式(3.18)代入式(3.15)并经过整理，可得到关于电场分量 D_x 的更新公式

$$D_x^{n+1}\left(i+\frac{1}{2},j,k\right) = D_x^n\left(i+\frac{1}{2},j,k\right) +$$
$$\frac{\Delta t}{\Delta y}\left[H_z^{n+\frac{1}{2}}\left(i+\frac{1}{2},j+\frac{1}{2},k\right) - H_z^{n+\frac{1}{2}}\left(i+\frac{1}{2},j-\frac{1}{2},k\right)\right] -$$
$$\frac{\Delta t}{\Delta z}\left[H_y^{n+\frac{1}{2}}\left(i+\frac{1}{2},j,k+\frac{1}{2}\right) - H_y^{n+\frac{1}{2}}\left(i+\frac{1}{2},j,k-\frac{1}{2}\right)\right] -$$
$$\Delta t J_{ix}^{n+\frac{1}{2}}\left(i+\frac{1}{2},j,k\right) \qquad (3.19)$$

将上式转换为对应于 MATLAB 编程用的 D_x 更新公式

$$D_x^{n+1}(i,j,k) = D_x^n(i,j,k) + \frac{\Delta t}{\Delta y}\left[H_z^{n+\frac{1}{2}}(i,j,k) - H_z^{n+\frac{1}{2}}(i,j-1,k)\right] -$$
$$\frac{\Delta t}{\Delta z}\left[H_y^{n+\frac{1}{2}}(i,j,k) - H_y^{n+\frac{1}{2}}(i,j,k-1)\right] - \Delta t J_{ix}^{n+\frac{1}{2}}(i,j,k)$$
$$(3.20)$$

式中,用于存储 D_x 的数组中可更新元素的索引编号取值范围为 $i=1:N_x$, $j=2:N_y$,$k=2:N_z$。值得注意的是,位于长方体计算区域前表面上的 $D_x(i,1,k)$、后表面上的 $D_x(i,N_y+1,k)$、下表面上的 $D_x(i,j,1)$ 和上表面上的 $D_x(i,j,N_z+1)$ 因缺部分 H_y 和 H_z 的环绕而无法更新,始终保持为初始化时的零值。在第 4 章中,将讨论这相当于在这些表面上施加了理想电导体(PEC)边界条件,入射到该边界上的电磁波将全部反射回来。另外,变换为 MATLAB 程序的更新公式代码中电流密度源 $J_{ix}^{n+1/2}(i,j,k)$ 的采样时刻为 $t=(n+1/2)\Delta t$,实际空间位置坐标为 $x=(i-1/2)\Delta x$,$y=(j-1)\Delta y$ 和 $z=(k-1)\Delta z$,其节点位置编号 (i,j,k) 的取值范围由电流激励源 J_{ix} 的位置和尺寸决定。

类似地,采用同样的步骤可以推导出电场分量 D_y 的更新公式

$$D_y^{n+1}\left(i,j+\frac{1}{2},k\right)=D_y^n\left(i,j+\frac{1}{2},k\right)+$$

$$\frac{\Delta t}{\Delta z}\left[H_x^{n+\frac{1}{2}}\left(i,j+\frac{1}{2},k+\frac{1}{2}\right)-H_x^{n+\frac{1}{2}}\left(i,j+\frac{1}{2},k-\frac{1}{2}\right)\right]-$$

$$\frac{\Delta t}{\Delta x}\left[H_z^{n+\frac{1}{2}}\left(i+\frac{1}{2},j+\frac{1}{2},k\right)-H_z^{n+\frac{1}{2}}\left(i-\frac{1}{2},j+\frac{1}{2},k\right)\right]-$$

$$\Delta t J_{iy}^{n+\frac{1}{2}}\left(i,j+\frac{1}{2},k\right) \tag{3.21}$$

将上式转换为对应于 MATLAB 编程用的 D_y 更新公式

$$D_y^{n+1}(i,j,k)=D_y^n(i,j,k)+\frac{\Delta t}{\Delta z}[H_x^{n+\frac{1}{2}}(i,j,k)-H_x^{n+\frac{1}{2}}(i,j,k-1)]-$$

$$\frac{\Delta t}{\Delta x}[H_z^{n+\frac{1}{2}}(i,j,k)-H_z^{n+\frac{1}{2}}(i-1,j,k)]-\Delta t J_{iy}^{n+\frac{1}{2}}(i,j,k)$$

$$\tag{3.22}$$

其中,用于存储 D_y 的数组中可更新元素的索引编号取值范围为 $i=2:N_x$, $j=1:N_y$,$k=2:N_z$。值得注意的是,位于长方体计算区域左表面上的 $D_y(1,j,k)$、右表面上的 $D_y(N_x+1,j,k)$、下表面上的 $D_y(i,j,1)$ 和上表面上的 $D_y(i,j,N_z+1)$ 因缺部分 H_x 和 H_z 的环绕而无法更新,始终保持为初始化时的零值。在第 4 章中,将讨论这相当于在这些表面上施加了 PEC 边界条件,入射到该边界上的电磁波将全部反射回来。另外,变换为 MATLAB 程序的更新公式代码中电流密度源 $J_{iy}^{n+1/2}(i,j,k)$ 的采样时刻为 $t=(n+1/2)\Delta t$,实际空间位置坐标为 $x=(i-1)\Delta x$,$y=(j-1/2)\Delta y$ 和 $z=(k-1)\Delta z$,其中节点位置编号取值范围由电流激励源 J_{iy} 的位置和尺寸决定。

进一步地，可以推导出电场分量 D_z 的更新公式

$$D_z^{n+1}\left(i,j,k+\frac{1}{2}\right)=D_z^n\left(i,j,k+\frac{1}{2}\right)+$$

$$\frac{\Delta t}{\Delta x}\left[H_y^{n+\frac{1}{2}}\left(i+\frac{1}{2},j,k+\frac{1}{2}\right)-H_y^{n+\frac{1}{2}}\left(i-\frac{1}{2},j,k+\frac{1}{2}\right)\right]-$$

$$\frac{\Delta t}{\Delta y}\left[H_x^{n+\frac{1}{2}}\left(i,j+\frac{1}{2},k+\frac{1}{2}\right)-H_x^{n+\frac{1}{2}}\left(i,j-\frac{1}{2},k+\frac{1}{2}\right)\right]-$$

$$\Delta t J_{iz}^{n+\frac{1}{2}}\left(i,j,k+\frac{1}{2}\right) \tag{3.23}$$

将上式转换为对应于 MATLAB 编程用的 D_z 更新公式

$$D_z^{n+1}(i,j,k)=D_z^n(i,j,k)+\frac{\Delta t}{\Delta x}\left[H_y^{n+\frac{1}{2}}(i,j,k)-H_y^{n+\frac{1}{2}}(i-1,j,k)\right]-$$

$$\frac{\Delta t}{\Delta y}\left[H_x^{n+\frac{1}{2}}(i,j,k)-H_x^{n+\frac{1}{2}}(i,j-1,k)\right]-\Delta t J_{iz}^{n+\frac{1}{2}}(i,j,k) \tag{3.24}$$

式中，用于存储 D_z 的数组中可更新元素的索引编号取值范围为 $i=2:N_x$，$j=2:N_y$，$k=1:N_z$。值得注意的是，位于长方体计算区域左表面上的 $D_z(1,j,k)$、右表面上的 $D_z(N_x+1,j,k)$、前表面上的 $D_z(i,1,k)$ 和后表面上的 $D_z(i,N_y+1,j)$ 因缺部分 H_x 和 H_y 的环绕而无法更新，始终保持为初始化时的零值。在第 4 章中，将讨论这相当于在这些表面上施加了 PEC 边界条件，入射到该边界上的电磁波将全部反射回来。另外，变换为 MATLAB 程序的更新公式代码中电流密度源 $J_{iz}^{n+1/2}(i,j,k)$ 的采样时刻为 $t=(n+1/2)\Delta t$，实际空间位置坐标为 $x=(i-1)\Delta x$，$y=(j-1)\Delta y$ 和 $z=(k-1/2)\Delta z$，其中节点位置编号取值范围由电流激励源 J_{iz} 的位置和尺寸决定。

下面推导磁场分量 B_x 的更新公式，其所遵循的一阶连续偏微分方程为

$$\frac{\partial B_x}{\partial t}=\frac{\partial E_y}{\partial z}-\frac{\partial E_z}{\partial y}-M_{ix} \tag{3.25}$$

根据 FDTD 方法中电磁场的时间离散特点，标记 B_x 的当前值为 $B_x^{n-1/2}(i,j+1/2,k+1/2)$，后一时刻的更新值为 $B_x^{n+1/2}(i,j+1/2,k+1/2)$，则根据中心差分格式有

$$\left.\frac{\partial B_x}{\partial t}\right|_{t=n\Delta t}\approx\frac{B_x^{n+\frac{1}{2}}\left(i,j+\frac{1}{2},k+\frac{1}{2}\right)-B_x^{n-\frac{1}{2}}\left(i,j+\frac{1}{2},k+\frac{1}{2}\right)}{\Delta t} \tag{3.26}$$

因此,偏微分方程(3.25)右边的电场分量 E_y、E_z 以及外加磁流 M_{ix} 所对应的时刻应该是 $t=n\Delta t$。类似地,对于空间偏微分 $\partial E_y/\partial z$ 和 $\partial E_z/\partial y$,其中心差分格式分别为

$$\frac{\partial E_y}{\partial z}\bigg|_{z=\left(k+\frac{1}{2}\right)\Delta z} \approx \frac{E_y^n\left(i,j+\frac{1}{2},k+1\right)-E_y^n\left(i,j+\frac{1}{2},k\right)}{\Delta z} \tag{3.27}$$

$$\frac{\partial E_z}{\partial y}\bigg|_{y=\left(j+\frac{1}{2}\right)\Delta y} \approx \frac{E_z^n\left(i,j+1,k+\frac{1}{2}\right)-E_z^n\left(i,j,k+\frac{1}{2}\right)}{\Delta y} \tag{3.28}$$

将式(3.26)、式(3.27)、式(3.28)代入式(3.25)并经过整理,可得到关于磁场分量 B_x 的更新公式

$$B_x^{n+\frac{1}{2}}\left(i,j+\frac{1}{2},k+\frac{1}{2}\right)=B_x^{n-\frac{1}{2}}\left(i,j+\frac{1}{2},k+\frac{1}{2}\right)+$$
$$\frac{\Delta t}{\Delta z}\left[E_y^n\left(i,j+\frac{1}{2},k+1\right)-E_y^n\left(i,j+\frac{1}{2},k\right)\right]-$$
$$\frac{\Delta t}{\Delta y}\left[E_z^n\left(i,j+1,k+\frac{1}{2}\right)-E_z^n\left(i,j,k+\frac{1}{2}\right)\right]-$$
$$\Delta t M_{ix}^n\left(i,j+\frac{1}{2},k+\frac{1}{2}\right) \tag{3.29}$$

将上式转换为对应于 MATLAB 编程用的 B_x 更新公式

$$B_x^{n+\frac{1}{2}}(i,j,k)=B_x^{n-\frac{1}{2}}(i,j,k)+\frac{\Delta t}{\Delta z}\left[E_y^n(i,j,k+1)-E_y^n(i,j,k)\right]-$$
$$\frac{\Delta t}{\Delta y}\left[E_z^n(i,j+1,k)-E_z^n(i,j,k)\right]-\Delta t M_{ix}^n(i,j,k)$$

$$\tag{3.30}$$

式中,用于存储 B_x 的数组中可更新元素的索引编号取值范围为 $i=2:N_x$,$j=1:N_y,k=1:N_z$。这里 i 的范围取 $i=2:N_x$ 是由于位于长方体计算区域左右表面上的电场分量 E_y 和 E_z 无法更新始终为零,因此左表面上的 $B_x(1,j,k)$ 和右表面上的 $B_x(N_x+1,j,k)$ 亦始终为零,更新无意义。另外,关于 B_x 更新公式的 MATLAB 程序代码中磁流密度源 $M_{ix}^n(i,j,k)$ 的采样时刻为 $t=n\Delta t$,位置坐标为 $x=(i-1)\Delta x,y=(j-1/2)\Delta y$ 和 $z=(k-1/2)\Delta z$,其中节点编号取值范围由磁流激励源 M_{ix} 的位置和尺寸决定。

类似地,采用同样的步骤可以推导出磁场分量 B_y 的更新公式

$$B_y^{n+\frac{1}{2}}\left(i+\frac{1}{2},j,k+\frac{1}{2}\right)=B_y^{n-\frac{1}{2}}\left(i+\frac{1}{2},j,k+\frac{1}{2}\right)+$$

$$\frac{\Delta t}{\Delta x}\left[E_z^n\left(i+1,j,k+\frac{1}{2}\right)-E_z^n\left(i,j,k+\frac{1}{2}\right)\right]-$$

$$\frac{\Delta t}{\Delta z}\left[E_x^n\left(i+\frac{1}{2},j,k+1\right)-E_x^n\left(i+\frac{1}{2},j,k\right)\right]-$$

$$\Delta t M_{iy}^n\left(i+\frac{1}{2},j,k+\frac{1}{2}\right) \tag{3.31}$$

将上式转换为对应于 MATLAB 编程用的 B_y 更新公式为

$$B_y^{n+\frac{1}{2}}(i,j,k)=B_y^{n-\frac{1}{2}}(i,j,k)+\frac{\Delta t}{\Delta x}[E_z^n(i+1,j,k)-E_z^n(i,j,k)]-$$

$$\frac{\Delta t}{\Delta z}[E_x^n(i,j,k+1)-E_x^n(i,j,k)]-\Delta t M_{iy}^n(i,j,k) \tag{3.32}$$

式中,用于存储 B_y 的数组中可更新元素的索引编号取值范围为 $i=1:N_x$,
$j=2:N_y,k=1:N_z$。这里 j 的范围取 $j=2:N_y$ 是由于位于长方体计算区
域前后表面上的电场分量 E_x 和 E_z 无法更新始终为零,因此前表面上的 B_y
$(i,1,k)$ 和后表面上的 $B_y(i,N_y+1,k)$ 亦始终为零,更新无意义。另外,关
于 B_y 更新公式的 MATLAB 程序代码中磁流密度源 $M_{iy}^n(i,j,k)$ 的采样时
刻为 $t=n\Delta t$,位置坐标为 $x=(i-1/2)\Delta x$、$y=(j-1)\Delta y$ 和 $z=(k-1/2)\Delta z$,
其中节点编号取值范围由磁流激励源 M_{iy} 的位置和尺寸决定。

进一步地,可以推导出磁场分量 B_z 的更新公式

$$B_z^{n+\frac{1}{2}}\left(i+\frac{1}{2},j+\frac{1}{2},k\right)=B_z^{n-\frac{1}{2}}\left(i+\frac{1}{2},j+\frac{1}{2},k\right)+$$

$$\frac{\Delta t}{\Delta y}\left[E_x^n\left(i+\frac{1}{2},j+1,k\right)-E_x^n\left(i+\frac{1}{2},j,k\right)\right]-$$

$$\frac{\Delta t}{\Delta x}\left[E_y^n\left(i+1,j+\frac{1}{2},k\right)-E_y^n\left(i,j+\frac{1}{2},k\right)\right]-$$

$$\Delta t M_{iz}^n\left(i+\frac{1}{2},j+\frac{1}{2},k\right) \tag{3.33}$$

将上式转换为对应于 MATLAB 编程用的 B_z 更新公式

$$B_z^{n+\frac{1}{2}}(i,j,k)=B_z^{n-\frac{1}{2}}(i,j,k)+\frac{\Delta t}{\Delta y}[E_x^n(i,j+1,k)-E_x^n(i,j,k)]-$$

$$\frac{\Delta t}{\Delta x}[E_y^n(i+1,j,k)-E_y^n(i,j,k)]-\Delta t M_{iz}^n(i,j,k) \tag{3.34}$$

式中,用于存储 B_z 的数组中可更新元素的索引编号取值范围为 $i=1:N_x$,
$j=1:N_y,k=2:N_z$。这里 k 的范围取 $k=2:N_z$ 是由于位于长方体计算区

域上下表面上的电场分量 E_x 和 E_y 无法更新始终为零,因此下表面上的 $B_z(i,j,1)$ 和上表面上的 $B_y(i,N_y+1,k)$ 亦始终为零,更新无意义。另外,关于 B_z 更新公式的 MATLAB 程序代码中磁流密度源 $M_{iz}^n(i,j,k)$ 的采样时刻为 $t=n\Delta t$,位置坐标为 $x=(i-1/2)\Delta x$、$y=(j-1/2)\Delta y$ 和 $z=(k-1)\Delta z$,其中节点编号取值范围由磁流激励源 M_{iz} 的位置和尺寸决定。

以上为三维电磁波问题 FDTD 仿真下电位移矢量 **D** 和磁感应强度矢量 **B** 各分量的更新公式,再结合第 6 章对材料物质本构关系的 FDTD 仿真公式,即可求出对应的电场强度矢量 **E** 和磁场强度矢量 **H** 的各分量值。

若基于 MATLAB 软件平台进行三维 FDTD 的仿真编程,则上述各个电磁场分量更新公式对应的 MATLAB 程序代码如下:

```
%%(以下代码应置于 FDTD 主迭代循环程序之前)
%预先计算更新方程系数
C_dt = dt;                    %给时间步长单独设置系数,方便修改比例
dtddx = C_dt/dx;
dtddy = C_dt/dy;
dtddz = C_dt/dz;
%设置网格编号范围指数 1
i1 = 1:Nx;
j1 = 1:Ny;
k1 = 1:Nz;

%设置网格编号范围指数 2
i2 = 2:Nx;
j2 = 2:Ny;
k2 = 2:Nz;

%设置电流密度源的空间分布范围
i_J = i_J_s1:i_J_s2;          %在 x 轴方向的分布范围
j_J = j_J_s1:j_J_s2;          %在 y 轴方向的分布范围
k_J = k_J_s1:k_J_s2;          %在 z 轴方向的分布范围

%设置磁流密度源的空间分布范围
i_M = i_M_s1:i_M_s2;          %在 x 轴方向的分布范围
j_M = j_M_s1:j_M_s2;          %在 y 轴方向的分布范围
k_M = k_M_s1:k_M_s2;          %在 z 轴方向的分布范围

%%(以下代码应置于 FDTD 主迭代循环程序之内)
%Dx 的更新公式
Dx(i1,j2,k2) = Dx(i1,j2,k2) + dtddy * (Hz(i1,j2,k2) - Hz(i1,j2-1,k2));
Dx(i1,j2,k2) = Dx(i1,j2,k2) - dtddz * (Hy(i1,j2,k2) - Hy(i1,j2,k2-1));
```

```
% Dy 的更新公式
Dy(i2,j1,k2) = Dy(i2,j1,k2) + dtddz * (Hx(i2,j1,k2) − Hx(i2,j1,k2 − 1));
Dy(i2,j1,k2) = Dy(i2,j1,k2) − dtddx * (Hz(i2,j1,k2) − Hz(i2 − 1,j1,k2));
% Dz 的更新公式
Dz(i2,j2,k1) = Dz(i2,j2,k1) + dtddx * (Hy(i2,j2,k1) − Hy(i2 − 1,j2,k1));
Dz(i2,j2,k1) = Dz(i2,j2,k1) − dtddy * (Hx(i2,j2,k1) − Hx(i2,j2 − 1,k1));

% 引入电流源密度源 Ji
Dx(i_J,j_J,k_J) = Dx(i_J,j_J,k_J) − C_dt * Jix;
Dy(i_J,j_J,k_J) = Dy(i_J,j_J,k_J) − C_dt * Jiy;
Dz(i_J,j_J,k_J) = Dz(i_J,j_J,k_J) − C_dt * Jiz;

% Bx 的更新公式
Bx(i2,j1,k1) = Bx(i2,j1,k1) + dtddz * (Ey(i2,j1,k1 + 1) − Ey(i2,j1,k1));
Bx(i2,j1,k1) = Bx(i2,j1,k1) − dtddy * (Ez(i2,j1 + 1,k1) − Ez(i2,j1,k1));
% By 的更新公式
By(i1,j2,k1) = By(i1,j2,k1) + dtddx * (Ez(i1 + 1,j2,k1) − Ez(i1,j2,k1));
By(i1,j2,k1) = By(i1,j2,k1) − dtddz * (Ex(i1,j2,k1 + 1) − Ex(i1,j2,k1));
% Bz 的更新公式
Bz(i1,j1,k2) = Bz(i1,j1,k2) + dtddy * (Ex(i1,j1 + 1,k2) − Ex(i1,j1,k2));
Bz(i1,j1,k2) = Bz(i1,j1,k2) − dtddx * (Ey(i1 + 1,j1,k2) − Ey(i1,j1,k2));

% 引入磁流源密度源 Mi
Bx(i_M,j_M,k_M) = Bx(i_M,j_M,k_M) − C_dt * Mix;
By(i_M,j_M,k_M) = By(i_M,j_M,k_M) − C_dt * Miy;
Bz(i_M,j_M,k_M) = Bz(i_M,j_M,k_M) − C_dt * Miz;
```

在上述 MATLAB 程序中,各电磁场分量的更新公式中每一次差分运算都被单独设计成一行代码。这样做基本上不影响计算速度,但有效缩减了每条指令的长度,既方便了程序调试,也方便了阅读。特别是在完全匹配层中各电磁场分量的更新公式将更加复杂,将每次差分运算单独写成一条指令的优势更加明显。

若仿真对象为一维、二维电磁波问题,以上更新公式依然成立,只需要删去多余的电磁场分量以及括号内多余的坐标轴节点位置编号即可。例如,以沿 z 轴方向传播且电场沿 x 轴偏振的一维平面电磁波为例,其所涉及的一维 FDTD 更新公式为

$$D_x^{n+1}(k) = D_x^n(k) - \frac{\Delta t}{\Delta z}\left[H_y^{n+\frac{1}{2}}\left(k+\frac{1}{2}\right) - H_y^{n+\frac{1}{2}}\left(k-\frac{1}{2}\right)\right] - \Delta t J_{ix}^{n+\frac{1}{2}}(k)$$

$$(3.35)$$

$$B_y^{n+\frac{1}{2}}\left(k+\frac{1}{2}\right) = B_y^{n-\frac{1}{2}}\left(k+\frac{1}{2}\right) - \frac{\Delta t}{\Delta z}\left[E_x^n(k+1) - E_x^n(k)\right] - \Delta t M_{iy}^n\left(k+\frac{1}{2}\right)$$

$$(3.36)$$

将以上两式转换为对应于 MATLAB 编程用的更新公式

$$D_x^{n+1}(k) = D_x^n(k) - \frac{\Delta t}{\Delta z}\left[H_y^{n+\frac{1}{2}}(k) - H_y^{n+\frac{1}{2}}(k-1)\right] - \Delta t J_{ix}^{n+\frac{1}{2}}(k)$$

$$(3.37)$$

$$B_y^{n+\frac{1}{2}}(k) = B_y^{n-\frac{1}{2}}(k) - \frac{\Delta t}{\Delta z}\left[E_x^n(k+1) - E_x^n(k)\right] - \Delta t M_{iy}^n(k) \quad (3.38)$$

式中，$k = 2:N_z$，两端节点处的 $D_x^{n+1}(1)$ 和 $D_x^{n+1}(N_z+1)$ 由于缺部分环绕场量而无法更新，始终为零，可视为 PEC 边界条件。电流激励源 $J_{ix}(k)$ 的实际位置为 $z = (k-1)\Delta z$，k 取值范围由电流激励源 J_{iz} 的位置和尺寸决定；磁流激励源 $M_{iy}(k)$ 的实际位置为 $z = (k-1/2)\Delta z$，k 取值范围由磁流激励源 M_{iy} 的位置和尺寸决定。在推导出以上更新公式后，结合对材料物质本构关系的仿真算法，即可实现对一维电磁波问题的 FDTD 仿真。

可以看到，一维情况下电磁场分量的更新公式比较简单，因此其对应的 MATLAB 程序代码也比较简短，可能的 MATLAB 程序代码如下：

```
% %(以下代码应置于 FDTD 主迭代循环程序之前)
% 预先计算更新方程系数
C_dt = dt;                    % 给时间步长单独设置系数,方便修改比例
dtddz = C_dt/dz;

% 设置网格编号范围指数 1
k1 = 1:Nz;

% 设置网格编号范围指数 2
k2 = 2:Nz;

% 设置电流密度源的空间分布范围
k_J = k_J_s1:k_J_s2;          % 在 z 轴方向的分布范围

% 设置磁流密度源的空间分布范围
k_M = k_M_s1:k_M_s2;          % 在 z 轴方向的分布范围

% %(以下代码应置于 FDTD 主迭代循环程序之内)
% Dx 的更新公式
Dx(k2) = Dx(k2) - dtddz * (Hy(k2) - Hy(k2 - 1));

% 引入电流源密度源 Ji
```

```
Dx(k_J) = Dx(k_J) − C_dt * Jix;

% By 的更新公式
By(k1) = By(k1) − dtddz * (Ex(k1 + 1) − Ex(k1));

% 引入磁流源密度源 Mi
By(k_M) = By(k_M) − C_dt * Miy;
```

3.4 稳定性条件

　　FDTD 方法要求先对电磁场量按照一定的时间步长(Δt)为时间离散间隔和 Yee 元胞边长(Δx,Δy 和 Δz)为空间离散间隔进行时空离散化,然后按照更新公式更新电磁场量,再通过不断循环迭代以获得后续时刻的电磁场量空间分布。然而,空间网格边长和时间步长等时空离散间隔参数是不可以随意设置的,对它们数值的选择必须遵循一定的要求和条件,才能保证算法的数值稳定性和仿真精度,从而在循环迭代时电磁场量的计算误差不会被逐步放大而导致 FDTD 仿真的失败。

　　首先考虑 FDTD 方法稳定性对时间步长 Δt 的要求。由于任何电磁波都可以展开为平面时谐电磁波的叠加,因此如果一种算法对展开的最高频时谐波是稳定的,那么它对该电磁波也是稳定的。事实上,将最高频率为 ω 的时谐电磁波的任一电磁场分量记为

$$u(x,y,z,t) = u_0(x,y,z)\exp(j\omega t) \tag{3.39}$$

则其对时间的一阶偏微分为

$$\frac{\partial u}{\partial t} = j\omega u \tag{3.40}$$

对 u 按时间间隔 Δt 进行时域离散化,并使用以下中心差分替代一阶导数后可以得到

$$\frac{u^{n+1/2} - u^{n-1/2}}{\Delta t} = j\omega u^n \tag{3.41}$$

式中,$u^n = u(x,y,z,n\Delta t)$。当 Δt 足够小时,电磁场量振幅变化不大,定义数值增长因子 q 为

$$q = \frac{u^{n+1/2}}{u^n} \approx \frac{u^n}{u^{n-1/2}} \tag{3.42}$$

代入式(3.41)可以得到

$$q^2 - \mathrm{j}\omega\Delta t q - 1 = 0 \tag{3.43}$$

上式为一元二次方程，其解为

$$q = \frac{\mathrm{j}\omega\Delta t}{2} \pm \sqrt{1 - \left(\frac{\omega\Delta t}{2}\right)^2} \tag{3.44}$$

另一方面，当时间由 $n\Delta t \rightarrow (n+1/2)\Delta t$ 时，时谐场解析式(3.39)对应的理论增长因子为

$$p = \frac{u^{n+1/2}}{u^n} = \exp\left(\mathrm{j}\frac{\omega\Delta t}{2}\right) \tag{3.45}$$

显然，这一增长因子 $p = |p|\exp(\mathrm{j}\varphi)$ 的模值等于 1，即 $|p| = 1$。因此，为保证算法的数值稳定性，即确保前面时刻的更新公式计算误差不被逐渐放大，要求 $|q| \leqslant |p| = 1$。根据式(3.44)，实现 $|q| \leqslant 1$ 需要满足的条件为

$$\frac{\omega\Delta t}{2} \leqslant 1 \tag{3.46}$$

由于 $\omega = 2\pi/T$，T 为时谐场时间周期，上式可以写为

$$\Delta t \leqslant \frac{2}{\omega} = \frac{T}{\pi} \tag{3.47}$$

再研究为确保 FDTD 方法的稳定性，时间步长 Δt 和 Yee 元胞边长 $(\Delta x, \Delta y$ 和 $\Delta z)$ 之间应满足的关系。在无源介质区，假设平面时谐电磁波的任一电磁场分量

$$u(x,y,z,t) = u_0 \exp[-\mathrm{j}(k_x x + k_y y + k_z z - \omega t)] \tag{3.48}$$

均需要满足以下齐次波动方程

$$\frac{\partial^2 u}{\partial x^2} + \frac{\partial^2 u}{\partial y^2} + \frac{\partial^2 u}{\partial z^2} + \frac{\omega^2}{v^2}u = 0 \tag{3.49}$$

式中，v 为电磁波在该介质中的相速度。根据二阶偏微分导数的有限差分公式，上式中的第一项二阶导数可以近似为

$$\frac{\partial^2 u}{\partial x^2} \approx \frac{u(x+\Delta x, y, z, t) - 2u(x, y, z, t) + u(x - \Delta x, y, z, t)}{(\Delta x)^2}$$

$$\tag{3.50}$$

将式(3.48)所代表的电磁场分量表达式代入上式得

$$\frac{\partial^2 u}{\partial x^2} \approx \frac{\exp(\mathrm{j}k_x \Delta x) - 2 + \exp(-\mathrm{j}k_x \Delta x)}{(\Delta x)^2}u = -\frac{\sin^2\left(\dfrac{k_x \Delta x}{2}\right)}{\left(\dfrac{\Delta x}{2}\right)^2}u \tag{3.51}$$

同样地，可以获得 u 对 y 和 z 的二阶导数差分近似表达式，联合上式将三者代入波动方程得

$$\frac{\sin^2\left(\dfrac{k_x \Delta x}{2}\right)}{\left(\dfrac{\Delta x}{2}\right)^2} + \frac{\sin^2\left(\dfrac{k_y \Delta y}{2}\right)}{\left(\dfrac{\Delta y}{2}\right)^2} + \frac{\sin^2\left(\dfrac{k_z \Delta z}{2}\right)}{\left(\dfrac{\Delta z}{2}\right)^2} - \frac{\omega^2}{v^2} = 0 \qquad (3.52)$$

这一等式给出了波矢 $\boldsymbol{k} = k_x \boldsymbol{e}_x + k_y \boldsymbol{e}_y + k_z \boldsymbol{e}_z$ 与角频率 ω 之间的关系式。为利用由式(3.46)所决定的时间步长需满足的稳定性条件,式(3.52)可以改写为

$$(v \Delta t/2)^2 \left[\frac{\sin^2\left(\dfrac{k_x \Delta x}{2}\right)}{\left(\dfrac{\Delta x}{2}\right)^2} + \frac{\sin^2\left(\dfrac{k_y \Delta y}{2}\right)}{\left(\dfrac{\Delta y}{2}\right)^2} + \frac{\sin^2\left(\dfrac{k_z \Delta z}{2}\right)}{\left(\dfrac{\Delta z}{2}\right)^2} \right] = (\omega \Delta t/2)^2 \leqslant 1$$

$$(3.53)$$

鉴于正弦函数的有界性 $|\sin(\alpha)| \leqslant 1$,同时为保证上式对任意方向传播电磁波均成立,有

$$(v \Delta t)^2 \left[\frac{1}{(\Delta x)^2} + \frac{1}{(\Delta y)^2} + \frac{1}{(\Delta z)^2} \right] \leqslant 1 \qquad (3.54)$$

由此得到了时间步长和空间离散间隔之间应满足的关系式

$$\Delta t \leqslant \Delta t_{\text{CFL}} = \frac{1}{v} \frac{1}{\sqrt{\dfrac{1}{(\Delta x)^2} + \dfrac{1}{(\Delta y)^2} + \dfrac{1}{(\Delta z)^2}}} \qquad (3.55)$$

上式就是著名的(Courant-Friedrichs-Lewy, CFL)稳定性条件。式中,$v = c/n$,为电磁波在所处媒质空间中的相速度。若媒质为真空,$n = 1$,$v = c$ 为真空中的光速;若媒质为理想介质,则 $n = \sqrt{\varepsilon_r \mu_r}$;若媒质为损耗媒质,则 $n = \text{Re}\left\{ \sqrt{\dot{\varepsilon}_r \dot{\mu}_r} \right\}$。

对不同维数的电磁波问题,CFL 稳定性条件对时间步长有不同的要求。假设沿 x、y 和 z 轴方向采用相同的空间离散间隔,即 $\Delta x = \Delta y = \Delta z$,则根据电磁问题的维数对 CFL 稳定性条件的讨论如下:

(1) 对于三维电磁波问题的情况,当取立方体 Yee 元胞,即令 $\Delta x = \Delta y = \Delta z = \delta$ 时,CFL 稳定性条件可简化为

$$\Delta t \leqslant \Delta t_{\text{CFL}} = \frac{\delta}{v \sqrt{3}} \qquad (3.56)$$

(2) 对于二维电磁波问题的情况,当取正方形网格,即令 $\Delta x = \Delta y = \delta$ 时,CFL 稳定性条件可简化为

$$\Delta t \leqslant \Delta t_{\text{CFL}} = \frac{\delta}{v \sqrt{2}} \qquad (3.57)$$

（3）对于一维电磁波问题的情况，当取一维均匀采样点，即令 $\Delta x = \delta$ 时，CFL 稳定性条件可简化为

$$\Delta t \leqslant \Delta t_{\text{CFL}} = \frac{\delta}{v} \tag{3.58}$$

在实际编程时，为避免各种意外误差导致的不稳定性，一般建议 Δt 取比 Δt_{CFL} 稍小的数值，比如 $\Delta t = 0.99\Delta t_{\text{CFL}}$，以确保算法的稳定性。对三维电磁波问题，不少著作和论文采用的时间步长是 $\Delta t = \delta/(2v) = \sqrt{3}/2\Delta t_{\text{CFL}} \approx 0.866\Delta t_{\text{CFL}}$，其数值色散比采用 $\Delta t = 0.99\Delta t_{\text{CFL}}$ 略大一些。然而，采用 $\Delta t = \delta/(2v)$ 这个时间步长有一个优点，当空间网格离散密度 $n_\lambda = \lambda/\delta$ 为整数时，其时间离散密度 $n_T = T/\Delta t$ 亦为整数，且 $n_T = 2n_\lambda$，在某些应用场合需要利用到这个特性。

3.5 数值色散

时域有限差分法所采用的时空离散化还将产生一个不利的后果，即使被仿真的介质是最简单的真空，在 FDTD 算法模拟下其将变成各向异性色散介质，这就是数值色散。由于实际的电磁场量是满足连续偏微分方程的时空连续函数，含有可无限细分的信号信息，而 FDTD 方法为了能够使用有限的计算机资源来存储和计算，只能采样有限个数的电磁场量离散数值以及利用有限差分来近似计算连续偏微分。数值色散是离散化所必须付出的代价。这种色散与时空离散参数大小以及电磁波传播方向有关，也是影响 FDTD 仿真精度的重要因素之一。

事实上，考虑一般平面时谐电磁波所满足的时域波动方程

$$\frac{\partial^2 u}{\partial x^2} + \frac{\partial^2 u}{\partial y^2} + \frac{\partial^2 u}{\partial z^2} - \frac{1}{v^2}\frac{\partial^2 u}{\partial t^2} = 0 \tag{3.59}$$

式中，$v = c/n$，是电磁波在折射率为 $n = \sqrt{\varepsilon_r \mu_r}$ 的各向同性非色散介质空间中的相速度。从理论上讲，对于各向同性非色散介质，关于波数 k 和角频率 ω 之间的理想色散关系式为

$$k = \frac{\omega}{v} = \frac{n\omega}{c} \tag{3.60}$$

然而，经过时空离散化后，FDTD 算法对应的色散关系式发生了变化。对上式中的全部二阶偏微分导数采取类似式(3.51)所示的二阶中心有限差分近似后并代入，可以得到

$$\frac{\sin^2\left(\frac{\tilde{k}_x \Delta x}{2}\right)}{\left(\frac{\Delta x}{2}\right)^2} + \frac{\sin^2\left(\frac{\tilde{k}_y \Delta y}{2}\right)}{\left(\frac{\Delta y}{2}\right)^2} + \frac{\sin^2\left(\frac{\tilde{k}_z \Delta z}{2}\right)}{\left(\frac{\Delta z}{2}\right)^2} = \frac{1}{v^2}\frac{\sin^2\left(\frac{\omega \Delta t}{2}\right)}{\left(\frac{\Delta t}{2}\right)^2} \tag{3.61}$$

式中,$\tilde{\boldsymbol{k}} = \tilde{k}_x \boldsymbol{e}_x + \tilde{k}_y \boldsymbol{e}_y + \tilde{k}_z \boldsymbol{e}_z$,称为数值波矢。式(3.61)隐含了数值波矢 $\tilde{\boldsymbol{k}}$ 与角频率 ω 之间的关系,称为 FDTD 算法的数值色散关系式。因此,利用 FDTD 算法所仿真出来的"数值介质空间"不再是各向同性非色散的,而是各向异性色散的,从而产生了理论解析结果与 FDTD 仿真结果之间的差异。

为了定量分析由式(3.61)所决定的数值色散特性,下面研究利用 FDTD 方法进行电磁波仿真计算时不同传播方向电磁波的相速以及数值折射率与传播方向之间直接的关系。借用球坐标系的角度变量符号,任一电磁波传播方向可使用一对角度 (θ, ϕ) 来表示,其中 θ 为极角,ϕ 为方位角。那么,由 FDTD 算法所决定的数值波矢 $\tilde{\boldsymbol{k}} = \tilde{k}_x \boldsymbol{e}_x + \tilde{k}_y \boldsymbol{e}_y + \tilde{k}_z \boldsymbol{e}_z$ 的三个分量可用角度变量表示为

$$\begin{cases} \tilde{k}_x = \tilde{k}\sin\theta\cos\phi \\ \tilde{k}_y = \tilde{k}\sin\theta\sin\phi \\ \tilde{k}_z = \tilde{k}\cos\theta \end{cases} \tag{3.62}$$

代入式(3.61),并定义 $S_x = \sin\theta\cos\phi \Delta x/2$, $S_y = \sin\theta\sin\phi \Delta y/2$, $S_z = \cos\theta \Delta z/2$,则有

$$\frac{\sin^2(S_x\tilde{k})}{(\Delta x)^2} + \frac{\sin^2(S_y\tilde{k})}{(\Delta y)^2} + \frac{\sin^2(S_z\tilde{k})}{(\Delta z)^2} = \frac{\sin^2\left(\frac{\omega \Delta t}{2}\right)}{(v\Delta t)^2} \tag{3.63}$$

上式给出了利用 FDTD 仿真的沿 (θ, ϕ) 方向传播的电磁波数值波数大小 $\tilde{k}$ 与角频率 ω 间的关系式。显然这是一个与被仿真介质空间折射率、时空离散参数以及传播方向有关的复杂隐式非线性方程,可以采用数值方法求出在不同频率值 ω 下数值波数 $\tilde{k}(\omega)$ 的数值解。进一步地,可以求出数值相速度 $\tilde{v}(\omega) = \omega/\tilde{k}(\omega)$,数值折射率 $\tilde{n}(\omega) = c/\tilde{v}(\omega)$,以及电磁波传播一个波长距离的相位误差 $\text{PE} = \lambda(\tilde{k} - k) \cdot 180°/\pi$。以下给出在指定介质空间折射率、时空离散参数、电磁波传播方向以及频率等参数数值的情况下,编程计算数值波数 $\tilde{k}(\omega)$、数值相速度 $\tilde{v}(\omega)$、数值折射率 $\tilde{n}(\omega)$ 以及相位误差 PE 的 Mathematica 程序代码。

```
ClearAll["Global`*"];
c = 299792458; (*真空中光速*)
f = 1.0 * 10^9; (*设置电磁波频率*)
```

```
w = 2 * Pi * f; (* 计算电磁波角频率 *)

n = 1; (* 设置介质空间折射率 *)
v = c/n; (* 计算介质空间中的电磁波相速 *)
lambda = v/f; (* 计算电磁波波长 *)

nx = 10; (* 设置 x 轴方向一个波长距离内的网格数 *)
ny = 10; (* 设置 y 轴方向一个波长距离内的网格数 *)
nz = 10; (* 设置 z 轴方向一个波长距离内的网格数 *)
dx = lambda/nx; (* 计算 x 轴方向的空间离散间隔 *)
dy = lambda/ny; (* 计算 y 轴方向的空间离散间隔 *)
dz = lambda/nz; (* 计算 z 轴方向的空间离散间隔 *)

CFL = 1; (* 设置稳定性 CFL 数值,要求等于或小于 1 *)
dim = 3; (* 设置电磁问题的维数 *)
Switch[dim, 1, dt = CFL * dx/v, (* 计算一维问题时间步长 *)
2, dt = CFL/v/Sqrt[1/dx^2 + 1/dy^2], (* 计算二维问题时间步长 *)
3, dt = CFL/v/Sqrt[1/dx^2 + 1/dy^2 + 1/dz^2]]; (* 计算三维问题时间步长 *)

theta = Pi/2; (* 设置电磁波传播方向的极角 *)
phi = 0; (* 设置电磁波传播方向的方位角 *)
Sx = Sin[theta] * Cos[phi] * dx/2; (* 计算 Sx 参数 *)
Sy = Sin[theta] * Sin[phi] * dy/2; (* 计算 Sy 参数 *)
Sz = Cos[theta] * dz/2; (* 计算 Sz 参数 *)

k = 2 * Pi/lambda; (* 计算电磁波波数的理论值 *)
eq = (Sin[Sx * kw]/dx)^2 + (Sin[Sy * kw]/dy)^2 + (Sin[Sz * kw]/dz)^2 == (Sin[w *
dt/2]/(v * dt))^2; (* 数值色散关系式,kn 为数值波数 *)
sol = FindRoot[eq, {kw, k}]; (* 数值求解非线性方程求 kw *)
kw = kw/.sol; (* 计算数值波数 *)
vw = w/kw; (* 计算数值相速 *)
nw = c/vw; (* 计算数值折射率 *)
pe = 180/Pi * (kw - k) * lambda; (* 计算传输一个波长的相位误差,单位为度 *)
Print["kw = ", kw, "; vw = ", vw, "; nw = ", nw, "; pe = ", pe]
```

在上述代码基础上,使用 For 循环语句通过改变频率来获得 FDTD 算法数值色散的频率特性,通过改变角度变量可以获得 FDTD 算法数值色散的各向异性。

在一般情况下,FDTD 算法的数值色散或多或少都是存在的,并且在沿 x、y、z 三个坐标轴方向上具有最大的数值色散。在以下三种特殊情况下,数值色散误差为零:

(1) 对于沿 x 轴方向 $(\theta,\phi)=(\pi/2,0)$ 传播的电磁波,取 $\Delta x=\delta,\Delta t=\Delta t_{CFL}=\delta/v$ 时,不存在数值色散误差,此时有 $\tilde{k}=k=\omega/v$。

(2) 对于在 xOy 平面上沿 $(\theta,\phi)=(\pi/2,\pi/4)$ 方向传播的电磁波,取 $\Delta x=\Delta y=\delta,\Delta t=\Delta t_{CFL}=\delta/(\sqrt{2}\,v)$ 时,不存在数值色散误差,此时有 $\tilde{k}=k$,并且 $\tilde{k}_x=\tilde{k}_y=k/\sqrt{2}$。

(3) 对于沿 $(\theta,\phi)=(\arccos(1/\sqrt{3}),\pi/4)$ 方向传播的电磁波,取 $\Delta x=\Delta y=\Delta z=\delta,\Delta t=\Delta t_{CFL}=\delta/(\sqrt{3}\,v)$ 时,不存在数值色散误差,此时有 $\tilde{k}=k$,并且 $\tilde{k}_x=\tilde{k}_y=\tilde{k}_z=k/\sqrt{3}$。

当时空离散参数 $(\Delta x,\Delta y,\Delta z$ 和 $\Delta t)$ 均趋于零时,式(3.61)就逐渐变成了式(3.60),数值色散误差亦逐渐减小。然而,现实中由于计算机存储和计算能力的有限性,时空离散参数无法取得太小的数值。一般建议最大的空间离散间隔不要大于 1/10 的最短波长(宽谱脉冲电磁波信号中最高频率成分对应的最小波长),即

$$\max(\Delta x,\Delta y,\Delta z)\leqslant\frac{\lambda_{\min}}{10} \tag{3.64}$$

例如,当取立方体元胞的网格边长为 $\delta=\lambda_{\min}/10$,时间步长为 $\Delta t=0.99\Delta t_{CFL}$ 时,电磁波传播一个波长距离的最大相位误差(沿坐标轴方向)为 $PE\approx4°$。如果计算机硬件条件允许,可以采用更小的网格尺寸,比如 1/20 波长,$\delta=\lambda_{\min}/20$,此时电磁波传播一个波长距离的最大相位误差为 $PE\approx1°$。在某些特殊应用场合,比如对近场光学或负折射率平板透镜亚波长成像的 FDTD 仿真,网格尺寸应取得更小,甚至是 1/100 波长,$\delta=\lambda_{\min}/100$,此时电磁波传播一个波长距离的最大相位误差为 $PE\approx0.04°$。可以看到,当空间离散网格边长减小 m 倍时,一个波长传播距离内的最大相位误差大概可以减小 m^2 倍,这个结论与中心二阶差分格式的计算精度相吻合。根据具体电磁问题的 FDTD 仿真精度要求选择好空间离散参数后,即可利用上小节所述的 CFL 稳定性条件确定时间步长。

参考文献

[1] TAFLOVE A, HAGNESS S C. Computational electrodynamics: the finite difference time domain method[M]. 3rd ed. Norwood, MA: Artech House, 2005.

[2] KUNZ K S, LUEBBERS R J. The finite difference time domain method for electromagnetics[M]. Boca Raton, FL: CRC Press, 1993.

[3]　SULLIVAN D M. Electromagnetic simulation using the FDTD method[M]. 2nd ed. New York：IEEE Press,2013.

[4]　ELSHERBENI A Z, DEMIR V. The finite-difference time-domain method for electromagnetics with MATLAB simulations [M]. 2nd ed. Edison, NJ：SciTech Publishing,2015.

[5]　GEDNEY S D. Introduction to the finite-differencetime-domain (FDTD) method for electromagnetics[M]. 2nd ed. San Rafael,CA：Morgan & Claypool Publisher,2011.

[6]　高本庆. 时域有限差分法[M]. 北京：国防工业出版社,1995.

[7]　葛德彪,闫玉波. 电磁波时域有限差分方法[M]. 3 版. 西安：西安电子科技大学出版社,2011.

[8]　王长清,祝西里. 电磁场计算中的时域有限差分方法[M]. 2 版. 北京：北京大学出版社,2014.

[9]　余文华,李文兴. 高等时域有限差分方法[D]. 哈尔滨：哈尔滨工程大学,2011.

[10]　YEE K S. Numerical solution of initial boundary value problems involving Maxwell's equations in isotropic media[J]. IEEE Trans. Antennas Propagat. , 1966,14(3)：302-307.

[11]　TAFLOVE A, BRODWIN M E. Numerical-solution of steady-state electromagnetic scattering problems using time-dependent Maxwell's equations [J]. IEEE Transactions on Microwave Theory and Techniques,1975,23：623-630.

[12]　GOLDBERG M. Stability criteria for finite difference approximations to parabolic systems[J]. Applied Numerical Mathematics,2000,33：509-515.

[13]　COURANT R,FRIEDRICHS K,LEWY H. On the partial difference equations of mathematical physics[J]. IBM Journal of Research and Development,1967,11(2)：215-234.

[14]　GEDNEY S D,RODEN J A. Numerical stability of nonorthogonal FDTD methods [J]. IEEE Trans. Antennas Propagat. ,2000,48:231-239.

边 界 条 件

由于计算机硬件存储能力和计算能力的有限性,在利用 FDTD 方法进行电磁仿真时,计算区域空间尺寸只能是有限大小。这时,就需要在有限大小的计算区域周边增加各类边界条件来限定计算区域。在 FDTD 方法中,常用的电磁仿真边界条件有:①可用于完全反射电磁波的理想电导体(perfect electrical conductor,PEC)边界条件;②可用于完全反射电磁波的理想磁导体(perfect magnetic conductor,PMC)边界条件;③可用于模拟沿某个或某些坐标轴方向具有无限周期性结构的周期边界条件(periodic boundary condition,PBC);④可用于模拟开放空间的吸收边界条件(absorbing boundary condition,ABC),特别是完全匹配层(perfectly matched layers,PML)吸收边界条件。本章将系统介绍上述几类常见边界条件的物理机制和算法实现。

4.1 理想电导体边界条件

先讨论理想电导体(PEC)边界条件。理想电导体的电导率 $\sigma_e = \infty$,因此位于理想电导体内部的电场大小必须为零,即 $E = 0$。这是因为根据欧姆定律,若 $E \neq 0$,则消耗功率密度为 $p = \sigma_e E^2 \to \infty$,将导致无穷大的能量消耗,不符合能量有限的基本常识。因此,根据电场边界条件 $E_{2t} = E_{1t} = 0$,在理想电导体的表面上,不存在切向电场分量,只可能存在法向电场分量。假设有一电磁波以入射角 θ_i 入射到理想电导体表面,将入射电磁波分解为传播方向垂直于理想电导体表面的电磁分波和传播方向平行于理想电导体表面的电磁分波。其中,传播方向垂直于理想电导体表面的电磁分波由于入射电场和反射电场必须满足 $E_i + E_r = E_{2t} = 0$,因此全部从理想导体表面反射回来,且两者的初相位相反 $E_r = -E_i$。全部反射回来的垂直方向电磁分波和原来传播方向平行于理想电导体表面的电磁分波叠加合成后,就形成了沿着反射角 $\theta_r = \theta_i$ 方向全部反射回来的反射波。因此,任意入射到理想电导体表面的电磁波将无损耗地按照反射定律决定的反射角方向全部反射回来。

根据理想电导体内部电场恒为零的特征很容易设置理想电导体边界条件,即将最外围的 Yee 元胞六个表面中构成计算区域外表面的那些元胞表面上的电场分量全部设置为零。若采用图 3.2 所示的 Yee 元胞中电磁场各分量分布位置以及 3.3 节所给出的电场分量更新节点编号范围,由于计算区域外表面上的电场分量缺少部分环绕的磁场分量无法更新而始终保持为零。因此,根据 3.3 节所给出的电磁场分量更新公式及其更新节点编号范围,不需要采取任何措施,就自动地加上了 PEC 边界条件。

理想电导体(PEC)边界条件主要用于模拟波导、谐振腔、微带电路和微带天线接地板的金属壁。PEC 边界条件还可以在对称面上截断具有对称性问题的计算区域,可以节省将近 1/2 的存储内存和计算时间。除此之外,它还可以用于截断平面波正入射时的对称周期结构。

4.2　理想磁导体边界条件

理想磁导体(PMC)是一种理想的材料,现实世界中并不存在,是一种虚构的物质。理想磁导体的磁导率 $\sigma_m = \infty$,因自然界中并不存在磁荷,因此磁导率只是个虚构的电磁参量。根据电磁场的对偶关系,位于理想磁导体内部的磁场大小为零,即 $H = 0$。在理想磁导体的表面上,不存在切向磁场分量,只可能存在法向磁场分量(以假设存在磁荷为前提)。同样可以证明,电磁波入射到理想磁导体表面上将全部反射回来。设置理想磁导体边界条件,实际上就是将组成计算区域外表面的那些 Yee 元胞表面上的切向磁场分量全部设置为零。然而,根据图 3.2 所示的 Yee 元胞中各电磁场分量节点分布位置,位于 Yee 元胞外表面上的磁场分量均是法向磁场分量,而不是切向磁场分量。为解决这个问题，我们需要将 PMC 边界条件转化为对计算区域外表面上电场切向分量的约束，这可以通过对电磁波在计算区域外表面发生全反射时所对应的镜像原理来解决。

下面，以位于计算区域外表面上的切向电场分量 D_z 为例介绍应用镜像原理推导 PMC 边界条件所对应的切向电场分量更新公式。图 4.1(a) 所示的电场 D_z 分量在 Yee 元胞中的位置，可以画出图 4.1(b) 所示的电场 D_z 分量周围所环绕的磁场 H_x 分量和 H_y 分量，其中用虚线箭头所代表的磁场分量是镜像磁场分量，与计算区域内部或表面上的磁场分量关于计算区域外边界镜像对称。根据镜像原理，外边界两边的磁场分量数值相等但方向相反，互为相反数。例如，在三维计算区域左界面两边，镜像磁场分量和内部磁场分量应满足

$$H_y(1/2, j, k+1/2) = -H_y(-1/2, j, k+1/2) \tag{4.1}$$

根据线性插值原理，这样的设置等效于令计算区域左界面上的磁场切向分量为零。因此，参考第 3 章所示的电磁场分量更新公式的推导过程，可以写出对应于 PMC 边界条件的在计算区域左表面（不包括棱边）上切向电场分量 D_z 更新公式

$$D_z^{n+1}\left(i_1, j, k+\frac{1}{2}\right) = D_z^n\left(i_1, j, k+\frac{1}{2}\right) + 2\frac{\Delta t}{\Delta x}\left[H_y^{n+\frac{1}{2}}\left(i_1+\frac{1}{2}, j, k+\frac{1}{2}\right)\right] -$$
$$\frac{\Delta t}{\Delta y}\left[H_x^{n+\frac{1}{2}}\left(i_1, j+\frac{1}{2}, k+\frac{1}{2}\right) - H_x^{n+\frac{1}{2}}\left(i_1, j-\frac{1}{2}, k+\frac{1}{2}\right)\right]$$

$$\tag{4.2}$$

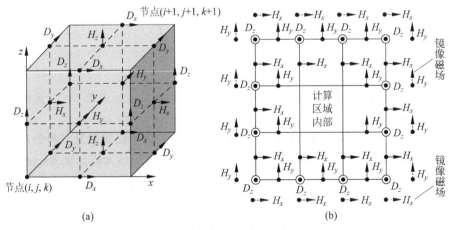

图 4.1 PMC 边界条件中电场 D_z 分量的位置及其环绕磁场分量

(a) 电场 D_z 分量在 Yee 元胞中的位置；(b) 电场 D_z 分量及其环绕磁场分量

将上式转换为对应于 MATLAB 编程用的 D_z 更新公式为

$$D_z^{n+1}(i_1,j,k) = D_z^n(i_1,j,k) + 2\frac{\Delta t}{\Delta x}H_y^{n+\frac{1}{2}}(i_1,j,k) -$$

$$\frac{\Delta t}{\Delta y}\left[H_x^{n+\frac{1}{2}}(i_1,j,k) - H_x^{n+\frac{1}{2}}(i_1,j-1,k)\right] \quad (4.3)$$

式中，$i_1=1,j=2:N_y,k=1:N_z$ 为计算区域左表面内部 D_z 分量的节点编号范围。

同样地，可以写出在计算区域右表面(不包括棱边)上对应于 MATLAB 编程用的切向电场分量 D_z 更新公式

$$D_z^{n+1}(i_r,j,k) = D_z^n(i_r,j,k) - 2\frac{\Delta t}{\Delta x}H_y^{n+\frac{1}{2}}(i_r-1,j,k) -$$

$$\frac{\Delta t}{\Delta y}\left[H_x^{n+\frac{1}{2}}(i_r,j,k) - H_x^{n+\frac{1}{2}}(i_r,j-1,k)\right] \quad (4.4)$$

式中，$i_r=N_x+1,j=2:N_y,k=1:N_z$ 为计算区域右表面内部 D_z 分量的节点编号范围。类似地，可以推导得到在计算区域前表面(不包括棱边)上切向电场分量 D_z 更新公式

$$D_z^{n+1}(i,j_f,k) = D_z^n(i,j_f,k) + \frac{\Delta t}{\Delta x}\left[H_y^{n+\frac{1}{2}}(i,j_f,k) - H_y^{n+\frac{1}{2}}(i-1,j_f,k)\right] -$$

$$2\frac{\Delta t}{\Delta y}H_x^{n+\frac{1}{2}}(i,j_f,k) \quad (4.5)$$

式中，$i=2:N_x,j_f=1,k=1:N_z$ 为计算区域前表面内部 D_z 分量的节点编号范围。以及在计算区域后表面(不包括棱边)上切向电场分量 D_z 更新公式

$$D_z^{n+1}(i,j_b,k) = D_z^n(i,j_b,k) + \frac{\Delta t}{\Delta x}\left[H_y^{n+\frac{1}{2}}(i,j_b,k) - H_y^{n+\frac{1}{2}}(i-1,j_b,k)\right] +$$

$$2\frac{\Delta t}{\Delta y}H_x^{n+\frac{1}{2}}(i,j_b-1,k) \quad (4.6)$$

式中，$i=2:N_x,j_b=N_y+1,k=1:N_z$ 为计算区域后表面内部 D_z 分量的节点编号范围。

在平行于 z 轴的四条棱边上，环绕 D_z 分量的四个磁场分量有两个为镜像磁场分量，其对应于 MATLAB 编程用的 D_z 分量更新公式分别为

$$D_z^{n+1}(i_1,j_f,k) = D_z^n(i_1,j_f,k) + 2\frac{\Delta t}{\Delta x}H_y^{n+\frac{1}{2}}(i_1,j_f,k) -$$

$$2\frac{\Delta t}{\Delta y}H_x^{n+\frac{1}{2}}(i_1,j_f,k) \quad (4.7)$$

$$D_z^{n+1}(i_1,j_b,k) = D_z^n(i_1,j_b,k) + 2\frac{\Delta t}{\Delta x}H_y^{n+\frac{1}{2}}(i_1,j_b,k) +$$

$$2\frac{\Delta t}{\Delta y}H_x^{n+\frac{1}{2}}(i_l,j_b-1,k) \qquad (4.8)$$

$$D_z^{n+1}(i_r,j_f,k)=D_z^n(i_r,j_f,k)-2\frac{\Delta t}{\Delta x}H_y^{n+\frac{1}{2}}(i_r-1,j_f,k)-$$

$$2\frac{\Delta t}{\Delta y}H_x^{n+\frac{1}{2}}(i_r,j_f,k) \qquad (4.9)$$

$$D_z^{n+1}(i_r,j_b,k)=D_z^n(i_r,j_b,k)-2\frac{\Delta t}{\Delta x}H_y^{n+\frac{1}{2}}(i_r-1,j_b,k)+$$

$$2\frac{\Delta t}{\Delta y}H_x^{n+\frac{1}{2}}(i_r,j_b-1,k) \qquad (4.10)$$

式中,$i_l=j_f=1,i_r=N_x+1,j_b=N_y+1,k=1:N_z$ 为四条棱边上 D_z 分量的节点编号范围。

在 PMC 边界条件下,计算区域表面上其他两个切向电场分量 D_x 和 D_y 的更新公式可以参照 D_z 分量获得,这里不再赘述。值得注意的是,与 PEC 边界条件下不同,计算区域外表面上的法向磁场分量也需要更新,可参照第 3 章关于磁场分量的更新公式以及第 6 章的物质本构关系式获得。

理想磁导体(PMC)边界条件一般用于截断具有对称结构的问题,以减小一半计算区域的内存负担和计算时间,它也可以用作平面波正入射时截断对称周期结构的边界条件。PMC 与 PEC 边界条件结合可以模拟平面波正入射时二维对称周期结构问题。

4.3 周期边界条件

由于计算机硬件资源和运算速度的有限性,若被仿真器件在一个坐标轴方向或多个坐标轴方向上具有无限(或相当多)周期重复结构时,无法对整个器件尺寸进行仿真,此时只需利用周期边界条件对其中的一个(或一列)周期结构进行仿真即可。

以图 4.2(a)所示二维 TM 模电磁波垂直入射到沿 x 方向无限重复的一维周期性结构为例进行介绍。取器件结构中的任一周期结构单元作 FDTD 仿真结构设计。如图 4.2(b)所示,在结构单元左、右两个边界上设置周期边界条件;在结构单元下边界设置总场/散射场激励源面(参考第 5 章内容)以激发产生 TM 模式垂直入射波(E_z、H_x 和 H_y);在结构单元上边界设置探测器面(参考第 7 章内容);仿真结构上下边界设置 PML 吸收边界以吸收透射波和散反射波。如图 4.3 所示,假设空间离散化后周期结构单元沿 x 方

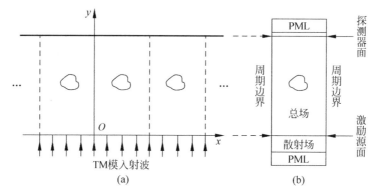

图 4.2 一维周期结构器件及其仿真结构示意图

(a) 器件结构图;(b) 仿真结构图

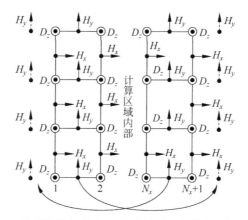

图 4.3 一维周期结构单元左、右边界附近离散电磁场量示意图

向的网格数为 N_x,则根据 Floquet 原理,在对于左、右两个边界上的位于周期边界上的 D_z 节点,FDTD 更新公式中涉及的周期单元边界外侧的 H_y 节点应满足如下关系式:

$$H_y^{n+1/2}\left(1-\frac{1}{2},j\right)=H_y^{n+1/2}\left(N_x+\frac{1}{2},j\right) \tag{4.11}$$

$$H_y^{n+1/2}\left(N_x+\frac{3}{2},j\right)=H_y^{n+1/2}\left(1+\frac{1}{2},j\right) \tag{4.12}$$

以上两式表明左(右)边界外侧节点的场值可以用右(左)边界内侧节点值代替。因此对于位于左右周期边界上的 D_z 节点,其对应的 FDTD 公式为

$$D_z^{n+1}(1,j)=D_z^n(1,j)+\frac{\Delta t}{\Delta x}\left[H_y^{n+1/2}\left(1+\frac{1}{2},j\right)-H_y^{n+1/2}\left(N_x+\frac{1}{2},j\right)\right]-$$

$$\frac{\Delta t}{\Delta y}\left[H_x^{n+1/2}\left(1,j+\frac{1}{2}\right)-H_x^{n+1/2}\left(1,j-\frac{1}{2}\right)\right] \tag{4.13}$$

$$D_z^{n+1}(N_x+1,j)=D_z^n(N_x+1,j)+$$

$$\frac{\Delta t}{\Delta x}\left[H_y^{n+1/2}\left(1+\frac{1}{2},j\right)-H_y^{n+1/2}\left(N_x+\frac{1}{2},j\right)\right]-$$

$$\frac{\Delta t}{\Delta y}\left[H_x^{n+1/2}\left(N_x+1,j+\frac{1}{2}\right)-H_x^{n+1/2}\left(N_x+1,j-\frac{1}{2}\right)\right]$$

$$\tag{4.14}$$

同时,位于周期边界上的法向磁场分量 $H_x^{n+1/2}$ 需要利用第 3 章中 $B_x^{n+1/2}$ 的更新公式和边界处的物质本构关系式 $H=B/\mu$ 来更新。可以发现,上述计算方法下位于两边界面上对应的 $H_x^{n+1/2}$ 分量始终相等,因此式(4.14)为不必要的重复计算,可简化为

$$D_z^{n+1}(N_x+1,j)=D_z^{n+1}(1,j) \tag{4.15}$$

值得注意的是,以上公式仅适用于电磁波入射方向垂直于结构单元周期拓展方向的情况。

4.4 完全匹配层吸收边界条件

4.4.1 吸收边界条件

如何截断开域电磁问题的计算区域是 FDTD 方法最重要也是研究最多的问题之一,即如何设置吸收边界条件(ABC)。在进行 FDTD 仿真计算时,每个 Yee 元胞的空间离散网格上的 **E** 和 **H** 的六个(或对于色散材料,有 **D**、**E**、**B** 和 **H** 的十二个)场分量均需在某一时间步长时刻(或几个时间步长时刻)上储存起来供下一时间步长时刻的迭代更新之用。由于计算机内存容量的有限性,电磁场数值计算只能在有限区域内进行,因此必须对无限大空间区域进行截断。另外,即使计算机内存很大,大的计算空间就意味着大的计算量,从节省计算时间的角度考虑,也必须截断。为了模拟无限大的开放空间,只需在包含有核心电磁器件和激励源的有限大小计算区域周围增加吸收边界条件,使得打到吸收边界上的电磁波能无反射地被吸收,从而等效模拟无限大开域电磁问题。通过 FDTD 仿真获得有限计算区域内电磁波的近场时空分布情况后,借助近场-远场外推公式,即可获得电磁波远场的时空分布情况,从而完成对开域电磁问题的求解。

大多数的吸收边界可分为两大类：一类是由单向波动方程推导出的吸收边界；另一类是由吸收媒质构成的吸收边界。1977 年，恩奎斯特（Engquist）和马伊达（Majda）提出了基于直角坐标系下单向波动方程的吸收边界及其一阶和二阶近似公式。1981 年，穆尔（Mur）实现了 Engquist-Majda 吸收边界条件在 FDTD 方法里的实际应用和算法实现，小角度电磁波入射平均反射率在 1%～5%。不过，Mur 吸收边界条件的吸波效果与入射角度有关，对垂直入射波具有最佳效果，然而对大角度倾斜入射波仍具有较大的反射率，所以 Mur 吸收边界条件不适用于截断具有大角度入射电磁波的情况。1984 年，廖振鹏等提出了基于插值技术的吸收边界条件，进一步提高了吸波效果，但是对大角度斜入射波反射率高的问题仍然没有解决。直到 1994 年，贝伦格（Berenger）首次提出了基于分裂场格式的完全匹配层（PML）吸收边界条件，它是一种基于同时引入电损耗（通过电导率）和磁损耗（通过虚构的磁导率）的全阻抗匹配思路设计的吸收边界，有效解决了大入射角入射问题。同时，周永祖（Chew）和威登（Weedon）提出了基于坐标伸缩形式的 PML 吸收边界条件，适用于 FDTD 的算法设计和编程实现。1996 年，盖德尼（Gedney）证明了 Berenger 的 PML 实际上等效于同时具有电损耗和磁损耗的单轴各向异性媒质，提出了非分裂场格式的单轴完全匹配层（uniaxial perfectly matched layer，UPML）。完全匹配层具有极佳吸波性能和仿真精度，在当前诸多电磁场数值计算方法中具有最广泛的影响力。基于篇幅考虑和应用目的，本章主要介绍目前广泛使用的基于卷积方法实现的符合因果律的坐标伸缩完全匹配层的 FDTD 算法和参数设计。

4.4.2 PML 区域划分和参数设置

对包含有 PML 在内的三维长方体 FDTD 仿真计算区域进行空间离散，假设沿 x 轴、y 轴和 z 轴方向剖出的网格数分别为 N_x、N_y 和 N_z。如图 4.4 所示，PML 区域可分为左右、上下、前后六个分区域，分别用 x_n、x_p、y_n、y_p、z_n 和 z_p 表示，其厚度所对应的网格数分别为 n_{xn} 和 n_{xp}、n_{yn} 和 n_{yp} 以及 n_{zn} 和 n_{zp}，其中下标 n 代表位于坐标轴负（negative）方向 PML 区域，下标 p 代表位于坐标轴正（positive）方向 PML 区域。若基于 MATLAB 仿真平台进行 FDTD 编程，则电场分量在这六个 PML 分区域上的网格编号范围为

$$\begin{cases} i_{en}=1:(n_{xn}+1), & i_{ep}=(N_x+1-n_{xp}):(N_x+1) \\ j_{en}=1:(n_{yn}+1), & j_{ep}=(N_y+1-n_{yp}):(N_y+1) \\ k_{en}=1:(n_{zn}+1), & k_{ep}=(N_z+1-n_{zp}):(N_z+1) \end{cases} \quad (4.16)$$

对于磁场分量，它们分别为

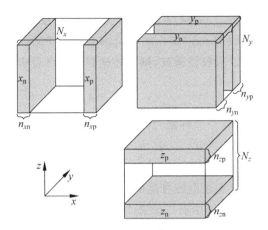

图 4.4 三维长方体计算区域中的六个 PML 区域

$$\begin{cases} i_{mn}=1:n_{xn}, & i_{mp}=(N_x+1-n_{xp}):N_x \\ j_{mn}=1:n_{yn}, & j_{mp}=(N_y+1-n_{yp}):N_y \\ k_{mn}=1:n_{zn}, & k_{mp}=(N_z+1-n_{zp}):N_z \end{cases} \quad (4.17)$$

需要注意的是,在式(4.16)和式(4.17)中,具有相同网格编号的电场和磁场分量的实际物理位置是错开二分之一的网格边长,因此在设置 PML 参数和计算电磁场量更新方程系数时,电场和磁场应分开处理。

PML 实际上是一种同时具有电损耗和磁损耗的各向异性特殊媒质,现实世界中并不存在,但在计算电磁学里可以虚拟构造出来。对于由周永祖等提出的坐标伸缩形式 PML,其内部电磁波电场分量所满足的旋度方程为

$$\begin{cases} j\omega D_x = \dfrac{1}{S_{ey}}\dfrac{\partial H_z}{\partial y} - \dfrac{1}{S_{ez}}\dfrac{\partial H_y}{\partial z} - J_{ix} \\ j\omega D_y = \dfrac{1}{S_{ez}}\dfrac{\partial H_x}{\partial z} - \dfrac{1}{S_{ex}}\dfrac{\partial H_z}{\partial x} - J_{iy} \\ j\omega D_z = \dfrac{1}{S_{ex}}\dfrac{\partial H_y}{\partial x} - \dfrac{1}{S_{ey}}\dfrac{\partial H_x}{\partial y} - J_{iz} \end{cases} \quad (4.18)$$

式中,S_{ex}、S_{ey} 和 S_{ez} 是电场分量的坐标伸缩度量。而对于磁场分量,其满足的旋度方程为

$$\begin{cases} j\omega B_x = -\dfrac{1}{S_{my}}\dfrac{\partial E_z}{\partial y} + \dfrac{1}{S_{mz}}\dfrac{\partial E_y}{\partial z} - M_{ix} \\ j\omega B_y = -\dfrac{1}{S_{mz}}\dfrac{\partial E_x}{\partial z} + \dfrac{1}{S_{mx}}\dfrac{\partial E_z}{\partial x} - M_{iy} \\ j\omega B_z = -\dfrac{1}{S_{mx}}\dfrac{\partial E_y}{\partial x} + \dfrac{1}{S_{my}}\dfrac{\partial E_x}{\partial y} - M_{iz} \end{cases} \quad (4.19)$$

式中，S_{mx}、S_{my} 和 S_{mz} 是磁场分量的坐标伸缩度量。利用库佐格鲁
(Kuzuoglu)和米特拉(Mittra)提出的符合因果律的 PML 参数设置，不仅可
以吸收传播波，还可以吸收倏逝波，则上述坐标伸缩度量表达式为

$$S_{es} = \kappa_{es} + \frac{\sigma_{es}}{\alpha_{es} + j\omega\varepsilon_0}, \quad S_{ms} = \kappa_{ms} + \frac{\sigma_{ms}}{\alpha_{ms} + j\omega\mu_0} \tag{4.20}$$

式中，$s = x, y, z$ 代表三个坐标轴，并且各电磁参量应满足如下关系式：

$$\kappa_{es} = \kappa_{ms}, \quad \frac{\sigma_{es}}{\varepsilon_0} = \frac{\sigma_{ms}}{\mu_0}, \quad \frac{\alpha_{es}}{\varepsilon_0} = \frac{\alpha_{ms}}{\mu_0} \tag{4.21}$$

可以证明，入射到具有上述电磁参量的完全匹配层上的电磁波不会有反射。
由于 FDTD 方法一般采用中心二阶差分近似连续偏微分，近似误差与电磁
场的变化剧烈程度相关。为了避免因电磁参量的跳变导致在分界面上产生
电磁场剧烈变化，更好地吸收入射的电磁波，在 PML 区域内部以上各电磁
参量必须逐渐递增或递减，并在外边界面达到最大值或最小值。若设置成
按幂指数形式递增或递减，则各个电磁参量的表达式为

$$\sigma_{maxs} = \sigma_{factor}\sigma_{opts} = \sigma_{factor}\frac{m_{pml} + 1}{150\pi\Delta s\sqrt{\varepsilon_r\mu_r}} \tag{4.22}$$

$$\sigma_{es}(\rho) = \sigma_{maxs}\left(\frac{\rho}{\delta_s}\right)^{m_{pml}} \tag{4.23}$$

$$\sigma_{ms}(\rho) = \frac{\mu_0}{\varepsilon_0}\sigma_{maxs}\left(\frac{\rho}{\delta_s}\right)^{m_{pml}} \tag{4.24}$$

$$\kappa_{es}(\rho) = \kappa_{ms}(\rho) = 1 + (\kappa_{max} - 1)\left(\frac{\rho}{\delta_s}\right)^{m_{pml}} \tag{4.25}$$

$$\alpha_{es}(\rho) = \alpha_{max}\left(1 - \frac{\rho}{\delta_s}\right) \tag{4.26}$$

$$\alpha_{ms}(\rho) = \frac{\mu_0}{\varepsilon_0}\alpha_{max}\left(1 - \frac{\rho}{\delta_s}\right) \tag{4.27}$$

式中，$s = x, y, z$，代表任一坐标轴；m_{pml} 为电导率和磁导率递增的幂指数；
Δs 为沿 s 轴方向的元胞边长；$\delta_s = n_{sp}\Delta s$ 或 $\delta_s = n_{sn}\Delta s$ 为位于 s 轴正方向或
负方向的 PML 厚度；ρ 为位于 PML 内各电磁场分量的节点位置离开 PML
内界面的距离。进一步的 FDTD 数值仿真实验表明，当 PML 的厚度取 $n_{pml} = $
$8 \sim 16$ 层，上述各参量取以下范围内数值时，PML 具有较佳的吸波效果：
$\sigma_{factor} = 0.7 \sim 1.5, \kappa_{max} = 5 \sim 11, \alpha_{max} = 0 \sim 0.05, m_{pml} = 2 \sim 4$。

由于各个电磁场分量在 Yee 元胞中位于不同的位置，不同电磁场分量
离开 PML 内边界的距离 ρ 各不相同，需要进一步的讨论分析。以基于

MATLAB 软件平台的 FDTD 编程仿真为例,垂直于 x 轴方向的左、右两侧 PML 区域内的电磁场分量的分布位置如图 4.5 所示。由于位于计算区域外表面上的电场无法更新,所以一般可以取 PML 的外表面为离开计算区域外表面 $x=0.25\Delta x$ 的地方,那么左侧 PML 的内表面位置为 $x=(n_{xn}+0.25)\Delta x$。

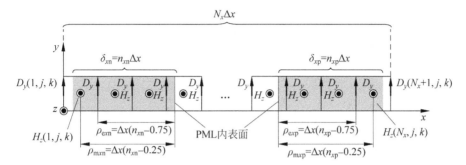

图 4.5　左、右两侧 PML 区域内的电磁场分量分布位置示意图

首先考虑电场分量 $D_y(i,j,k)$,在负 x 轴方向的 PML 区域中第一个可更新电场分量 $D_y(2,j,k)$ 离开 PML 内分界面的距离为 $(n_{xn}-0.75)\Delta x$,最后一个电场分量 $D_y(n_{xn}+1,j,k)$ 离开 PML 内分界面的距离为 $0.25\Delta x$,因此在该 PML 区域内各个离散电场分量 D_y 离开 PML 内分界面的距离与左侧 PML 厚度的比值为

$$\frac{\rho_{exn}}{\delta_{xn}}=\frac{1}{n_{xn}}[(n_{xn}-0.75):1:0.25] \tag{4.28}$$

同样地,电场分量 $D_y(i,j,k)$ 在正 x 轴方向的 PML 区域中第一个电场分量 $D_y(N_x-n_{xp}+1,j,k)$ 离开 PML 内分界面的距离为 $0.25\Delta x$,最后一个可更新的电场分量 $D_y(N_x,j,k)$ 离开 PML 内分界面的距离为 $(n_{xp}-0.75)\Delta x$。由此,在该 PML 区域内各个离散电场分量 D_y 离开 PML 内分界面的距离与右侧 PML 厚度的比值为

$$\frac{\rho_{exp}}{\delta_{xp}}=\frac{1}{n_{xp}}[0.25:1:(n_{xp}-0.75)] \tag{4.29}$$

以上两式同样适用于其他电场分量和坐标轴方向,只需要更改相应的下标即可。

再考虑磁场分量 $H_z(i,j,k)$,在负 x 轴方向的 PML 区域中第一个磁场分量 $H_z(1,j,k)$ 离开 PML 内分界面的距离为 $(n_{xn}-0.25)\Delta x$,最后一个磁场分量 $H_z(n_{xn},j,k)$ 离开 PML 内分界面的距离为 $0.75\Delta x$,因此在该 PML 区域内各个离散磁场分量 H_z 离开 PML 内分界面的距离与左侧 PML 厚度的比值为

$$\frac{\rho_{\mathrm{mxn}}}{\delta_{xn}} = \frac{1}{n_{xn}}\big[(n_{xn}-0.25):1:0.75\big] \tag{4.30}$$

同样地,磁场分量 $H_z(i,j,k)$ 在左侧 PML 区域中第一个磁场分量 $H_z(N_x-n_{xp}+1,j,k)$ 离开 PML 内分界面的距离为 $0.75\Delta x$,最后一个可更新的磁场分量 $H_z(N_x,j,k)$ 离开 PML 内分界面的距离为 $(n_{xp}-0.25)\Delta x$。由此,该 PML 区域内各个离散磁场分量 H_z 离开 PML 内分界面的距离与右侧 PML 厚度的比值为

$$\frac{\rho_{\mathrm{mxp}}}{\delta_{xp}} = \frac{1}{n_{xp}}\big[0.75:1:(n_{xp}-0.25)\big] \tag{4.31}$$

以上两式同样适用于其他磁场分量和坐标轴方向,只需要更改相应的下标即可。

4.4.3　PML 下电磁场量更新公式

下面以电磁场分量 D_x 和 B_y 为例给出基于卷积方法实现的完全匹配层(CPML)区域中各个电磁场分量的更新公式。根据罗登(Roden)和盖德尼(Gedney)关于 CPML 的 MOTL 论文中的论述[13],D_x 在 PML 区域的更新公式为

$$D_x^{n+1}(i,j,k) = D_x^n(i,j,k) +$$

$$\frac{\Delta t}{\kappa_{ey}(i,j,k)\Delta y}\Big[H_z^{n+\frac{1}{2}}(i,j,k) - H_z^{n+\frac{1}{2}}(i,j-1,k)\Big] -$$

$$\frac{\Delta t}{\kappa_{ez}(i,j,k)\Delta z}\Big[H_y^{n+\frac{1}{2}}(i,j,k) - H_y^{n+\frac{1}{2}}(i,j,k-1)\Big] +$$

$$\Delta t\Big[\Psi_{exy}^{n+\frac{1}{2}}(i,j,k) - \Psi_{exz}^{n+\frac{1}{2}}(i,j,k) - J_{ix}^{n+\frac{1}{2}}(i,j,k)\Big]$$

$$\tag{4.32}$$

式中,

$$\Psi_{exy}^{n+\frac{1}{2}}(i,j,k) = b_{ey}\Psi_{exy}^{n-\frac{1}{2}}(i,j,k) +$$

$$a_{ey}\Big[H_z^{n+\frac{1}{2}}(i,j,k) - H_z^{n+\frac{1}{2}}(i,j-1,k)\Big] \tag{4.33}$$

$$\Psi_{exz}^{n+\frac{1}{2}}(i,j,k) = b_{ez}\Psi_{exz}^{n-\frac{1}{2}}(i,j,k) +$$

$$a_{ez}\Big[H_y^{n+\frac{1}{2}}(i,j,k) - H_y^{n+\frac{1}{2}}(i,j,k-1)\Big] \tag{4.34}$$

式中,

$$b_{ey} = e^{-\left(\frac{\sigma_{ey}}{\kappa_{ey}} + \alpha_{ey}\right)\frac{\Delta t}{\epsilon_0}}, \quad b_{ez} = e^{-\left(\frac{\sigma_{ez}}{\kappa_{ez}} + \alpha_{ez}\right)\frac{\Delta t}{\epsilon_0}} \tag{4.35}$$

$$a_{ey} = \frac{\sigma_{ey}}{\Delta y(\sigma_{ey}\kappa_{ey} + \alpha_{ey}\kappa_{ey}^2)}(b_{ey} - 1),$$

$$a_{ez} = \frac{\sigma_{ez}}{\Delta z(\sigma_{ez}\kappa_{ez} + \alpha_{ez}\kappa_{ez}^2)}(b_{ez} - 1) \tag{4.36}$$

值得注意的是，上述各个 PML 电磁参量的节点位置与 D_x 所在的节点位置相同。实际上，由于 PML 所占的空间较小，因此为了减少 PML 各个参量和辅助变量 Ψ_{ex} 所占用的内存量，一般把 D_x 的更新公式按不同的 PML 空间区域拆分成以下 3 个步骤完成。

第 1 步：在垂直于 y 轴的 PML 前后区域（即 y_n 和 y_p 区域）中，

$$\Psi_{exy}^{n+\frac{1}{2}}(i,j,k) = b_{ey}\Psi_{exy}^{n-\frac{1}{2}}(i,j,k) +$$
$$a_{ey}\left[H_z^{n+\frac{1}{2}}(i,j,k) - H_z^{n+\frac{1}{2}}(i,j-1,k)\right] \tag{4.37}$$

$$D_x^{n+1}(i,j,k) = D_x^n(i,j,k) + \frac{\Delta t}{\kappa_{ey}(i,j,k)\Delta y}\left[H_z^{n+\frac{1}{2}}(i,j,k) -\right.$$
$$\left. H_z^{n+\frac{1}{2}}(i,j-1,k)\right] + \Delta t\Psi_{exy}^{n+\frac{1}{2}}(i,j,k) \tag{4.38}$$

设 PML 前后区域的 PML 层数分别为 n_{yn} 和 n_{yp}，则 PML 前区域内节点位置下标范围为

$$i = 1:N_x; \quad j_{nD} = 2:(n_{yn}+1); \quad k = 2:N_z \tag{4.39}$$

PML 后区域内节点位置下标范围为

$$i = 1:N_x; \quad j_{pD} = (N_y - n_{yp}+1):N_y; \quad k = 2:N_z \tag{4.40}$$

而夹在 PML 前后区域之间的非 PML 区域的节点位置下标范围为

$$i = 1:N_x; \quad j_D = (n_{yn}+2):(N_y - n_{yp}); \quad k = 2:N_z \tag{4.41}$$

在此非 PML 区域内 D_x 采用下式更新

$$D_x^{n+1}(i,j,k) = D_x^n(i,j,k) + \frac{\Delta t}{\Delta y}\left[H_z^{n+\frac{1}{2}}(i,j,k) - H_z^{n+\frac{1}{2}}(i,j-1,k)\right] \tag{4.42}$$

第 2 步：在垂直于 z 轴的 PML 上下区域（即 z_p 和 z_n 区域）中：

$$\Psi_{exz}^{n+\frac{1}{2}}(i,j,k) = b_{ez}\Psi_{exz}^{n-\frac{1}{2}}(i,j,k) +$$
$$a_{ez}\left[H_y^{n+\frac{1}{2}}(i,j,k) - H_y^{n+\frac{1}{2}}(i,j,k-1)\right] \tag{4.43}$$

$$D_x^{n+1}(i,j,k) = D_x^n(i,j,k) - \frac{\Delta t}{\kappa_{ez}(i,j,k)\Delta z}\left[H_y^{n+\frac{1}{2}}(i,j,k) -\right.$$

$$H_y^{n+\frac{1}{2}}(i,j,k-1)\Big] - \Delta t \Psi_{exz}^{n+\frac{1}{2}}(i,j,k) \qquad (4.44)$$

设 PML 上下区域的 PML 层数分别为 n_{zp} 和 n_{zn}，则 PML 下区域内节点位置下标范围为

$$i=1:N_x; \quad j=2:N_y; \quad k_{nD}=2:(n_{zn}+1) \qquad (4.45)$$

PML 上区域内节点位置下标范围为

$$i=1:N_x; \quad j=2:N_y; \quad k_{pD}=(N_z-n_{zp}+1):N_z \qquad (4.46)$$

而夹在 PML 上下区域之间的非 PML 区域的节点位置下标范围为

$$i=1:N_x; \quad j=2:N_y; \quad k_{pD}=(n_{zn}+2):(N_z-n_{zp}) \qquad (4.47)$$

在此非 PML 区域内 D_x 采用下式更新

$$D_x^{n+1}(i,j,k)=D_x^n(i,j,k)-\frac{\Delta t}{\Delta z}\Big[H_y^{n+\frac{1}{2}}(i,j,k)-H_y^{n+\frac{1}{2}}(i,j,k-1)\Big]$$

$$(4.48)$$

第 3 步：实现对激励源区内 D_x 的更新，

$$D_x^{n+1}(i_s,j_s,k_s)=D_x^n(i_s,j_s,k_s)-\Delta t J_{ix}^{n+\frac{1}{2}}(i_s,j_s,k_s) \qquad (4.49)$$

式中，i_s、j_s、k_s 的取值范围由电流激励源 J_{ix} 在三维计算区域中的分布位置和激励源尺寸决定。注意，$J_{ix}^{n+\frac{1}{2}}(i_s,j_s,k_s)$ 的实际位置坐标为 $x=(i_s-1/2)\Delta x$，$y=(j_s-1)\Delta y$ 和 $z=(k_s-1)\Delta z$。一般情况下激励源设置于非 PML 区域内，不会设置于 PML 区域内，不然很快会被吸收掉。

类似地，以 B_y 为例讨论磁场分量在 PML 区域中的更新公式，其表达式为

$$B_y^{n+\frac{1}{2}}(i,j,k)=B_y^{n-\frac{1}{2}}(i,j,k)+\frac{\Delta t}{\kappa_{mx}(i,j,k)\Delta x}[E_z^n(i+1,j,k)-E_z^n(i,j,k)]-$$

$$\frac{\Delta t}{\kappa_{mz}(i,j,k)\Delta z}[E_x^n(i,j,k+1)-E_x^n(i,j,k)]+$$

$$\Delta t\big[\Psi_{myx}^n(i,j,k)-\Psi_{myz}^n(i,j,k)-M_{iy}^n(i,j,k)\big] \qquad (4.50)$$

式中，

$$\Psi_{myx}^n(i,j,k)=b_{mx}\Psi_{myx}^{n-1}(i,j,k)+a_{mx}[E_z^n(i+1,j,k)-E_z^n(i,j,k)]$$

$$(4.51)$$

$$\Psi_{myz}^n(i,j,k)=b_{mz}\Psi_{myz}^{n-1}(i,j,k)+a_{mz}[E_x^n(i,j,k+1)-E_x^n(i,j,k)]$$

$$(4.52)$$

式中，

$$b_{mx}=e^{-\left(\frac{\sigma_{mx}}{\kappa_{mx}}+a_{mx}\right)\frac{\Delta t}{\mu_0}}, \quad b_{mz}=e^{-\left(\frac{\sigma_{mz}}{\kappa_{mz}}+a_{mz}\right)\frac{\Delta t}{\mu_0}} \qquad (4.53)$$

$$a_{mx} = \frac{\sigma_{mx}}{\Delta y (\sigma_{mx}\kappa_{mx} + \alpha_{mx}\kappa_{mx}^2)}(b_{mx} - 1),$$

$$a_{mz} = \frac{\sigma_{mz}}{\Delta z (\sigma_{mz}\kappa_{mz} + \alpha_{mz}\kappa_{mz}^2)}(b_{mz} - 1) \tag{4.54}$$

值得注意的是,上述各个 PML 电磁参量的节点位置与 $B_y(i,j,k)$ 所在的节点位置相同。实际上,由于 PML 所占的空间较小,因此为了减少更新方程中 PML 参量和辅助变量 Ψ_{my} 所占用的内存量,一般把 B_y 的更新公式按不同的 PML 空间区域拆分成以下 3 个步骤完成。

第 1 步:在垂直于 x 轴的 PML 左右区域(即 x_n 和 x_p 区域)中,

$$\Psi_{myx}^n(i,j,k) = b_{mx}\Psi_{myx}^{n-1}(i,j,k) + a_{mx}[E_z^n(i+1,j,k) - E_z^n(i,j,k)] \tag{4.55}$$

$$B_y^{n+\frac{1}{2}}(i,j,k) = B_y^{n-\frac{1}{2}}(i,j,k) + \frac{\Delta t}{\kappa_{mx}(i,j,k)\Delta x}[E_z^n(i+1,j,k) -$$

$$E_z^n(i,j,k)] + \Delta t\Psi_{myx}^n(i,j,k) \tag{4.56}$$

设 PML 左右区域的 PML 层数分别为 n_{xn} 和 n_{xp},则 PML 左区域内节点位置下标范围为

$$i_{nB} = 1:n_{xn}; \quad j = 2:N_y; \quad k = 1:N_z \tag{4.57}$$

PML 右区域内节点位置下标范围为

$$i_{pB} = (N_x - n_{xp} + 1):N_x; \quad j = 2:N_y; \quad k = 1:N_z \tag{4.58}$$

而夹在 PML 前后区域之间的非 PML 区域的节点位置下标范围为

$$i_B = (n_{xp} + 1):(N_x - n_{xp}); \quad j = 2:N_y; \quad k = 1:N_z \tag{4.59}$$

在此非 PML 区域内 B_y 采用下式更新

$$B_y^{n+\frac{1}{2}}(i,j,k) = B_y^{n-\frac{1}{2}}(i,j,k) + \frac{\Delta t}{\Delta x}[E_z^n(i+1,j,k) - E_z^n(i,j,k)] \tag{4.60}$$

第 2 步:在垂直于 z 轴的 PML 上下区域(即 z_p 和 z_n 区域)中,

$$\Psi_{myz}^n(i,j,k) = b_{mz}\Psi_{myz}^{n-1}(i,j,k) + a_{mz}[E_x^n(i,j,k+1) - E_x^n(i,j,k)] \tag{4.61}$$

$$B_y^{n+\frac{1}{2}}(i,j,k) = B_y^{n-\frac{1}{2}}(i,j,k) - \frac{\Delta t}{\kappa_{mz}(i,j,k)\Delta z}[E_x^n(i,j,k+1) -$$

$$E_x^n(i,j,k)] - \Delta t\Psi_{myz}^n(i,j,k) \tag{4.62}$$

设 PML 上下区域的 PML 层数分别为 n_{zp} 和 n_{zn},则 PML 下区域内节点位置下标范围为

$$i = 1:N_x; \quad j = 2:N_y; \quad k_{nB} = 1:n_{zn} \tag{4.63}$$

PML 上区域内节点位置下标范围为

$$i = 1{:}N_x; \quad j = 2{:}N_y; \quad k_{pB} = (N_z - n_{zp} + 1){:}N_z \quad (4.64)$$

而夹在 PML 上下区域之间的非 PML 区域的节点位置下标范围为

$$i = 1{:}N_x; \quad j = 2{:}N_y; \quad k_B = (n_{zn} + 1){:}(N_z - n_{zp}) \quad (4.65)$$

在此非 PML 区域内 D_x 采用下式更新：

$$B_y^{n+\frac{1}{2}}(i,j,k) = B_y^{n-\frac{1}{2}}(i,j,k) - \frac{\Delta t}{\Delta z}\left[E_x^n(i,j,k+1) - E_x^n(i,j,k)\right]$$

$$(4.66)$$

第 3 步：实现对激励源区内 B_y 的更新，

$$B_y^{n+\frac{1}{2}}(i_s,j_s,k_s) = B_y^{n-\frac{1}{2}}(i_s,j_s,k_s) - \Delta t M_{iy}^n(i_s,j_s,k_s) \quad (4.67)$$

式中，i_s、j_s、k_s 的取值范围由磁流激励源 M_{iy} 在三维计算区域中的分布位置和激励源尺寸决定。注意，$M_{iy}^n(i_s,j_s,k_s)$ 的实际位置坐标为 $x = (i_s - 1/2)\Delta x$，$y = (j_s - 1)\Delta y$ 和 $z = (k_s - 1/2)\Delta z$。一般情况下激励源设置于非 PML 区域内，不会设置于 PML 区域内，不然很快会被吸收掉。

类似地，可以写出其他电场分量和磁场分量的更新表达式。值得注意的是，由于六个 PML 区域内沿着三个坐标轴正负方向的电磁参量分布不一样，负区域是逐渐减小，正区域是逐渐增加。因此，在实际将电磁场分量的更新公式转化为 MATLAB 程序时，适宜将正负方向 PML 区域内的电磁参量、辅助变量以及更新公式分开定义和编程。在 PML 边界条件下各个电磁场分量更新公式的 MATLAB 程序代码可参见第 8 章仿真案例。

参考文献

[1] TAFLOVE A, HAGNESS S C. Computational electrodynamics：the finite difference time domain method[M]. 3rd ed. Norwood, MA：Artech House, 2005.

[2] 余文华, 苏涛, RAJ M, 等. 并行时域有限差分[M]. 北京：中国传媒大学出版社, 2005.

[3] ELSHERBENI A Z, DEMIR V. The finite-difference time-domain method for electromagnetics with MATLAB simulations[M]. 2nd ed. Edison, NJ：SciTech Publishing, 2015.

[4] ENGQUIST B, MAJDA A. Absorbing boundary conditions for the numerical simulation of waves[J]. Mathematics of Computation, 1977, 31(139)：629-651.

[5] MUR G. Absorbing boundary-conditions for the finite-difference approximation of the time-domain electromagnetic-field equations [J]. IEEE Transactions on Electromagnetic Compatibility, 1981, 23(4)：377-382.

［6］ LIAO Z P,WONG H L,YANG B,et al. A transmitting boundary for transient wave analyses［J］. Scientia Sinica(Series A),1984,27(10): 1062-1076.

［7］ MEI K K,FANG J Y. Superabsorption—a method to improve absorbing boundary conditions［J］. IEEE Transactions on Antennas and Propagation,1992,40(9): 1001-1010.

［8］ BERENGER J-P. A perfectly matched layer for the absorption of electromagnetic waves［J］. Journal of Computational Physics,1994,114: 185-200.

［9］ GEDNEY S D. An anisotropic perfectly matched layer-absorbing medium for the truncation of FDTD lattices［J］. IEEE Transactions on Antennas and Propagation, 1996,44(12): 1630-1639.

［10］ CHEW W C,WEEDON W H. A 3D perfectly matched medium from modified maxwell's equations with stretched coordinates ［J］. Microwave and Optical Technology Letters,1994,7(13): 599-604.

［11］ CHEW W C,JIN J M,MICHIELSSEN E. Complex coordinate stretching as a generalized absorbing boundary condition［J］. Microwave and Optical Technology Letters,1997,15(6): 363-369.

［12］ KUZUOGLU M,MITTRA R. Frequency dependence of the constitutive parameters of causal perfectly matched anisotropic absorbers［J］. IEEE Microwave and Guided Wave Letters,1996,6(12): 447-449.

［13］ RODEN J A,GEDNEY S D. Convolutional PML(CPML): an efficient FDTD implementation of the CFS-PML for arbitrary media［J］. Microwave and Optical Technology Letters,2000,27(5): 334-339.

［14］ BERENGER J-P. Perfectly matched layer(PML)for computational electromagnetics［M］. San Rafael,CA: Morgan & Claypool Publisher,2007.

第5章
CHAPTER 5

电 磁 波 源

　　在利用 FDTD 方法进行电磁仿真之前,计算区域内的电磁波一般是不存在的,即用于存储各个电磁场分量的数组(三维问题)、矩阵(二维问题)或向量(一维问题)在初始化时一般赋值为零。因此,若不引入电磁波源,则使用各电磁场分量的更新公式进行更新时,电磁场值始终保持为零,导致主程序的循环迭代失去意义。因此,电磁波源是 FDTD 仿真技术的一个不可或缺的重要组成部分,能否开发出种类繁多的能满足实际应用和仿真精度要求的电磁波激励源,直接决定了 FDTD 方法对各类电磁工程问题的仿真能力和应用范围。本章将主要介绍 FDTD 方法中常用的各类激励源,包括用于仿真高单色性激光的准时谐波源,用于仿真各类电磁脉冲的脉冲波源。本章主要分为利用电流源或磁流源激发电磁波,以及利用总场/散射场边界条件引入电磁波两种激励途径来介绍。

5.1　电流源时频特性

　　对不同类型的电磁学或光学问题进行 FDTD 仿真时,需要具有不同时域波形和频谱特性的各类电磁波源。从电磁波源的时域波形看,总体上可分为两种类型:一类是时域波形按正弦或余弦函数周期性变化的时谐电磁波源,可用于模拟准单频微波源或像激光之类的高单色性光源,其具有较窄

的频谱宽度，主要用于器件单频特性分析以及某些特殊应用场合；另一类是
时域波形对时间按脉冲函数形式变化的脉冲电磁波源，通过选择合适的脉
冲函数参数，可实现频谱宽窄可控和中心频率位置可调的电磁波源。

5.1.1　时谐电流源

FDTD 方法作为一种时域数值计算方法，用来仿真微波器件或光电器
件的单频特性相比于有限元法等频域数值计算方法会消耗更多的计算机资
源。不过，由于 FDTD 方法具有原理简单、编程简易、电磁场时空动态演示
方便等优势，同时可实现对某些特殊应用场合的仿真，比如对强色散超介质
材料以及光子晶体结构等的单频或窄频带仿真，因此使用 FDTD 进行单频
仿真仍然具有一定优势。从物理因果律上讲，任何电磁波均可由电流源（或
虚构的磁流源）产生或等效产生。特别地，无限时长的正弦时谐电流密度源
表达式为

$$J(t) = J_0 \sin(\omega_0 t), \quad t \in (-\infty, +\infty) \tag{5.1}$$

式中，J_0 为正弦激励电流源（也可以是虚构的磁流源）密度的振幅，ω_0 为正
弦激励电流源的角频率。根据傅里叶变换，式（5.1）所代表的无限时长正弦
波所对应的频谱函数为

$$J(\omega) = \mathrm{j}\pi J_0 [\delta(\omega + \omega_0) - \delta(\omega - \omega_0)] \tag{5.2}$$

式中，$\mathrm{j} = \sqrt{-1}$，为虚数单位。上述频谱函数可用 Mathematica 软件推导获
得，对应代码为

```
ClearAll["Global`*"];
f[t_]: = J0 * Sin[w0 * t];
J[w_]: = FourierTransform[f[t],t,w,FourierParameters ->{1, - 1}]//Factor//
StandardForm;
Print["J(w) = ",J[w]//TraditionalForm]
```

通过简单修改第二句代码中的时域波形函数 $f(t)$，上述程序亦可方便地对
其他常见的时域波形实现傅里叶变换，以获得其对应的频域表达式。

根据信号与系统理论知识，式（5.1）对应着一个单纯的角频率为 ω_0 或
频率为 $f_0 = \omega_0/2\pi$ 具有无限时域长度的时谐信号。然而，实际的 FDTD 仿
真时间长度总是有限的，一般是从 $t = 0$ 时刻开始，因此激励源时域波形只能
是有限时长的正弦波。此时，其对应的频谱图不再是两条离散的直线段，而
是两个具有一定宽度的形状为 Sa（或记为 sinc）函数的频带。随着循环迭代
次数和仿真时间的增加，比如达到一千个周期以上时，这个频带宽度将变得

越来越窄，此时正弦电流源激发出来的电磁波可称为准单色电磁波。

事实上，设 FDTD 仿真的时间步长为 Δt，总步数为 N，总的仿真时间为 $t_N = N\Delta t$，则时间跨度为 t_N 的正弦激励电（磁）流源密度的时域表达式为

$$J(t) = J_0 \sin(\omega_0 t), \quad t \in [0, t_N] \tag{5.3}$$

其对应的频谱函数为

$$J(\omega) = J_0 \left\{ -\frac{\omega_0}{\omega^2 - \omega_0^2} + e^{-jt_N\omega} \left[\frac{\omega_0 \cos(\omega_0 t_N) + j\omega \sin(\omega_0 t_N)}{\omega^2 - \omega_0^2} \right] \right\}$$

$$= j\frac{J_0 t_N}{2} \left\{ e^{-j\frac{t_N}{2}(\omega+\omega_0)} \mathrm{Sa}\left[\frac{(\omega+\omega_0)t_N}{2} \right] - e^{-j\frac{t_N}{2}(\omega-\omega_0)} \mathrm{Sa}\left[\frac{(\omega-\omega_0)t_N}{2} \right] \right\} \tag{5.4}$$

其中，$\mathrm{Sa}(x) = \sin(x)/x$。推导上述频谱函数所用到的 Mathematica 程序代码为

```
ClearAll["Global`*"];
Jt[t_]:= J0 * Sin[w0 * t] * UnitStep[t] * UnitStep[tN - t];
Jw[w_]:= FourierTransform [Jt [t], t, w, FourierParameters - >{1, - 1},
Assumptions ->{J0 > 0, w0 > 0, tN > 0}];
Print["J(w) = ", Jw[w]//TraditionalForm]
```

若 FDTD 的仿真时长为 m 个完整的正弦波周期，$t_N = mT_0 = 2\pi m/\omega_0$，则满足 $t_N \omega_0 = 2\pi m$，式（5.4）所对应的频谱函数幅值可简化为

$$|J(\omega)| = \frac{t_N J_0}{2} \left| \mathrm{Sa}\left[\frac{(\omega+\omega_0)t_N}{2} \right] - \mathrm{Sa}\left[\frac{(\omega-\omega_0)t_N}{2} \right] \right|$$

$$= \left| \frac{2J_0}{\omega_0} \frac{\sin\left(\pi m \frac{\omega}{\omega_0}\right)}{\left(\frac{\omega}{\omega_0}\right)^2 - 1} \right| \tag{5.5}$$

由式（5.5）所决定的频谱振幅分布第 n 个零点的角频率位置为

$$\omega = n\frac{\omega_0}{m} \tag{5.6}$$

式中，$n = 1, 2, 3, \cdots, m-1, m+1, \cdots$。因此，振幅频谱的主瓣宽度为

$$\Delta\omega_{\mathrm{main}} = \frac{2\omega_0}{m} \tag{5.7}$$

可以看到，主瓣的宽度与有限时长正弦波的中心频率 ω_0 以及代表仿真时长的正弦波周期数 m 有关。当 FDTD 仿真时间越长，周期数 m 越大时，频谱的宽度越小，激励产生的电磁波单色性越好。例如，假设正弦电流源的标

称中心频率为 $f_0 = 1\mathrm{GHz}$, 当仿真时长为 2 个周期($m=2$, $t_N = 2T_0$)时正弦波电流源的时域波形和振幅频谱如图 5.1 所示。可以看到, 由于频谱混叠效应, 主瓣最高点所对应频率并不是 $f_0 = 1\mathrm{GHz}$, 而是比其小的一个值 $f_{0\max} = 0.9614\mathrm{GHz}$, 主频偏移率为 3.86%, 而且最大旁瓣幅值为主瓣的 0.3408, 因此电流激励源的单色性较差。

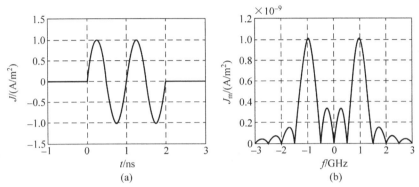

图 5.1　两个周期时长正弦波的时域波形和幅频特性曲线
(a) 时域波形；(b) 频谱振幅

当时间长度增加到 12 个周期($m=12$, $t_N = 12T_0$)时, 正弦波的时域波形和频谱振幅分布如图 5.2 所示。可以看到, 随着周期数的增加, 主瓣的频带在变窄, 其最高点对应的频率更加接近标称中心频率 $f_0 = 1\mathrm{GHz}$, 偏移率仅为 0.11%。各个旁瓣的幅值也在变小, 第一旁瓣幅值为主瓣标称频率处幅值的 0.2310, 对旁瓣的抑制效果不是很明显。

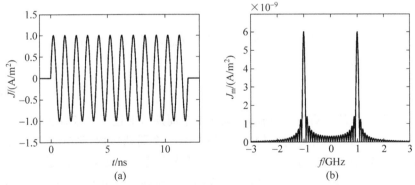

图 5.2　12 个周期时长正弦波的时域波形和幅频特性曲线
(a) 时域波形；(b) 频谱振幅

随着 FDTD 仿真时间的持续推进, 周期数 m 在继续增加, 旁瓣相比于主瓣最高点的幅值比例在缓慢减小。不过, 单纯地靠增加周期数来提高频率的单色性效果已并不明显,其原因在于激励源是瞬时开启的,等效于加上一个阶跃开关函数,该阶跃函数在 $t=0$ 时刻有个跳跃,具有较大的高频成分,从而不利于压制住旁瓣的幅值。一般采用光滑开关函数以缓慢开启激励源的方法来解决这个问题。

实际上,可以利用开关函数的概念来描述正弦波激励源的开启过程,即

$$J(t) = f_s(t)J_0 \sin(\omega_0 t) \tag{5.8}$$

式中,$f_s(t)$ 为所加载的开关函数。例如,阶跃开关函数所对应的数学表达式为

$$f_s(t) = \begin{cases} 0, & t < 0 \\ 1, & t \geqslant 0 \end{cases} \tag{5.9}$$

可以看到,在 $t=0$ 时刻正弦波振幅存在阶跃跳变。为提高激励源的单色性,需要缓慢地逐渐开启激励源,目前已有诸多性能良好的开关函数可以使用,例如倒指数函数、斜坡函数和升余弦函数。假设激励源的开启时间为 t_s,则对应的光滑开关函数可以表示为

$$f_s(t) = \begin{cases} 0, & t < 0 \\ w_s(t), & 0 \leqslant t < t_s \\ 1, & t \geqslant t_s \end{cases} \tag{5.10}$$

其中,倒指数开关函数对应的函数表达式为

$$w_s(t) = 1 - \exp\left(-7\frac{t}{t_s}\right) \tag{5.11}$$

斜坡函数对应的函数表达式为

$$w_s(t) = \frac{t}{t_s} \tag{5.12}$$

升余弦函数(对应于数字信号处理里面的汉恩函数(Hann function, HF))对应的表达式为

$$w_s(t) = \frac{1}{2}\left[1 - \cos\left(\pi\frac{t}{t_s}\right)\right] \tag{5.13}$$

当激励源的开启时间较长时(大于 5 个周期),上述开关函数的性能差异不大。当激励源的开启时间较短时,如在两三个周期以内,则升余弦函数具有较佳的效果。通过进一步的研究发现了比上述三个函数具有更佳平滑效果的两个开关函数:3-4-5 多项式函数(3-4-5 polynomial function, PF)和摆线运动函数(cycloidal motion function, CMF),其中 3-4-5 多项式函数的数学表达式为

$$w_s(t) = 10\left(\frac{t}{t_s}\right)^3 - 15\left(\frac{t}{t_s}\right)^4 + 6\left(\frac{t}{t_s}\right)^5 \tag{5.14}$$

而摆线运动函数的数学表达式为

$$w_s(t) = \frac{t}{t_s} - \frac{1}{2\pi}\sin\left(2\pi\frac{t}{t_s}\right) \tag{5.15}$$

图 5.3 给出升余弦函数(HF)、3-4-5 多项式函数(PF)以及摆线运动函数(CMF)等三个光滑开关函数的形状曲线。由图可以看到,3-4-5 多项式函数与摆线运动函数形状非常接近。实际上,这两个函数在 $t=0$ 和 $t=t_s$ 这两个衔接点处均二阶可导,而升余弦函数仅一阶可导。因此,这两个函数具有更佳的光滑效果,并在诸多仿真实例中得到验证。

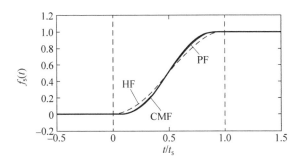

图 5.3 升余弦函数(HF)、3-4-5 多项式函数(PF)以及摆线运动函数(CMF)的形状曲线

如图 5.4 所示为由电流密度 J_{ex} 和磁流密度 J_{my} 共同激发产生的沿 z 轴传播的振幅为 $E_{0x}=1\text{V/m}$、波长为 $\lambda_0=632.8\text{nm}$ 的 x 偏振准单色光波。整个仿真计算内部区域为 $8\lambda_0$,两端被完全匹配层(PML,详见第 4 章)所包围,以吸收入射电磁波模拟开放空间。电流密度 J_{ex} 和磁流密度 J_{my} 间隔半个元胞边长,并在距离激励源 $3\lambda_0$ 距离处放置基于两点法技术的正弦波振幅探测器。FDTD 仿真中的其他参数为:总仿真时间为 $t_t=25T_0$;稳定性条件取 $S=c\Delta t/\Delta s=1/2$;空间网格剖分密度分为 $N_\lambda=\lambda/\Delta s=12$ 和 $N_\lambda=24$ 两种情况;激励源开启时间分为两个周期 $t_s=2T_0$ 和三个周期 $t_s=3T_0$ 两种情况。定义振幅波动相对误差(relative magnitude fluctuation error,RMFE)为

$$\text{RMFE} = \left|\frac{E_{0x}(P_0,t)_{\text{transient}} - E_{0x}(P_0,\infty)_{\text{steady-state}}}{E_{0x}(P_0,\infty)_{\text{steady-state}}}\right| \times 100\% \tag{5.16}$$

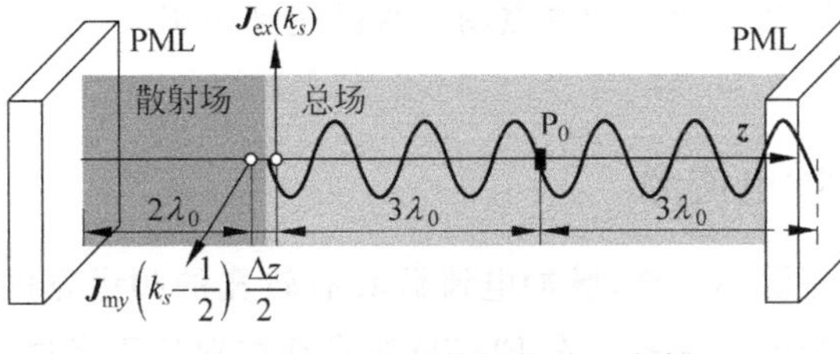

图 5.4 开关函数性能验证实例

式中，$E_{0x}(P_0,t)_{\text{transient}}$ 为电场在 t 时刻的振幅，$E_{0x}(P_0,\infty)_{\text{steady-state}}$ 为电场进入稳态时的振幅。通过开展 FDTD 仿真，可以获得两种不同网格剖分密度和两种不同开启时间下，基于上述三个开关函数所产生的时谐电磁波电场的相对振幅波动误差分布，如图 5.5 所示。

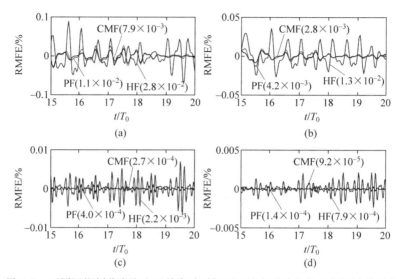

图 5.5　不同网格剖分密度和开关启动时间下正弦电磁波的相对振幅波动误差
(a) $N_\lambda=12,t_s=2T_0$；(b) $N_\lambda=12,t_s=3T_0$；(c) $N_\lambda=24,t_s=2T_0$；(d) $N_\lambda=24,t_s=3T_0$

从仿真结果可以看到摆线运动函数(CMF)的振幅波动误差比 3-4-5 多项式函数(PF)略小，但在同一个数量级。但是，这两者的误差比升余弦函数(HF)小，在部分时间段接近小了一个数量级。同时，可以看到采用更密的空间网格剖分以及更长的开启时间对于抑制光波振幅的波动具有较好的效果，但需要以消耗更多的计算资源和仿真时间为代价。

通常情况下，在自由空间中建立起稳态时谐场需要 3~5 个周期，对于散射问题或复杂色散材料问题所需的周期数更多，一般与物体的大小和形状有关。当散射体为凹腔结构时，达到稳定状态所需要经过的周期数大约等于被仿真的散射结构的 Q 值。实际操作时，可以通过在特殊点或关键点处设置探测器来观测和判断时谐电磁场是否已达到稳态。

5.1.2　脉冲电流源

与准时谐电流源不一样，脉冲电流源具有较宽的频谱宽度，从而可以通过对微波器件或光电器件的一次 FDTD 仿真获取对应于激励源频谱内全部频率的频率响应特性曲线。这是 FDTD 方法作为时域数值计算方法的优点之一,在这个方面相比于有限元法之类的频域数值方法具有巨大优势。下面分别介绍三种具有不同频谱覆盖范围的高斯型脉冲源的时频域分布特性及其参数设置方法。

1. 高斯脉冲电流源

高斯脉冲电流密度源的时域波形表达式为

$$J(t) = J_0 \exp\left[-\frac{(t-t_0)^2}{\tau^2} \right] \tag{5.17}$$

式中,J_0 为高斯脉冲的最高点值;τ 是反映高斯脉冲时域宽度的参数,其大小为高斯脉冲波形从最高点下降至其 $1/e \approx 0.3679$ 处之间的时间。τ 值越大,高斯脉冲越宽。t_0 为时间延迟量,以确保在仿真初始时刻($t=0$)电流密度源的幅值 $J_0\exp(-t_0^2/\tau^2)$ 较小,避免了激励源在初始时刻的阶跃跳变所带来的高频噪声信号。根据傅里叶变换,可以求得式(5.17)所代表的高斯脉冲源所对应的频谱,其以角频率 ω 为自变量的数学表达形式为

$$J(\omega) = J_0 \tau \sqrt{\pi} \exp\left(-\frac{\tau^2\omega^2}{4} \right) \exp(-jt_0\omega) \tag{5.18}$$

实现上述傅里叶变换的 Mathematica 代码为

```
ClearAll["Global`*"];
J[t] = J0 * Exp[ - (t - t0)^2/tau^2];
FourierTransform[J[t], t, w, FourierParameters -> {1, -1},
Assumptions -> {J0 > 0, t0 > 0, tau > 0}] // FullSimplify // ExpandAll
```

为方便讨论,将式(5.18)所代表的频谱函数写成以频率 f 为自变量的表达形式

$$J(f) = J_0 \tau \sqrt{\pi} \exp[-(\pi\tau f)^2]\exp(-j2\pi t_0 f) \tag{5.19}$$

由式(5.19)可以看出,高斯脉冲频谱的振幅分布亦呈高斯型,最高值出现在零频处,并且随频率的平方按指数形式衰减,指数比例系数为 $(\pi\tau)^2$。因此,τ 也决定了高斯脉冲频谱的宽度,不过和时域波形宽度的情形相反,τ 越大,频谱宽度反而越小。

下面讨论时间延迟量 t_0 的设置。在实际的 FDTD 电磁仿真中,为了避免在初始时刻($t=0$)因为加入突变的激励源幅值而产生丰富的高频数值噪声成分,必须保证初始时刻的激励源幅值要足够小。从式(5.17)可以计算获知:当 $t_0 = 2\tau$,初始时刻的幅值为最大值的 $e^{-4} \approx 0.01832$;当 $t_0 = 3\tau$,初

始时刻的幅值为最大值的 $e^{-9} \approx 1.234 \times 10^{-4}$；当 $t_0 = 4\tau$，初始时刻的幅值为最大值的 $e^{-16} \approx 1.125 \times 10^{-7}$；当 $t_0 = 5\tau$，初始时刻的幅值为最人值的 $e^{-25} \approx 1.389 \times 10^{-11}$。因此，对于高斯脉冲激励源，建议时间延迟量 t_0 的取值范围为 $4\tau \leqslant t_0 \leqslant 5\tau$，比如取 $t_0 = 4.5\tau$（约对应于最大幅值的 1.605×10^{-9}），以确保激励源幅值突变所产生的高频噪声降低到忽略不计的程度。当然，t_0 的值也不是设置得越大越好，如果设置得太大，不仅运行结果没有明显差异，而且会增加完成 FDTD 电磁仿真所需的总时长。

下面讨论脉冲宽度 τ 的设置。当 $f = 1/(\pi\tau)$ 时，对应的幅值为频谱最大值的 $1/e$（约 0.3678），因此可称 $f_w = 1/(\pi\tau)$ 为高斯脉冲的频谱半宽度。当 $f = 2f_w$ 时，对应的幅值为最大值的 $e^{-4} \approx 0.01832$，约为 2%；当 $f = 3f_w$ 时，对应的幅值为最大值的 $e^{-9} \approx 1.234 \times 10^{-4}$，约为万分之一。在 FDTD 仿真中，很多时候我们关心的是所激发的具有一定幅值大小的激励源频谱带宽。为了保证足够的仿真精度和较小的数值色散误差，元胞最大边长 $\Delta s_{\max}$（即 Δx、Δy 以及 Δz 中的最大者）必须是激励源频谱分量中所包含的最短波长的 $1/m$，其中 m 一般为整数，而且 m 的数值越大，数值色散误差越小。m 的取值通常应大于 10，如果计算机硬件条件允许可以取 20，以获得更高的仿真精度。据此，当利用 FDTD 方法进行电磁仿真时，若元胞尺寸和介质材料参数确定后，具有可靠仿真结果的最高频率由下式决定：

$$f_{\max} = \frac{v}{\lambda_{\min}} = \frac{v}{m \Delta s_{\max}} = \frac{c}{n m \Delta s_{\max}} \tag{5.20}$$

式中，$\lambda_{\min}$ 是高斯脉冲最高频率分量在介质材料中的最短波长，$v = c/n$ 是电磁波在介质材料中的相速度，c 是光在真空中的速度，n 是介质材料的折射率。

由于电子计算机的字长是有限的，其在计算时必然存在舍入误差。为确保计算结果的可信度和可靠性，电磁波的激励源需要具有足够大幅值的频谱，并且能覆盖到最大频率 $f_{\max}$ 处。一般建议这个足够大的幅值取为最大幅值的 5%~10%。根据式(5.19)，对于高斯型脉冲，可以计算出对应的脉冲宽度 τ 的数值。例如，如果在 $f_{\max}$ 频率处的幅值取为高斯型频谱最大值的 10%，则关于脉冲宽度 τ 的计算公式如下：

$$\exp[-(\pi\tau f_{\max})^2] = 0.1 \tag{5.21}$$

可得 $f_{\max} \approx 0.483/\tau$，即有效仿真频率区域为 $[0, 0.483/\tau]$。再根据式(5.20)，可以求得

$$\tau \approx 0.483/f_{\max} = 0.483 \frac{n m \Delta s_{\max}}{c} \tag{5.22}$$

求解 τ 的数值所对应的 Mathematica 代码为

```
ClearAll["Global`*"];
NSolve[Exp[ - (Pi * tau * fmax)^2] == 0.1,tau]
```

使用该代码,可以求取任何有效频率边界幅值比例下对应的 τ 值。例如,若取 f_{max} 频率处的幅值为高斯型频谱最大值 5%,可以求得 $\tau \approx 0.551/f_{max}$。

下面举一个用 FDTD 模拟计算微波器件频率特性的实例来说明上述各个参数的设置方法。根据器件的仿真波段和结构尺寸,假设空间离散 Yee 元胞的最大边长为 $\Delta s_{max} = 1\text{mm}$,激励源所处的空间介质折射率为 $n = 2$。为了保证较高的 FDTD 仿真精度,假设所激发的微波频谱中的最短波长是元胞最大边长 Δs_{max} 的 30 倍($m = 30$),则根据式(5.20),FDTD 能够仿真的最高频率为 $f_{max} \approx 5\text{GHz}$。另外,设高斯脉冲源频谱在 f_{max} 频率处的幅值为最大幅值的 8%,根据式(5.21)并借助 Mathematica 软件,可以计算得到所需设置的高斯脉冲源的宽度为 $\tau \approx 0.506/f_{max} \approx 0.101\text{ns}$。若时间延迟量取 $t_0 = 4.5\tau$,则 $t_0 \approx 0.4545\text{ns}$。

上述计算过程对应的 Mathematica 代码为

```
ClearAll["Global`*"];
c = 3 * 10^8; n = 2; m = 30; Deltasmax = 0.001;
fmax = c/(n * m * Deltasmax);
tau = NSolve[Exp[ - (fmax * Pi * tau)^2] == 0.08,tau][[2,1,2]];
t0 = 4.5 * tau;
Print["fmax = ",fmax,";tau = ",tau,";t0 = ",t0]
```

根据式(5.17)和式(5.18)给出的表示式,取 $J_0 = 1\text{A/m}^2$ 并结合上述计算得到的激励源参数,可以画出该高斯脉冲激励源的时域波形和幅频特性曲线,如图 5.6 所示。

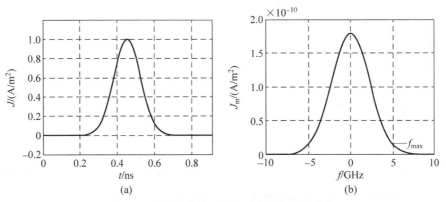

图 5.6 高斯脉冲的时域波形和幅频特性曲线

(a) 时域波形;(b) 频谱振幅

2. 微分高斯脉冲源

微分高斯脉冲源是对式(5.17)所代表的高斯脉冲求导后获得的,其时域表达式为

$$J(t) = J_0 \frac{\sqrt{2e}}{\tau}(t - t_0)\exp\left[-\frac{(t - t_0)^2}{\tau^2}\right] \tag{5.23}$$

式中,J_0 为微分高斯脉冲最高点处的数值;$\sqrt{2e}$ 为归一化比例系数,以使该式的最大值为 J_0。从式(5.23)可以看出微分高斯脉冲源的时域波形关于 $(t_0, 0)$ 点对称,左边波形的数值为负,右边波形的数值为正。对式(5.23)进行傅里叶变换,可以求得微分高斯脉冲源所对应的以角频率 ω 为自变量的频谱表达式为

$$J(\omega) = -\mathrm{j}\sqrt{\frac{\pi e}{2}}\omega\tau^2 J_0 \exp\left(-\frac{\tau^2\omega^2}{4}\right)\exp(-\mathrm{j}t_0\omega) \tag{5.24}$$

上述傅里叶变换所对应的 Mathematica 代码为

```
ClearAll["Global`*"];
J[t] = J0 * Sqrt[2 * E] * (t - t0)/tau * Exp[ - (t - t0)^2/tau^2];
FourierTransform[J[t], t, w, FourierParameters -> {1, - 1},
    Assumptions -> {J0 > 0, t0 > 0, tau > 0}]//FullSimplify//ExpandAll
```

值得注意的是,与高斯脉冲频谱振幅的最大值在零频处不同,微分高斯脉冲的频谱振幅在零频处为 0,而频谱振幅的最高点位于频率 $f_0 = 1/(\sqrt{2}\pi\tau) \approx 0.225/\tau$ 处,最高值为 $J_{max} = J_0\sqrt{\pi}\tau$。假设频谱幅值为最大值的 10% 为有效频率区域,则存在一个最小频率 $f_{min} \approx 0.0137/\tau$ 和最大频率 $f_{max} \approx 0.622/\tau$。计算上述参数所涉及到的 Mathematica 代码为

```
ClearAll["Global`*"];
f0 = Solve[D[Exp[ - (tau * Pi * f)^2] * f, f] == 0, f][[2, 1, 2]];
max = Exp[ - (tau * Pi * f)^2] * f/. {f -> f0};
fmin = Solve[Exp[ - (tau * Pi * f)^2] * f == 0.1 * max, f][[1, 1, 2]];
fmax = Solve[Exp[ - (tau * Pi * f)^2] * f == 0.1 * max, f][[2, 1, 2]];
Jmax = J0 * Sqrt[Pi * E/2] * tau^2 * 2 * Pi * max;
Print["f0 = ", f0, ";Jmax = ", Jmax, ";fmax = ", fmax, ";fmin = ", fmin]
```

同样地,为了避免在仿真初始时刻激励源幅值突变造成的高频噪声,要选择合适的 t_0 参数。通过比较式(5.17)和式(5.23),可以看到,微分高斯脉冲在初始时刻的数值是高斯脉冲的 $\sqrt{2e}t_0/\tau \approx 2.33t_0/\tau$ 倍,约仅大一个数

量级(一般情况下 $t_0 = 4\tau \sim 5\tau$),因此高斯脉冲里 t_0 参数的选择也可适用于微分高斯脉冲。图 5.7 给出 $J_0 = 1\text{A/m}^2$,$\tau = 1\text{ns}$,$t_0 = 5\tau$ 时微分高斯脉冲的时域波形和频谱振幅分布曲线。使用该微分高斯脉冲为激励源,通过一次 FDTD 仿真即可获取 $0.0137 \sim 0.622\text{GHz}$ 频率范围内各类微波器件的频率响应特性。

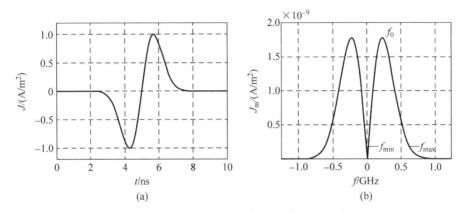

图 5.7 微分高斯脉冲的时域波形和幅频特性曲线

(a) 时域波形;(b) 频谱振幅

3. 余弦调制高斯脉冲源

高斯脉冲源和微分高斯脉冲源虽然都有较宽的频带,但均以零频或零频附近的某个频率为中心。然而,在某些应用场合,微波器件的工作频带为远离零频的某个频率区域,那么这时就需要对高斯脉冲源进行余弦调制,将频带搬移到所需要的频率区域,从而获得以余弦频率为中心频率的余弦调制高斯脉冲源,其数学表达式为

$$J(t) = J_0 \cos[\omega_0(t - t_0)] \exp\left[-\frac{(t-t_0)^2}{\tau^2}\right] \tag{5.25}$$

式中,ω_0 为余弦函数的角频率。通过傅里叶变换,可以得到余弦调制高斯脉冲源的频域表达形式为

$$J(\omega) = J_0 \frac{\tau\sqrt{\pi}}{2}\left[e^{-\frac{\tau^2(\omega-\omega_0)^2}{4}} + e^{-\frac{\tau^2(\omega+\omega_0)^2}{4}}\right]\exp(-jt_0\omega) \tag{5.26}$$

即等效于将高斯型频谱从以零频为中心的地方搬移到以 $\pm\omega_0/2\pi$ 为中心频率的区域。

举个例子,假设某 FDTD 仿真中需要激发一个中心频率为 $f_0 = 3\text{GHz}$ 的余弦调制高斯脉冲电磁波,并且有效频率区域半宽度为 $\Delta f = 0.483\text{GHz}$,

则仿真的有效频率区域为$[f_{\min}, f_{\max}]$,其中$f_{\min} = f_0 - \Delta f$, $f_{\max} = f_0 + \Delta f$。取频谱幅值降到高斯频谱最大值的10%的地方为有效仿真频率区域边界,那么根据式(5.22),脉冲包络宽度为$\tau \approx 0.483/\Delta f = 1\text{ns}$,另取$t_0 = 4\tau$以避免初始值阶跃跳变带来的高频噪声,则对应的余弦调制高斯脉冲源的时域波形和频谱振幅曲线如图5.8所示。可以看到余弦调制高斯脉冲源时域波形类似于超短激光脉冲光场波形,因此该激励源特别适合于激发各类超短激光脉冲,其中f_0就是激光脉冲的中心频率。

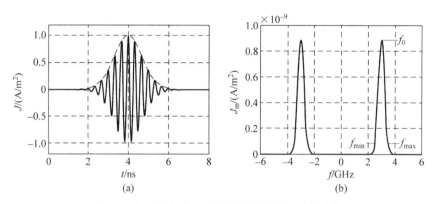

图5.8 余弦调制高斯脉冲的时域和频谱特性曲线
(a) 时域波形;(b) 频谱振幅

5.2 电流源激发电磁波

在5.1节关于各类电流密度源及其时频域特性研究基础上,可以进一步开发由电流源激励产生电磁波的FDTD算法。根据电流在空间上不同的分布结构,可分为面电流源、线电流源和电偶极子源三种类型,下面分别进行介绍和讨论。

5.2.1 面电流源

首先研究面电流源在自由空间中激励产生平面电磁波的情形。假设有一位于xOy平面($z=0$)上并且沿着x轴方向流动的平面电流,表达式为

$$\boldsymbol{J}_{\mathrm{i}} = -\boldsymbol{e}_x I \delta(z) \tag{5.27}$$

式中,电流面密度I(沿y轴方向单位长度宽度内的电流)的单位为A/m。在时谐场$\exp(\mathrm{j}\omega t)$的情形下,该平面电流向z轴正方向($z>0$)辐射的平面

电磁波为

$$\begin{cases} \boldsymbol{E}_{\mathrm{p}}^{\mathrm{e}}(z,\omega) = \boldsymbol{e}_x \dfrac{Z_0}{2} I \exp(-\mathrm{j}kz) \\[3mm] \boldsymbol{H}_{\mathrm{p}}^{\mathrm{e}}(z,\omega) = \boldsymbol{e}_y \dfrac{1}{2} I \exp(-\mathrm{j}kz) \end{cases} \tag{5.28}$$

平面电流向 z 轴负方向($z<0$)辐射的平面电磁波为

$$\begin{cases} \boldsymbol{E}_{\mathrm{n}}^{\mathrm{e}}(z,\omega) = \boldsymbol{e}_x \dfrac{Z_0}{2} I \exp(\mathrm{j}kz) \\[3mm] \boldsymbol{H}_{\mathrm{n}}^{\mathrm{e}}(z,\omega) = -\boldsymbol{e}_y \dfrac{1}{2} I \exp(\mathrm{j}kz) \end{cases} \tag{5.29}$$

若将上面的平面电流源换为平面磁流源,设

$$\boldsymbol{M}_{\mathrm{i}} = -\boldsymbol{e}_y I_{\mathrm{m}} \delta(z) \tag{5.30}$$

式中,磁流面密度 I_{m} 的单位为 V/m,则平面磁流向 z 轴正方向($z>0$)辐射的平面电磁波为

$$\begin{cases} \boldsymbol{E}_{\mathrm{p}}^{\mathrm{m}}(z,\omega) = \boldsymbol{e}_x \dfrac{1}{2} I_{\mathrm{m}} \exp(-\mathrm{j}kz) \\[3mm] \boldsymbol{H}_{\mathrm{p}}^{\mathrm{m}}(z,\omega) = \boldsymbol{e}_y \dfrac{1}{2Z_0} I_{\mathrm{m}} \exp(-\mathrm{j}kz) \end{cases} \tag{5.31}$$

平面磁流向 z 轴负方向($z<0$)辐射的平面电磁波为

$$\begin{cases} \boldsymbol{E}_{\mathrm{n}}^{\mathrm{m}}(z,\omega) = -\boldsymbol{e}_x \dfrac{1}{2} I_{\mathrm{m}} \exp(\mathrm{j}kz) \\[3mm] \boldsymbol{H}_{\mathrm{n}}^{\mathrm{m}}(z,\omega) = \boldsymbol{e}_y \dfrac{1}{2Z_0} I_{\mathrm{m}} \exp(\mathrm{j}kz) \end{cases} \tag{5.32}$$

若电流为随时间变化的瞬态电流 $I(t)$,其对应的频域函数为 $I(\omega)$,根据傅里叶逆变换

$$I(t) = \frac{1}{2\pi} \int I(\omega) \exp(\mathrm{j}\omega t) \mathrm{d}\omega \tag{5.33}$$

以及色散关系式 $k=\omega/c$,则有

$$I\left(t \pm \frac{z}{c}\right) = \frac{1}{2\pi} \int I(\omega) \exp(\pm \mathrm{j}kz) \exp(\mathrm{j}\omega t) \mathrm{d}\omega \tag{5.34}$$

根据式(5.34)的特点,对式(5.28)和式(5.29)的第一式作傅里叶逆变换可以得到瞬态电流 $I(t)$ 向 z 轴正方向($z>0$)辐射的瞬态平面电磁波为

$$\begin{cases} \boldsymbol{E}_{\mathrm{p}}^{\mathrm{e}}(z,t) = \boldsymbol{e}_x \dfrac{Z_0}{2} I\left(t - \dfrac{z}{c}\right) \\[3mm] \boldsymbol{H}_{\mathrm{p}}^{\mathrm{e}}(z,t) = \boldsymbol{e}_y \dfrac{1}{2} I\left(t - \dfrac{z}{c}\right) \end{cases} \tag{5.35}$$

平面电流 $I(t)$ 向 z 轴负方向 $(z<0)$ 辐射的瞬态平面电磁波为

$$\begin{cases} \boldsymbol{E}_n^e(z,t) = \boldsymbol{e}_x \dfrac{Z_0}{2} I\left(t + \dfrac{z}{c}\right) \\ \boldsymbol{H}_n^e(z,t) = -\boldsymbol{e}_y \dfrac{1}{2} I\left(t + \dfrac{z}{c}\right) \end{cases} \tag{5.36}$$

现在讨论平面电流源和磁流源在实际 FDTD 仿真中的实现。考虑一维 TEM 电磁波，设面电流沿 x 方向流动，面磁流沿 y 方向流动，则该一维 FDTD 电磁仿真问题所涉及的麦克斯韦旋度方程为

$$\begin{cases} \dfrac{\partial D_x}{\partial t} = -\dfrac{\partial H_y}{\partial z} - J_{ix} \\ \dfrac{\partial B_y}{\partial t} = -\dfrac{\partial E_x}{\partial z} - M_{iy} \end{cases} \tag{5.37}$$

下面讨论面电流在一维 FDTD 中的实现。将平面电流 I 加载于 z 轴方上的第 k_e 个离散元胞左侧棱边上，并且和 $D_x(k_e)$ 具有相同的节点位置 $z=(k_e-1)\Delta z$，故其电流体密度为

$$J_{ix}(k_e) = \frac{I(t)}{\Delta z} \tag{5.38}$$

则参照第 3 章中关于电场分量 D_x 的一维更新公式，可以得到式(5.37)第一式对应的更新公式

$$D_x^{n+1}(k_e) = D_x^n(k_e) - \frac{\Delta t}{\Delta z}\left[H_y^{n+\frac{1}{2}}\left(k_e + \frac{1}{2}\right) - H_y^{n+\frac{1}{2}}\left(k_e - \frac{1}{2}\right)\right] - \frac{\Delta t}{\Delta z} I^{n+\frac{1}{2}} \tag{5.39}$$

其对应于 MATLAB 编程用的更新公式为

$$D_x^{n+1}(k_e) = D_x^n(k_e) - \frac{\Delta t}{\Delta z}\left[H_y^{n+\frac{1}{2}}(k_e) - H_y^{n+\frac{1}{2}}(k_e - 1)\right] - \frac{\Delta t}{\Delta z} I^{n+\frac{1}{2}} \tag{5.40}$$

同样地，在一维 FDTD 中，将平面磁流 I_m 加载于沿 z 轴正方向上的第 k_m 个离散元胞中心位置，并且和 $B_y(k_m+1/2)$ 具有相同的节点位置 $z=(k_m-1/2)\Delta z$，故其磁流体密度为

$$M_{iy}(k_m + 1/2) = \frac{I_m(t)}{\Delta z} \tag{5.41}$$

则式(5.37)第二式对应的磁场分量 B_y 的更新公式为

$$B_y^{n+\frac{1}{2}}\left(k_m + \frac{1}{2}\right) = B_y^{n-\frac{1}{2}}\left(k_m + \frac{1}{2}\right) - \frac{\Delta t}{\Delta z}\left[E_x^n(k_m + 1) - E_x^n(k_m)\right] - \frac{\Delta t}{\Delta z} I_m^n \tag{5.42}$$

其对应于 MATLAB 编程用的更新公式为

$$B_y^{n+\frac{1}{2}}(k_m) = B_y^{n-\frac{1}{2}}(k_m) - \frac{\Delta t}{\Delta z}\left[E_x^n(k_m+1) - E_x^n(k_m)\right] - \frac{\Delta t}{\Delta z}I_m^n$$

(5.43)

当电流源 $I(t)$ 或者磁流源 $I_m(t)$ 之一为零时,式(5.39)和式(5.42)所激发的电磁波为相位相反的双向辐射平面电磁波。当电流源 $I(t)$ 和磁流源 $I_m(t)$ 均不为零,且满足 $I_m = Z_0 I$ 时,则可以在 $z > (k_s+1)\Delta z$ 的区域上激发出沿 z 轴正方向传播的平面电磁波,而在 $z < k_s\Delta z$ 的区域上由于电流和磁流产生的两个平面电磁波因相位相反相互抵消而消失,从而构成了单向行波的激励方式。值得注意的是,在式(5.39)和式(5.42)中,即使令 $k_m = k_e$,$I^{n+\frac{1}{2}}$ 和 I_m^n 的空间位置仍然存在半波半个网格的位移,因此两者在时域上需要引入一个相对时延 $\Delta t = \Delta z/(2v)$,其中 v 为电磁波在激励源所在介质空间中的相速度,这样即可产生单一方向传播的平面波。

5.2.2 线电流源

沿 z 轴方向放置的时谐线电流 I 在自由空间中激发产生的 TM 波辐射场为

$$E_z(\rho,\omega) = -\frac{\omega\mu}{4}IH_0^{(2)}(k\rho)$$

(5.44)

式中,$H_0^{(2)}(k\rho)$ 为第二类汉克尔函数,对应的 MATLAB 函数指令为 besselh $(0,2,k*\text{rho})$。根据二维频域和时域格林函数

$$\begin{cases} G_{2D}(\rho,\omega) = \dfrac{1}{4j}H_0^{(2)}(k\rho) \\ G_{2D}(\rho,t) = \dfrac{cU(ct-\rho)}{2\pi\sqrt{c^2t^2-\rho^2}} \end{cases}$$

(5.45)

式中,$U(ct-\rho)$ 为阶梯函数,可以得到瞬态电流 $I(t)$ 激发的电磁辐射波为

$$E_z(\rho,t) = -\mu\int_{-\infty}^{t-\rho/c} \frac{dI(t')}{dt'} \frac{c}{2\pi\sqrt{c^2(t-t')^2-\rho^2}}dt'$$

(5.46)

值得注意的是,上述积分式中被积函数在积分上限处为无穷大,因此,该积分式得利用克拉加洛特(Kragalott)1997 年提出的数值计算方法求得。

下面讨论线电流在二维 FDTD 中的实现。二维 TM 波满足的麦克斯韦方程为

$$\begin{cases} \dfrac{\partial D_z}{\partial t} = \dfrac{\partial H_y}{\partial x} - \dfrac{\partial H_x}{\partial y} - J_{iz} \\[2mm] \dfrac{\partial B_x}{\partial t} = -\dfrac{\partial E_z}{\partial y} \\[2mm] \dfrac{\partial B_y}{\partial t} = \dfrac{\partial E_z}{\partial x} \end{cases} \tag{5.47}$$

将线电流 $I(t)$ 置于电场量 $D_z(i_e,j_e)$ 所在的矩形网格上,则该网格上的等效电流密度(单位为 A/m^2)为

$$J_{iz}(i_e,j_e) = \frac{I(t)}{\Delta x \Delta y} \tag{5.48}$$

参照第 3 章中关于电场分量 D_z 的更新公式,可以得到式(5.47)第一式对应的更新公式为

$$D_z^{n+1}(i_e,j_e) = D_z^n(i_e,j_e) + \frac{\Delta t}{\Delta x}\left[H_y^{n+\frac{1}{2}}\left(i_e+\frac{1}{2},j_e\right) - H_y^{n+\frac{1}{2}}\left(i_e-\frac{1}{2},j_e\right)\right] -$$
$$\frac{\Delta t}{\Delta y}\left[H_x^{n+\frac{1}{2}}\left(i_e,j_e+\frac{1}{2}\right) - H_x^{n+\frac{1}{2}}\left(i_e,j_e-\frac{1}{2}\right)\right] - \frac{\Delta t}{\Delta x \Delta y}I^{n+\frac{1}{2}} \tag{5.49}$$

其对应于 MATLAB 编程用的更新公式为

$$D_z^{n+1}(i_e,j_e) = D_z^n(i_e,j_e) + \frac{\Delta t}{\Delta x}\left[H_y^{n+\frac{1}{2}}(i_e,j_e) - H_y^{n+\frac{1}{2}}(i_e-1,j_e)\right] -$$
$$\frac{\Delta t}{\Delta y}\left[H_x^{n+\frac{1}{2}}(i_e,j_e) - H_x^{n+\frac{1}{2}}(i_e,j_e-1)\right] - \frac{\Delta t}{\Delta x \Delta y}I^{n+\frac{1}{2}} \tag{5.50}$$

式(5.47)第二式和第三式的更新公式可参照第 3 章关于磁场分量 B_x 和 B_y 的更新公式获得。

5.2.3　电偶极子源

电偶极子(electric dipole)是由两个等量异号点电荷 $+q$ 和 $-q$ 组成的系统。电偶极子的特征用电偶极矩 $\boldsymbol{p}=q\boldsymbol{l}$ 描述,其中 $|\boldsymbol{l}|$ 是两点电荷之间的距离,$\boldsymbol{l}$ 和 $\boldsymbol{p}$ 的方向一般规定为由 $-q$ 指向 $+q$ 的方向。用电流表示时,根据 $I=\mathrm{d}q/\mathrm{d}t=\mathrm{j}\omega q$,于是有

$$Il = \mathrm{j}\omega p \tag{5.51}$$

在自由空间(ε_0、μ_0)中,电偶极子的辐射场为

$$\boldsymbol{E}(\boldsymbol{r},\omega) = \mathrm{j}\omega\mu_0 Il\,\frac{\exp(-\mathrm{j}kr)}{4\pi r}\left\{\boldsymbol{e}_r 2\cos\theta\left[-\frac{\mathrm{j}}{kr} + \left(\frac{\mathrm{j}}{kr}\right)^2\right] + \right.$$

$$\boldsymbol{e}_\theta \sin\theta \left[1 - \frac{\mathrm{j}}{kr} + \left(\frac{\mathrm{j}}{kr}\right)^2\right]\right\} \tag{5.52}$$

将式(5.51)代入式(5.52)并考虑到 $k = \omega/c$,经过整理可得

$$\boldsymbol{E}(\boldsymbol{r},\omega) = -\frac{\mu_0 p \exp(-\mathrm{j}kr)}{4\pi r}\left\{\boldsymbol{e}_r 2\cos\theta\left[-\frac{\mathrm{j}\omega c}{r} - \frac{c^2}{r^2}\right] + \boldsymbol{e}_\theta \sin\theta\left[\omega^2 - \frac{\mathrm{j}\omega c}{r} - \frac{c^2}{r^2}\right]\right\} \tag{5.53}$$

将式(5.53)从频域形式转化为时域形式,可以利用 $\mathrm{j}\omega \to \partial/\partial t$ 以及傅里叶逆变换公式

$$\begin{cases} p(t) = \dfrac{1}{2\pi}\displaystyle\int p(\omega)\exp(\mathrm{j}\omega t)\,\mathrm{d}\omega \\[4mm] p\left(t - \dfrac{r}{c}\right) = \dfrac{1}{2\pi}\displaystyle\int p(\omega)\exp(-\mathrm{j}kr)\exp(\mathrm{j}\omega t)\,\mathrm{d}\omega \end{cases} \tag{5.54}$$

则式(5.53)可以改写为

$$\boldsymbol{E}(\boldsymbol{r},t) = \frac{\mu_0}{4\pi r}\left\{\boldsymbol{e}_r 2\cos\theta\left[\frac{c}{r}\frac{\partial}{\partial t} + \frac{c^2}{r^2}\right] + \boldsymbol{e}_\theta \sin\theta\left[\frac{\partial^2}{\partial t^2} + \frac{c}{r}\frac{\partial}{\partial t} + \frac{c^2}{r^2}\right]\right\} p\left(t - \frac{r}{c}\right) \tag{5.55}$$

上式即为电偶极子辐射场的时域表达式。

下面讨论电偶极子在三维 FDTD 中的实现。根据全电流安培定律有

$$\nabla \times \boldsymbol{H} = \frac{\partial \boldsymbol{D}}{\partial t} + \boldsymbol{J}_\mathrm{i} \tag{5.56}$$

式中,外加电流密度矢量 $\boldsymbol{J}_\mathrm{i}$ 与电偶极子的电偶极矩 $\boldsymbol{p}$ 存在以下关系:

$$\int \boldsymbol{J}_\mathrm{i}\,\mathrm{d}V = \frac{\mathrm{d}\boldsymbol{p}}{\mathrm{d}t} \tag{5.57}$$

将计算区域内的某个 Yee 元胞 $(i_\mathrm{e}, j_\mathrm{e}, k_\mathrm{e})$ 设置为电偶极子,该元胞体积为 $\Delta V = \Delta x \Delta y \Delta z$,则式(5.57)可以改写为

$$\boldsymbol{J}_\mathrm{i} = \frac{\mathrm{d}\boldsymbol{p}}{\mathrm{d}t}\frac{1}{\Delta V} = \frac{1}{\Delta V}\frac{\mathrm{d}\boldsymbol{p}}{\mathrm{d}t} \tag{5.58}$$

将式(5.58)代入式(5.56),则有

$$\frac{\partial \boldsymbol{D}}{\partial t} = \nabla \times \boldsymbol{H} - \boldsymbol{J}_\mathrm{i} = \nabla \times \boldsymbol{H} - \frac{1}{\Delta V}\frac{\mathrm{d}\boldsymbol{p}}{\mathrm{d}t} \tag{5.59}$$

设外加电偶极子源平行于 z 轴,即 $\boldsymbol{p} = p\boldsymbol{e}_z$,则与电偶极子有关的 D_z 分量的更新公式为

$$D_z^{n+1}\left(i_\mathrm{e}, j_\mathrm{e}, k_\mathrm{e} + \frac{1}{2}\right) = D_z^n\left(i_\mathrm{e}, j_\mathrm{e}, k_\mathrm{e} + \frac{1}{2}\right) +$$

$$\frac{\Delta t}{\Delta x}\left[H_y^{n+\frac{1}{2}}\left(i_\mathrm{e} + \frac{1}{2}, j_\mathrm{e}, k_\mathrm{e} + \frac{1}{2}\right) -\right.$$

$$H_y^{n+\frac{1}{2}}\left(i_e-\frac{1}{2},j_e,k_e+\frac{1}{2}\right)\right] - \frac{\Delta t}{\Delta y}\left[H_x^{n+\frac{1}{2}}\left(i_e,j_e+\frac{1}{2},k_e+\frac{1}{2}\right) - \right.$$

$$H_x^{n+\frac{1}{2}}\left(i_e,j_e-\frac{1}{2},k_e+\frac{1}{2}\right)\right] - \frac{\Delta t}{\Delta V}\left[\frac{\mathrm{d}p}{\mathrm{d}t}\right]^{n+\frac{1}{2}} \tag{5.60}$$

其对应于 MATLAB 编程用的更新公式为

$$D_z^{n+1}(i_e,j_e,k_e) = D_z^n(i_e,j_e,k_e) +$$

$$\frac{\Delta t}{\Delta x}\left[H_y^{n+\frac{1}{2}}(i_e,j_e,k_e) - H_y^{n+\frac{1}{2}}(i_e-1,j_e,k_e)\right] -$$

$$\frac{\Delta t}{\Delta y}\left[H_x^{n+\frac{1}{2}}(i_e,j_e,k_e) - H_x^{n+\frac{1}{2}}(i_e,j_e-1,k_e)\right] -$$

$$\frac{\Delta t}{\Delta V}\left[\frac{\mathrm{d}p}{\mathrm{d}t}\right]^{n+\frac{1}{2}} \tag{5.61}$$

这就是 FDTD 中电偶极子辐射源的添加方式,适用于电偶极子所在的节点位置。对于电偶极子之外的其他节点和 D_z 之外的其他电磁场分量的更新仍应用常规的无源更新公式即可。事实上,从模块化编程角度看,可将式(5.72)拆成两步完成,第一步是对全部计算区域内(包括激励源内节点位置)各电磁场分量进行无激励源条件下的更新,即

$$D_z^{n+1}(i,j,k) = D_z^n(i,j,k) + \frac{\Delta t}{\Delta x}\left[H_y^{n+\frac{1}{2}}(i,j,k) - H_y^{n+\frac{1}{2}}(i-1,j,k)\right] -$$

$$\frac{\Delta t}{\Delta y}\left[H_x^{n+\frac{1}{2}}(i,j,k) - H_x^{n+\frac{1}{2}}(i,j-1,k)\right] \tag{5.62}$$

第二步是在激励源区节点位置添加电偶极子激励源的更新公式

$$D_z^{n+1}(i_e,j_e,k_e) = D_z^n(i_e,j_e,k_e) - \frac{\Delta t}{\Delta V}\left[\frac{\mathrm{d}p}{\mathrm{d}t}\right]^{n+\frac{1}{2}} \tag{5.63}$$

这种分步编程的思维在 FDTD 编程实现中具有重要的作用,在不增加计算内存负担的前提下,既方便了模块化编程,也缩短了单条程序指令长度,减少了代码调试难度。

5.3 总场散射场边界条件

时域麦克斯韦方程组的唯一性定理指出:在以闭合曲面 S 为边界的有界区域 V 内,如果给定 $t=0$ 时刻的电场强度和磁场强度的初始值,并且在 $t \geqslant 0$ 时,给定边界面 S 上的电场强度的切向分量或磁场强度的切向分量,那么在 $t > 0$ 时,区域 V 内的电磁场由麦克斯韦方程组唯一确定。根据这个唯一

性定理,如果边界面 S 上给定预设的入射电磁波电场和磁场的切向分量值,即可引入所需的入射电磁波。为达到这一目的,需要将计算区域划分为 V 内部的总场区和 V 外部的散射场区,其中总场区内包括入射场和散射场,而散射场区仅包含散射场。从理论上讲,只要获知任意入射电磁波在总场散射场边界面上的切向电场分量和磁场分量时空分布情况,即可利用总场散射场边界条件产生该电磁波。

一般情况下,总场和散射场的分界面为平面,因此特别适用于激励产生平面电磁波、高斯激光束等波源。在仿真各类电磁散射问题时,利用总场散射场边界条件将总场区和散射场区分开处理具有优势,因为一般散射场幅值较小,可降低对吸收边界条件的要求。利用总场散射场边界条件引入电磁波的具体方案如图 5.9 所示,整个仿真区域分为总场区、散射场区、PML 吸收层三个区域以及总场散射场边界、截断边界两个边界。设总场区内电磁波的电场和磁场分别记为 E 和 H,散射场区内电磁波的电场和磁场分别记为 E_s 和 H_s,入射电磁波的电场和磁场分别记为 E_i 和 H_i,则它们之间满足以下关系:

$$E = E_i + E_s, \quad H = H_i + H_s \tag{5.64}$$

式中,散射场分量的电磁场量增加下标 s(“散射”英文单词 scattering 的首字母)表示,入射电磁波的电磁场量增加下标 i(“入射”英文单词 incident 的首字母)表示。

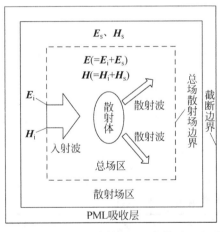

图 5.9　利用总场散射场边界条件引入电磁波

在总场区内,采用关于 E 和 H 的两个旋度方程对应的 FDTD 更新公式进行更新迭代即可;在散射场区内,采用关于 E_s 和 H_s 的两个旋度方程对应的 FDTD 更新方程进行更新迭代即可;在 PML 吸收层内采用 PML 区电磁场更新公式即可，具体参见第 4 章相关内容。截断边界一般为 PEC 边界，不需要进行任何处理。唯一需要特殊处理的是紧邻总场散射场边界面的切向电场分量和切向磁场分量的更新公式，这将涉及 E、H、E_s、H_s、E_i 和 H_i 全部六个场量在总场散射场边界面上的切向分量。

5.3.1 一维总场散射场边界条件

首先，以引入一个沿 z 轴方向传播、沿 x 轴方向偏振的 TEM 平面电磁波为例介绍一维总场散射场边界条件，涉及的电磁场分量有 D_x、E_x、B_y 和 H_y。如图 5.10 所示，假设一维计算区域的空间离散网格边长为 Δz，总场散射场的左边界位于 $z = (k_1 - 1/4)\Delta z$ 处，则紧邻左边界的两个电磁场分量分别为位于边界右边的总场区切向电场分量 $E_x(k_1)$ 和位于边界左边的散射场区切向磁场分量 $H_{y,s}(k_1 - 1/2)$。在编写一维 FDTD 程序时，这两个紧靠边界的切向电磁场分量的更新方程需要进行特殊处理。设总场/散射场的左边界附近区域为非色散、无损耗介质空间，其电磁参量为 (ε, μ)，则在对总场区内临近边界的总场电场分量 $E_x(k_1)$ 进行更新时，正常情况下应该使用以下更新迭代公式

$$D_x^{n+1}(k_1) = D_x^n(k_1) - \frac{\Delta t}{\Delta z}\left[H_y^{n+1/2}(k_1 + 1/2) - H_y^{n+1/2}(k_1 - 1/2)\right]$$

$$(5.65)$$

但式 (5.65) 中的总场磁场分量 $H_y^{n+1/2}(k_1 - 1/2)$ 的节点位置却在散射场区内，而散射场区内该节点位置处只有散射场磁场分量 $H_{y,s}^{n+1/2}(k_1 - 1/2)$，因此式 (5.65) 中的总场磁场 y 分量需改写为

$$H_y^{n+1/2}(k_1 - 1/2) = H_{y,s}^{n+1/2}(k_1 - 1/2) + H_{y,i}^{n+1/2}(k_1 - 1/2) \quad (5.66)$$

式中，$H_{y,i}^{n+1/2}(k_1 - 1/2)$ 为入射电磁波在 $z = (k_1 - 1/2)\Delta z$ 处可预先计算的

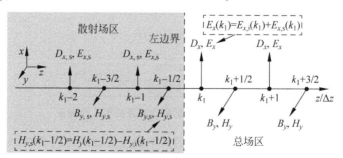

图 5.10　一维总场散射场边界的左边界

入射波磁场 y 分量。据此，可以获得紧邻分界面的电场分量 $D_x(k_1)$ 的最终更新公式

$$D_x^{n+1}(k_1) = D_x^n(k_1) - \frac{\Delta t}{\Delta z}[H_y^{n+1/2}(k_1+1/2) - H_{y,s}^{n+1/2}(k_1-1/2)] +$$

$$\frac{\Delta t}{\Delta z}H_{y,i}^{n+1/2}(k_1-1/2) \tag{5.67}$$

另一方面，对散射场区内的 $B_{y,s}(k_1-1/2)$ 分量进行更新时，正常情况下应该使用以下更新迭代公式

$$B_{y,s}^{n+1/2}(k_1-1/2) = B_{y,s}^{n-1/2}(k_1-1/2) - \frac{\Delta t}{\Delta z}[E_{x,s}^n(k_1) - E_{x,s}^n(k_1-1)] \tag{5.68}$$

但由于散射场分量 $E_{x,s}^n(k_1)$ 的位置位于总场区内，而总场区内该节点位置处只有总场电场分量 $E_x^n(k_1)$，因此式(5.68)中的散射场电场 y 分量需替换为

$$E_{x,s}^n(k_1) = E_x^n(k_1) - E_{x,i}^n(k_1) \tag{5.69}$$

式中，$E_{x,i}^n(k_1)$ 为入射电磁波位于 $z=k_1\Delta z$ 处的电场 x 分量，为可预先计算的入射波电场 x 分量。据此，可以获得紧邻分界面的磁场分量 $B_{y,s}(k_1-1/2)$ 的最终更新公式

$$B_{y,s}^{n+1/2}(k_1-1/2) = B_{y,s}^{n-1/2}(k_1-1/2) - \frac{\Delta t}{\Delta z}[E_x^n(k_1) - E_{x,s}^n(k_1-1)] +$$

$$\frac{\Delta t}{\Delta z}E_{x,i}^n(k_1) \tag{5.70}$$

由于总场和散射场遵循相同的麦克斯韦旋度方程组，在实际编程时散射场区内的电磁场分量可以和总场区内的电磁场分量共用一个对应于整个计算区域的变量 D_x 和 B_y 来存储，以保证程序代码的简明性，并降低编程实现的复杂度。对于总场区和散射场区内部的电磁场分量可统一采用第3章所介绍的常规 FDTD 更新方程进行更新即可；对紧邻边界面且位于总场区的切向电场分量，其所采用的修正更新公式(5.67)可以简写为

$$D_x^{n+1}(k_1) = D_x^{n+1}(k_1)\mid_{\text{FDTD}} + \frac{\Delta t}{\Delta z}H_{y,i}^{n+1/2}(k_1-1/2) \tag{5.71}$$

式中，$D_x^{n+1}(k_1)\mid_{\text{FDTD}}$ 是按照常规 FDTD 差分格式计算得到的电场 D_x 分量；对紧邻边界面且位于散射场区的切向磁场分量，其所采用的修正更新公式(5.70)可以简写为

$$B_y^{n+1/2}(k_1-1/2) = B_y^{n+1/2}(k_1-1/2)\mid_{\text{FDTD}} + \frac{\Delta t}{\Delta z}E_{x,i}^n(k_1) \tag{5.72}$$

式中，$B_y^{n+1/2}(k_1-1/2)|_{\text{FDTD}}$ 是按照常规 FDTD 差分格式得到的磁场 B_y 分量。

唯一需要注意的两点是：①在调用计算区域内的电磁场量时，须时刻注意位于散射场区域内的电磁场量。虽然它们略去了下标"s"，但实际上仍然代表的是散射量；②对紧邻边界面的切向电场和磁场分量，其表达式需要利用式(5.71)和式(5.72)进行特殊处理。

类似地，如图 5.11 所示，假设总场散射场边界条件的右边界位于 $z=(k_2+1/4)\Delta z$ 处，则紧邻右边界的两个场量分别为位于右边界左侧的总场区内的切向电场分量 $D_x(k_2)$ 和位于右边界右侧的散射场区内的切向磁场分量 $H_{y,\text{s}}(k_2+1/2)$。在编写一维 FDTD 程序时，这两个场量的更新方程需要进行特殊处理。对比左边界下的情形，对于紧邻右边界且位于总场区的切向电场分量，其所采用的修正后的更新公式为

$$D_x^{n+1}(k_2)=D_x^{n+1}(k_2)\,|_{\text{FDTD}}-\frac{\Delta t}{\Delta z}H_{y,\text{i}}^{n+1/2}(k_2+1/2) \qquad (5.73)$$

对紧邻右边界且位于散射场区的切向磁场分量，其所采用的修正后的更新公式为

$$B_y^{n+1/2}(k_2+1/2)=B_y^{n+1/2}(k_2+1/2)\,|_{\text{FDTD}}-\frac{\Delta t}{\Delta z}E_{x,\text{i}}^n(k_2) \qquad (5.74)$$

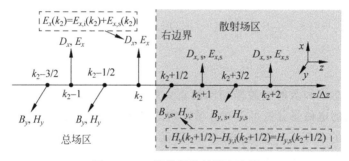

图 5.11 一维总场散射场右边界

最后，如果要在总场区内引入一沿 z 轴负方向传播的 TEM 平面波，$H_{y,\text{i}}^{n+1/2}(k_2+1/2)$ 和 $E_{x,\text{i}}^n(k_2)$ 应时空采样于沿 z 轴负方向传播的 TEM 平面波所对应的连续电场和磁场分量。

5.3.2 二维总场散射场边界条件

考虑非色散、无损耗介质空间中引入 TE 模电磁波的二维问题，涉及的电磁场分量有 D_z 和 E_z，B_x 和 H_x，以及 B_y 和 H_y。如图 5.12 所示，设定

仿真计算区域内总场区范围为$(i_1-1/4)\Delta x\leqslant x\leqslant(i_2+1/4)\Delta x$，$(j_1-1/4)$ $\Delta y\leqslant y\leqslant(j_2+1/4)\Delta y$，则与边界紧邻的切向电场分量属于总场区内，与边界紧邻的切向磁场分量属于散射场区内。对于在总场区和散射场区内部，各电磁场分量的 FDTD 更新公式可以采用统一的常规迭代更新公式。需要特殊处理的是紧邻总场散射场边界的切向电磁场分量，包括位于总场区内的切向电场分量 D_z 和 E_z，以及位于散射场区内的切向磁场分量 B_x 和 H_x，以及 B_y 和 H_y。借鉴一维总场散射场边界条件下切向电磁场分量更新公式的推导经验，并结合图 5.12 所示的总场散射场边界面附近的各个切向电磁场分量的空间分布情况，可以写出二维总场散射场边界条件下紧邻边界面的各电磁场切向分量的更新公式。

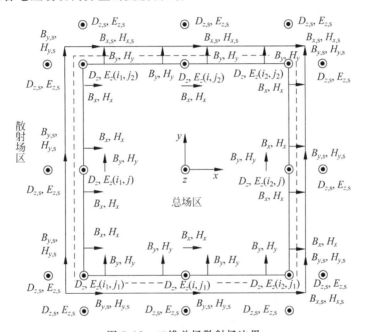

图 5.12　二维总场散射场边界

　　首先考虑紧邻边界的切向电场分量 $D_z^{n+1}(i,j)$，其分布在两类位置上，一类紧邻在总场区的四个角点位置，一类紧邻总场区边界的四条边附近。首先考虑第一类，即电场分量紧邻总场区四个角点位置的情形。以紧邻边界的总场区左下角点的电场分量 $D_z(i_1,j_1)$ 为例，其周围的四个磁场分量有两个在总场区，两个在散射场区。对散射场区内的两个磁场分量进行替代后，可以推导得到电场分量 $D_z(i_1,j_1)$ 经修正后的统一更新公式为

$$D_z^{n+1}(i_1,j_1)=D_z^n(i_1,j_1)+\frac{\Delta t}{\Delta x}[H_y^{n+1/2}(i_1+1/2,j_1)-H_y^{n+1/2}(i_1-1/2,j_1)]-$$

$$\frac{\Delta t}{\Delta y}[H_x^{n+1/2}(i_1,j_1+1/2)-H_x^{n+1/2}(i_1,j_1-1/2)]$$

$$=D_z^n(i_1,j_1)+\frac{\Delta t}{\Delta x}[H_y^{n+1/2}(i_1+1/2,j_1)-$$

$$H_{y,s}^{n+1/2}(i_1-1/2,j_1)-H_{y,i}^{n,1/2}(i_1-1/2,j_1)]-$$

$$\frac{\Delta t}{\Delta y}[H_x^{n+1/2}(i_1,j_1+1/2)-H_{x,s}^{n+1/2}(i_1,j_1-1/2)-$$

$$H_{x,i}^{n+1/2}(i_1,j_1-1/2)]$$

$$=D_z^{n+1}(i_1,j_1)\mid_{\text{FDTD}}-\frac{\Delta t}{\Delta x}H_{y,i}^{n+1/2}(i_1-1/2,j_1)+$$

$$\frac{\Delta t}{\Delta y}H_{x,i}^{n+1/2}(i_1,j_1-1/2) \tag{5.75}$$

类似地，可以推导得到其他三个角点处切向电场分量的更新公式，如下所列：

$$D_z^{n+1}(i_2,j_1)=D_z^{n+1}(i_2,j_1)\mid_{\text{FDTD}}+\frac{\Delta t}{\Delta x}H_{y,i}^{n+1/2}(i_2+1/2,j_1)+$$

$$\frac{\Delta t}{\Delta y}H_{x,i}^{n+1/2}(i_2,j_1-1/2) \tag{5.76}$$

$$D_z^{n+1}(i_1,j_2)=D_z^{n+1}(i_1,j_2)\mid_{\text{FDTD}}-\frac{\Delta t}{\Delta x}H_{y,i}^{n+1/2}(i_1-1/2,j_2)-$$

$$\frac{\Delta t}{\Delta y}H_{x,i}^{n+1/2}(i_1,j_2+1/2) \tag{5.77}$$

$$D_z^{n+1}(i_2,j_2)=D_z^{n+1}(i_2,j_2)\mid_{\text{FDTD}}+\frac{\Delta t}{\Delta x}H_{y,i}^{n+1/2}(i_2+1/2,j_2)-$$

$$\frac{\Delta t}{\Delta y}H_{x,i}^{n+1/2}(i_2,j_2+1/2) \tag{5.78}$$

再考虑紧邻总场区四条边的切向电场分量的更新公式情况。首先以紧邻左边界的电场分量 $D_z(i_1,j)$ 为例(其中 $j_1<j<j_2$)，环绕其周围的四个磁场分量仅有一个在散射场区，因此可以推导得到其更新公式为

$$D_z^{n+1}(i_1,j)=D_z^n(i_1,j)+\frac{\Delta t}{\Delta x}[H_y^{n+1/2}(i_1+1/2,j)-H_y^{n+1/2}(i_1-1/2,j)]-$$

$$\frac{\Delta t}{\Delta y}[H_x^{n+1/2}(i_1,j+1/2)-H_x^{n+1/2}(i_1,j-1/2)]$$

$$=D_z^n(i_1,j)+\frac{\Delta t}{\Delta x}[H_y^{n+1/2}(i_1+1/2,j)-$$

$$H_{y,s}^{n+1/2}(i_1-1/2,j)-H_{y,i}^{n+1/2}(i_1-1/2,j)]-$$

$$\frac{\Delta t}{\Delta y}\big[H_x^{n+1/2}(i_1,j+1/2)-H_x^{n+1/2}(i_1,j-1/2)\big]$$

$$=D_z^{n+1}(i_1,j)\mid_{\text{FDTD}}-\frac{\Delta t}{\Delta x}H_{y,\text{i}}^{n+1/2}(i_1-1/2,j) \tag{5.79}$$

类似地,可以推导得到紧邻其他三个边界的电场分量更新公式。例如,对于紧邻右边界的电场分量 $D_z^{n+1}(i_2,j)$(其中 $j_1<j<j_2$),其更新公式为

$$D_z^{n+1}(i_2,j)=D_z^{n+1}(i_2,j)\mid_{\text{FDTD}}+\frac{\Delta t}{\Delta x}H_{y,\text{i}}^{n+1/2}(i_2+1/2,j) \tag{5.80}$$

对于紧邻下边界的电场分量 $D_z^{n+1}(i,j_1)$(其中 $i_1<i<i_2$),其更新公式为

$$D_z^{n+1}(i,j_1)=D_z^{n+1}(i,j_1)\mid_{\text{FDTD}}+\frac{\Delta t}{\Delta y}H_{x,\text{i}}^{n+1/2}(i,j_1-1/2) \tag{5.81}$$

对于紧邻上边界的电场分量 $D_z^{n+1}(i,j_2)$(其中 $i_1<i<i_2$),其更新公式为

$$D_z^{n+1}(i,j_2)=D_z^{n+1}(i,j_2)\mid_{\text{FDTD}}-\frac{\Delta t}{\Delta y}H_{x,\text{i}}^{n+1/2}(i,j_2+1/2) \tag{5.82}$$

对于二维散射场区内的切向磁场分量 $B_{y,\text{s}}$,从图 5.12 可以看到,对于紧邻左侧边界上的磁场分量 $B_{y,\text{s}}(i_1-1/2,j)$(其中 $j_1<j<j_2$),其周围仅存在两个电场分量,左边一个位于散射场区,右边一个位于总场区,因此可以推导得到其更新公式为

$$B_{y,\text{s}}^{n+1/2}(i_1-1/2,j)=B_{y,\text{s}}^{n-1/2}(i_1-1/2,j)+\frac{\Delta t}{\Delta x}\big[E_{z,\text{s}}^{n}(i_1,j)-E_{z,\text{s}}^{n}(i_1-1,j)\big]$$

$$=B_{y,\text{s}}^{n-1/2}(i_1-1/2,j)+$$

$$\frac{\Delta t}{\Delta x}\big[E_z^{n}(i_1,j)-E_{z,\text{i}}^{n}(i_1,j)-E_{z,\text{s}}^{n}(i_1-1,j)\big]$$

$$=B_{y,\text{s}}^{n+1/2}(i_1-1/2,j)\mid_{\text{FDTD}}-\frac{\Delta t}{\Delta x}E_{z,\text{i}}^{n}(i_1,j) \tag{5.83}$$

为方便编程实现,全场区和散射场区内对应的电磁场分量用同一个变量存储,则式(5.83)中的下标"s"可以去掉,式(5.83)可以改写为

$$B_y^{n+1/2}(i_1-1/2,j)=B_y^{n+1/2}(i_1-1/2,j)\mid_{\text{FDTD}}-\frac{\Delta t}{\Delta x}E_{z,\text{i}}^{n}(i_1,j) \tag{5.84}$$

类似地,可以得到紧邻其他三个边界的磁场分量更新公式。例如,对于紧邻右边界的磁场分量 $B_y^{n+1/2}(i_2+1/2,j)$(其中 $j_1<j<j_2$),其更新公式为

$$B_y^{n+1/2}(i_2+1/2,j)=B_y^{n+1/2}(i_2+1/2,j)\mid_{\text{FDTD}}+\frac{\Delta t}{\Delta x}E_{z,\text{i}}^{n}(i_2,j) \tag{5.85}$$

对于紧邻下边界的磁场分量 $B_y^{n+1/2}(i,j_1-1/2)$(其中 $i_1<i<i_2$),其更新公式为

$$B_y^{n+1/2}(i,j_1-1/2) = B_y^{n+1/2}(i,j_1-1/2)\mid_{\text{FDTD}} + \frac{\Delta t}{\Delta y}E_{z,i}^n(i,j_1) \quad (5.86)$$

对于紧邻上边界的磁场分量 $B_y^{n+1/2}(i,j_2+1/2)$（其中 $i_1 < i < i_2$），其更新公式为

$$B_y^{n+1/2}(i,j_2+1/2) = B_y^{n+1/2}(i,j_2+1/2)\mid_{\text{FDTD}} - \frac{\Delta t}{\Delta y}E_{z,i}^n(i,j_2) \quad (5.87)$$

5.3.3 三维总场散射场边界条件

在上述一维、二维总场散射场边界条件的研究基础上，可以进一步推广到三维的情形。如图 5.13 所示，设计算区域内部的三维总场区范围为 $(i_1 - 1/4)\Delta x \leqslant x \leqslant (i_2+1/4)\Delta x$，$(j_1-1/4)\Delta y \leqslant y \leqslant (j_2+1/4)\Delta y$，$(k_1-1/4)\Delta z \leqslant z \leqslant (k_2+1/4)\Delta z$，则总场散射场边界含有 6 个边界面。预先设定离开分界面为 1/4 个网格边长的电场分量位于总场区，离开分界面为 1/4 个网格边长的磁场分量位于散射场区。这样，邻近每个边界面的总场区内的两个切向电场分量需要进行特殊处理，而法向电场分量按照常规 FDTD 迭代公式计算即可；邻近每个边界面的散射场区内的切向磁场分量需要进行特殊处理，而法向磁场分量按照常规 FDTD 迭代公式计算即可。

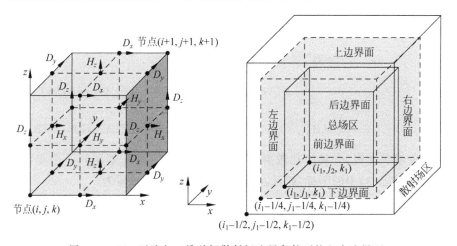

图 5.13　Yee 元胞与三维总场散射场边界条件下的六个边界面

与一维、二维情况类似，在三维情况下紧邻总场散射场上下、左右、前后共六个边界面的切向电场分量和切向磁场分量的更新公式需要进行特殊处理，以实现在总场区引入三维电磁波的目的。不失一般性地，同时为节约篇幅，下面以紧邻下分界面的总场区内的电场 D_x 分量和散射场区内的磁场

$B_{y,s}$ 分量为例,推导出修正后的电磁场量更新公式。

对位于总场区且紧邻下分界面的 $D_x(i+1/2,j,k)$ 分量,可分为紧邻下分界面内部和紧邻下分界面四条边两种情况,分别对应图 5.14 中的(a)和(b)。

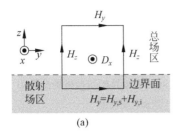 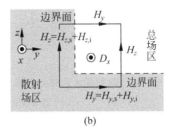

(a) (b)

图 5.14　总场区内邻近三维总场散射场下边界的切向电场分量 D_x

(a) 下边界面内部;(b) 下边界面棱边

(a) 位于紧邻下分界面内部的 $D_x^{n+1}(i+1/2,j,k_1)$ 分量(其中 $i_1<i<i_2$,$j_1<j<j_2$),围绕该电场分量的四个磁场分量,三个在总场区内,一个在散射场区内,其对应的更新公式为

$$D_x^{n+1}(i+1/2,j,k_1)=D_x^{n+1}(i+1/2,j,k_1)\big|_{\text{FDTD}}+$$
$$\frac{\Delta t}{\Delta z}H_{y,i}^{n+1/2}(i+1/2,j,k_1-1/2) \quad (5.88)$$

式中,$D_x^{n+1}(i+1/2,j,k_1)\big|_{\text{FDTD}}$ 是按照无源区电场分量常规 FDTD 更新公式计算得到的值。

(b) 位于紧邻下分界面左条边且平行于 x 轴的 $D_x^{n+1}(i+1/2,j_1,k_1)$ 分量(其中 $i_1<i<i_2$),围绕的四个磁场分量,两个在总场区内,两个在散射场区内,其对应的更新公式为

$$D_x^{n+1}(i+1/2,j_1,k_1)=D_x^{n+1}(i+1/2,j_1,k_1)\big|_{\text{FDTD}}+$$
$$\frac{\Delta t}{\Delta z}H_{y,i}^{n+1/2}(i+1/2,j_1,k_1-1/2)-$$
$$\frac{\Delta t}{\Delta y}H_{z,i}^{n+1/2}(i+1/2,j_1-1/2,k_1) \quad (5.89)$$

式中,$D_x^{n+1}(i+1/2,j_1,k_1)\big|_{\text{FDTD}}$ 是按照无源区电场分量常规 FDTD 更新公式计算得到的值。

对位于散射场区且紧邻下分界面的 $B_{y,s}(i+1/2,j,k_1-1/2)$ 分量的位置,可分为紧邻下分界面内部和紧邻下分界面四条边两种,分别对应图 5.15 中的(a)和(b)。与电场分量的情况不同,这两种情况下四个围绕的电场均只有一个位于总场区内,因此具有相同的更新方程。例如,邻近下分界面下散射场区 $B_{y,s}(i+1/2,j,k_1-1/2)$ 分量,围绕的四个电场分量,三个在散射

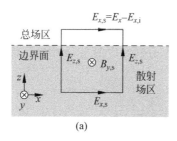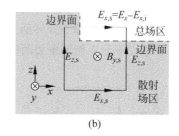

图 5.15 散射场区内邻近三维总场散射场下边界的切向磁场分量 B_y

(a) 下边界面内部；(b) 下边界面棱边

场区内，一个在总场区内，其对应的更新公式为

$$B_{y,s}^{n+1/2}(i+1/2,j,k_1-1/2) = B_{y,s}^{n+1/2}(i+1/2,j,k_1-1/2)\big|_{\text{FDTD}} +$$

$$\frac{\Delta t}{\Delta z}E_{x,i}^{n}(i+1/2,j,k_1) \tag{5.90}$$

式中，$B_{y,s}^{n+1/2}(i+1/2,j,k_1-1/2)\big|_{\text{FDTD}}$ 是按照无源区磁场分量常规 FDTD 更新公式计算得到的值。为方便编程实现，全场区和散射场区内对应的电磁场分量用同一个变量存储，则式(5.90)中的下标"s"可以去掉，更新表达式变为

$$B_{y}^{n+1/2}(i+1/2,j,k_1-1/2) = B_{y}^{n+1/2}(i+1/2,j,k_1-1/2)\big|_{\text{FDTD}} +$$

$$\frac{\Delta t}{\Delta z}E_{x,i}^{n}(i+1/2,j,k_1) \tag{5.91}$$

类似地，其他紧邻边界面棱边和界面内部的切向电场分量和切向磁场分量的更新公式可以参考以上推导过程获得。根据图 5.13 所示的总场散射场边界条件下的六个分界面位置分布情况，表 5.1 给出紧邻六个分界面上各个切向电磁场分量的 FDTD 更新公式。同时，表 5.2 给出紧邻十二条棱边的切向电场分量的 FDTD 更新公式。为了让公式简洁明了，在同一个公式中，有相同空间离散位置的索引编号变量均略去。

表 5.1 紧邻三维总场散射场边界面内部切向电磁场分量的更新公式

边界面	所处区域	切向电磁场量更新公式
左界面	总场区	$D_{y}^{n+1}(i_1) = D_{y}^{n+1}(i_1)\big|_{\text{FDTD}} + \dfrac{\Delta t}{\Delta x}H_{z,i}^{n+1/2}(i_1-1/2)$
		$D_{z}^{n+1}(i_1) = D_{z}^{n+1}(i_1)\big|_{\text{FDTD}} - \dfrac{\Delta t}{\Delta x}H_{y,i}^{n+1/2}(i_1-1/2)$
	散射场区	$B_{y}^{n+1/2}(i_1-1/2) = B_{y}^{n+1/2}(i_1-1/2)\big|_{\text{FDTD}} - \dfrac{\Delta t}{\Delta x}E_{z,i}^{n}(i_1)$
		$B_{z}^{n+1/2}(i_1-1/2) = B_{z}^{n+1/2}(i_1-1/2)\big|_{\text{FDTD}} + \dfrac{\Delta t}{\Delta x}E_{y,i}^{n}(i_1)$

边界面	所处区域	切向电磁场量更新公式
右界面	总场区	$D_y^{n+1}(i_2) = D_y^{n+1}(i_2)\|_{\text{FDTD}} - \dfrac{\Delta t}{\Delta x}H_{z,\text{i}}^{n+1/2}(i_2+1/2)$ $D_z^{n+1}(i_2) = D_z^{n+1}(i_2)\|_{\text{FDTD}} + \dfrac{\Delta t}{\Delta x}H_{y,\text{i}}^{n+1/2}(i_2+1/2)$
	散射场区	$B_y^{n+1/2}(i_2+1/2) = B_y^{n+1/2}(i_2+1/2)\|_{\text{FDTD}} + \dfrac{\Delta t}{\Delta x}E_{z,\text{i}}^n(i_2)$ $B_z^{n+1/2}(i_2+1/2) = B_z^{n+1/2}(i_2+1/2)\|_{\text{FDTD}} - \dfrac{\Delta t}{\Delta x}E_{y,\text{i}}^n(i_2)$
前界面	总场区	$D_z^{n+1}(j_1) = D_z^{n+1}(j_1)\|_{\text{FDTD}} + \dfrac{\Delta t}{\Delta y}H_{x,\text{i}}^{n+1/2}(j_1-1/2)$ $D_x^{n+1}(j_1) = D_x^{n+1}(j_1)\|_{\text{FDTD}} - \dfrac{\Delta t}{\Delta y}H_{z,\text{i}}^{n+1/2}(j_1-1/2)$
	散射场区	$B_z^{n+1/2}(j_1-1/2) = B_z^{n+1/2}(j_1-1/2)\|_{\text{FDTD}} - \dfrac{\Delta t}{\Delta y}E_{x,\text{i}}^n(j_1)$ $B_x^{n+1/2}(j_1-1/2) = B_x^{n+1/2}(j_1-1/2)\|_{\text{FDTD}} + \dfrac{\Delta t}{\Delta y}E_{z,\text{i}}^n(j_1)$
后界面	总场区	$D_z^{n+1}(j_2) = D_z^{n+1}(j_2)\|_{\text{FDTD}} - \dfrac{\Delta t}{\Delta y}H_{x,\text{i}}^{n+1/2}(j_2+1/2)$ $D_x^{n+1}(j_2) = D_x^{n+1}(j_2)\|_{\text{FDTD}} + \dfrac{\Delta t}{\Delta y}H_{z,\text{i}}^{n+1/2}(j_2+1/2)$
	散射场区	$B_z^{n+1/2}(j_2+1/2) = B_z^{n+1/2}(j_2+1/2)\|_{\text{FDTD}} + \dfrac{\Delta t}{\Delta y}E_{x,\text{i}}^n(j_2)$ $B_x^{n+1/2}(j_2+1/2) = B_x^{n+1/2}(j_2+1/2)\|_{\text{FDTD}} - \dfrac{\Delta t}{\Delta y}E_{z,\text{i}}^n(j_2)$
下界面	总场区	$D_x^{n+1}(k_1) = D_x^{n+1}(k_1)\|_{\text{FDTD}} + \dfrac{\Delta t}{\Delta z}H_{y,\text{i}}^{n+1/2}(k_1-1/2)$ $D_y^{n+1}(k_1) = D_y^{n+1}(k_1)\|_{\text{FDTD}} - \dfrac{\Delta t}{\Delta z}H_{x,\text{i}}^{n+1/2}(k_1-1/2)$
	散射场区	$B_x^{n+1/2}(k_1-1/2) = B_x^{n+1/2}(k_1-1/2)\|_{\text{FDTD}} - \dfrac{\Delta t}{\Delta z}E_{y,\text{i}}^n(k_1)$ $B_y^{n+1/2}(k_1-1/2) = B_y^{n+1/2}(k_1-1/2)\|_{\text{FDTD}} + \dfrac{\Delta t}{\Delta z}E_{x,\text{i}}^n(k_1)$
上界面	总场区	$D_x^{n+1}(k_2) = D_x^{n+1}(k_2)\|_{\text{FDTD}} - \dfrac{\Delta t}{\Delta z}H_{y,\text{i}}^{n+1/2}(k_2+1/2)$ $D_y^{n+1}(k_2) = D_y^{n+1}(k_2)\|_{\text{FDTD}} + \dfrac{\Delta t}{\Delta z}H_{x,\text{i}}^{n+1/2}(k_2+1/2)$
	散射场区	$B_x^{n+1/2}(k_2+1/2) = B_x^{n+1/2}(k_2+1/2)\|_{\text{FDTD}} + \dfrac{\Delta t}{\Delta z}E_{y,\text{i}}^n(k_2)$ $B_y^{n+1/2}(k_2+1/2) = B_y^{n+1/2}(k_2+1/2)\|_{\text{FDTD}} - \dfrac{\Delta t}{\Delta z}E_{x,\text{i}}^n(k_2)$

表 5.2 紧邻三维总场散射场边界面棱边的切向电场分量的更新公式

棱边	紧邻总场区域棱边上切向电场分量的更新公式
平行于 x 轴	$D_x^{n+1}(j_1,k_1)=D_x^{n+1}(j_1,k_1)\big|_{FDTD}-\dfrac{\Delta t}{\Delta y}H_{z,i}^{n+1/2}(j_1-1/2,k_1)+\dfrac{\Delta t}{\Delta z}H_{y,i}^{n+1/2}(j_1,k_1-1/2)$
	$D_x^{n+1}(j_1,k_2)=D_x^{n+1}(j_1,k_2)\big|_{FDTD}-\dfrac{\Delta t}{\Delta y}H_{z,i}^{n+1/2}(j_1-1/2,k_2)-\dfrac{\Delta t}{\Delta z}H_{y,i}^{n+1/2}(j_1,k_2+1/2)$
	$D_x^{n+1}(j_2,k_1)=D_x^{n+1}(j_2,k_1)\big|_{FDTD}+\dfrac{\Delta t}{\Delta y}H_{z,i}^{n+1/2}(j_2+1/2,k_1)+\dfrac{\Delta t}{\Delta z}H_{y,i}^{n+1/2}(j_2,k_1-1/2)$
	$D_x^{n+1}(j_2,k_2)=D_x^{n+1}(j_2,k_2)\big|_{FDTD}+\dfrac{\Delta t}{\Delta y}H_{z,i}^{n+1/2}(j_2+1/2,k_2)-\dfrac{\Delta t}{\Delta z}H_{y,i}^{n+1/2}(j_2,k_2+1/2)$
平行于 y 轴	$D_y^{n+1}(i_1,k_1)=D_y^{n+1}(i_1,k_1)\big|_{FDTD}-\dfrac{\Delta t}{\Delta z}H_{x,i}^{n+1/2}(i_1,k_1-1/2)+\dfrac{\Delta t}{\Delta x}H_{z,i}^{n+1/2}(i_1-1/2,k_1)$
	$D_y^{n+1}(i_1,k_2)=D_y^{n+1}(i_1,k_2)\big|_{FDTD}+\dfrac{\Delta t}{\Delta z}H_{x,i}^{n+1/2}(i_1,k_2+1/2)+\dfrac{\Delta t}{\Delta x}H_{z,i}^{n+1/2}(i_1-1/2,k_2)$
	$D_y^{n+1}(i_2,k_1)=D_y^{n+1}(i_2,k_1)\big|_{FDTD}-\dfrac{\Delta t}{\Delta z}H_{x,i}^{n+1/2}(i_2,k_1-1/2)-\dfrac{\Delta t}{\Delta x}H_{z,i}^{n+1/2}(i_2+1/2,k_1)$
	$D_y^{n+1}(i_2,k_2)=D_y^{n+1}(i_2,k_2)\big|_{FDTD}+\dfrac{\Delta t}{\Delta z}H_{x,i}^{n+1/2}(i_2,k_2+1/2)-\dfrac{\Delta t}{\Delta x}H_{z,i}^{n+1/2}(i_2+1/2,k_2)$
平行于 z 轴	$D_z^{n+1}(i_1,j_1)=D_z^{n+1}(i_1,j_1)\big|_{FDTD}-\dfrac{\Delta t}{\Delta x}H_{y,i}^{n+1/2}(i_1-1/2,j_1)+\dfrac{\Delta t}{\Delta y}H_{x,i}^{n+1/2}(i_1,j_1-1/2)$
	$D_z^{n+1}(i_1,j_2)=D_z^{n+1}(i_1,j_2)\big|_{FDTD}-\dfrac{\Delta t}{\Delta x}H_{y,i}^{n+1/2}(i_1-1/2,j_2)-\dfrac{\Delta t}{\Delta y}H_{x,i}^{n+1/2}(i_1,j_2+1/2)$
	$D_z^{n+1}(i_2,j_1)=D_z^{n+1}(i_2,j_1)\big|_{FDTD}+\dfrac{\Delta t}{\Delta x}H_{y,i}^{n+1/2}(i_2+1/2,j_1)+\dfrac{\Delta t}{\Delta y}H_{x,i}^{n+1/2}(i_2,j_1-1/2)$
	$D_z^{n+1}(i_2,j_2)=D_z^{n+1}(i_2,j_2)\big|_{FDTD}+\dfrac{\Delta t}{\Delta x}H_{y,i}^{n+1/2}(i_2+1/2,j_2)-\dfrac{\Delta t}{\Delta y}H_{x,i}^{n+1/2}(i_2,j_2+1/2)$

5.4 利用边界条件引入平面波

平面电磁波是等相位面为平面的电磁波,是麦克斯韦方程组所描述的各类电磁波中表达形式和物理特性最简单的一种。例如,平面电磁波的传播方向、电场矢量方向和磁场矢量方向三者两两垂直,并且平面电磁波伴随的电场和磁场的振幅比值是一个由电磁波传播媒质的本征阻抗决定的常数。从时域上看,平面电磁波的波形可以是时谐连续波也可以是脉冲式电磁波。沿着平面波传播方向建立一维坐标系,选择合适的网格边长,引入预先设定的入射波源,通过一维 FDTD 更新公式,即可产生所需要的一维

FDTD 平面波。进一步地,这个一维 FDTD 平面波可以投影到二维或三维总场散射场边界,即可在二维或三维总场区产生传播方向可预先设定的二维或三维平面波,从而为解决相应维数电磁波问题提供适合的平面波源。

5.4.1　一维辅助平面波

虽然平面波的电磁场具有精确的解析表达式,但由于 FDTD 方法作为数值计算方法存在固有的数值色散误差,如果将平面波的解析解直接作为总场散射场边界条件中的入射波,将产生电磁波虚假反射和泄露现象。因此,平面入射波最好由带有数值色散的一维 FDTD 算法本身来产生。

本节主要介绍基于一维总场散射场的左边界条件产生一维辅助平面波,以供后续在总场区引入一维、二维和三维平面波源之用。一般采用沿着入射平面波传播的方向,并以位于总场区电场分量左前下角点为特定节点建立以 s 为自变量的一维坐标系。计算仿真区域两端采用 n_{PML} 层完全匹配层以吸收外行电磁波。总场散射场边界一般位于一维坐标上且距离总场区左前下两个网格节点的位置。时间步长 Δt 一般取和实际问题相同的数值,并根据实际问题的维数和数值色散方程,确定数值色散折射率变化因子 ζ,时间稳定因子 $S = c\Delta t/\Delta s$,以及一维离散网格边长 Δs。对于不同维度的问题,所用的一维辅助平面波一般采用不同的空间离散参数。下面分别对在总场区引入一维、二维和三维平面波所需要用到的一维辅助平面波的参数设置逐一介绍。

首先,对于沿着某坐标轴方向传播的一维平面波问题,假设所采用的一维离散网格边长为 Δ_{1D},每个波长内离散网格数为 $N_\lambda = \lambda/\Delta_{1D}$,总场散射场左边界位于节点 k_1 处,则一维辅助平面入射波可以沿着 z 轴方向并以总场左边界第一个节点对齐一维节点 $m_1 = k_1$ 建立一维坐标轴 s。两个坐标轴均为一维,因此具有相同的离散网格大小 $\Delta s = \Delta_{1D}$、节点编号 $m = k$、数值波数 $\tilde{k}_s = \tilde{k}_{1D}$,以及相同的数值色散折射率变化因子 $\zeta_s = \zeta_{1D} = \tilde{k}_{1D}/k_\lambda$,根据一维 FDTD 算法的色散方程,$\tilde{k}_s$ 和 ζ_s 由下式决定

$$\sin^2\left(\frac{\omega\Delta t}{2}\right) = \sin^2\left(\frac{\pi S_s}{N_\lambda}\right) = S_s^2\sin^2\left(\frac{\tilde{k}_s\Delta s}{2}\right) = S_s^2\sin^2\left(\frac{\pi\zeta_s}{N_\lambda}\right) \quad (5.92)$$

式中,$S_s = c\Delta t/\Delta s$ 为时间稳定因子。在一维情况下为保持算法稳定,S_s 须满足 $S_s \leqslant 1$。根据式(5.92),可以求得该一维离散网格对应的等效数值波数和数值折射率变化因子为

$$\tilde{k}_s = \frac{2}{\Delta s}\arcsin\left[\frac{1}{S_s}\sin\left(\frac{\pi S_s}{N_\lambda}\right)\right] \quad (5.93)$$

$$\zeta_s = \frac{N_\lambda}{\pi} \arcsin\left[\frac{1}{S_s}\sin\left(\frac{\pi S_s}{N_\lambda}\right)\right] \tag{5.94}$$

其次,对于在 xOy 平面上传播的二维平面波问题,假设其传播方向与 x 轴的夹角为方位角 ϕ,所采用的二维正方形离散网格边长为 Δ_{2D},每波长的离散网格数为 N_λ,总场散射场左下边界位于节点 (i_0, j_0) 处。那么,可以沿着传播方向并以二维节点 (i_0, j_0) 对应一维节点 m_1 建立一维辅助平面入射波坐标轴 s。由于 FDTD 的数值色散误差与平面电磁波的传播方向有关,因此平面波沿不同方向传播时具有不同的数值波数 $\tilde{k}_{2D}(\phi)$。引入一维辅助平面入射波时要确保其数值波数 $\tilde{k}_s$ 等于二维平面波的数值波数 $\tilde{k}_{2D}$,即 $\zeta_s = \zeta_{2D}$,因此有

$$\tilde{k}_s = \zeta_s k = \tilde{k}_{2D} = \zeta_{2D} k = \zeta_{2D}\left(\frac{2\pi}{N_\lambda \Delta_{2D}}\right) \tag{5.95}$$

其中,二维情况下的数值色散折射率变化因子 ζ_{2D} 由下式决定

$$\sin^2\left(\frac{\omega \Delta t}{2}\right) = \sin^2\left(\frac{\pi S_{2D}}{N_\lambda}\right)$$

$$= S_{2D}^2\left[\sin^2\left(\frac{\pi \zeta_{2D} \cos\phi}{N_\lambda}\right) + \sin^2\left(\frac{\pi \zeta_{2D} \sin\phi}{N_\lambda}\right)\right] \tag{5.96}$$

式中,$S_{2D} = c\Delta t/\Delta_{2D}$ 为时间稳定因子。在二维情况下为保持算法稳定,S_{2D} 须满足 $S_{2D} \leqslant 1/\sqrt{2}$。式 (5.96) 为非线性方程,$\zeta_{2D}$ 的数值可通过二分法或牛顿法等数值方法求解。

注意到 $\zeta_{1D} = \zeta_{2D}$,将式 (5.95) 代入式 (5.92),并联立式 (5.96),可以得到

$$\sin\left(\frac{\pi S_{2D}}{N_\lambda}\right) = S_s \sin\left(\frac{\tilde{k}_s \Delta s}{2}\right) = S_s \sin\left(\frac{\pi \zeta_{2D} \Delta s}{N_\lambda \Delta_{2D}}\right) = S_s \sin\left(\frac{\pi \zeta_{2D} S_{2D}}{N_\lambda S_s}\right) \tag{5.97}$$

其中利用到关系式 $\Delta s/\Delta_{2D} = S_{2D}/S_s$。通过数值求解该非线性方程,可以求得 S_s,从而进一步获得一维辅助平面入射波的离散网格边长应设置为 $\Delta s = \Delta_{2D} S_{2D}/S_s$。例如,假设 $N_\lambda = 20$,$S_{2D} = 0.5$,$\phi = \pi/3$,则数值求解 ζ_{2D} 和 S_s 的 Mathematica 软件程序代码为

```
ClearAll["Global`*"];
Nlambda = 20;
S2D = 0.5;
phi = Pi/3.0;
FindRoot[Sin[Pi * S2D/Nlambda]^2 == S2D^2 * (Sin[Pi * zeta2D * Cos[phi]/
Nlambda]^2 + Sin[Pi * zeta2D * Sin[phi]/Nlambda]^2),{zeta2D,1}];
zeta2D = %[[1,2]];Print["zeta2D = ",zeta2D];
```

```
FindRoot[Sin[Pi * S2D/Nlambda] == Ss * Sin[(Pi * zeta2D * S2D)/(Nlambda * Ss)],
{Ss,S2D}];
Ss = %[[1,2]]; Print["Ss = ",Ss];
```

运行上述代码结果为：$\zeta_{2D}=1.00155$，$S_s=0.632534$，可见当平面波在二维网格上以与 x 轴夹角为 $60°$ 的方向上传播时，其对应的一维辅助平面波的离散网格边长应小于二维网格的边长，前者约为后者的 $\Delta s/\Delta_{2D}=S_{2D}/S_s=0.790471$。

最后，对于沿空间任意方向传播的三维平面电磁波问题，假设其传播方向对应的极角为 θ，方位角为 ϕ。假设采用三维正方体 Yee 元胞，空间离散网格边长为 Δ_{3D}，每波长的离散网格数为 N_λ，总场散射场左下边界位于节点 (i_0,j_0,k_0) 处。那么，可以沿着传播方向并以三维总场区的角点 (i_0,j_0,k_0) 对应一维节点 m_1 建立一维辅助平面入射波坐标轴 s。由于 FDTD 的数值色散误差与平面电磁波的传播方向有关，因此平面波沿不同方向传播时具有不同的数值波数 $\tilde{k}_{3D}(\theta,\phi)$。在产生配套的一维辅助平面波时要确保其数值波数 $\tilde{k}_s$ 等于沿 (θ,ϕ) 方向传播的三维平面波的数值波数 $\tilde{k}_{3D}$，即 $\zeta_s=\zeta_{3D}$，因此有

$$\tilde{k}_s=\zeta_s k=\tilde{k}_{3D}=\zeta_{3D}k=\zeta_{3D}\left(\frac{2\pi}{N_\lambda\Delta_{3D}}\right) \tag{5.98}$$

其中，三维情况下的数值色散折射率变化因子 ζ_{3D} 由下式决定

$$\sin^2\left(\frac{\pi S_{3D}}{N_\lambda}\right)=S_{3D}^2\left[\sin^2\left(\frac{\pi\zeta_{3D}\cos\phi\sin\theta}{N_\lambda}\right)+\sin^2\left(\frac{\pi\zeta_{3D}\sin\phi\sin\theta}{N_\lambda}\right)+\right.$$
$$\left.\sin^2\left(\frac{\pi\zeta_{3D}\cos\theta}{N_\lambda}\right)\right] \tag{5.99}$$

式中，$S_{3D}=c\Delta t/\Delta_{3D}$ 为时间稳定因子。在三维情况下为保持算法稳定，S_{3D} 需满足 $S_{3D}\leqslant1/\sqrt{3}$。式(5.99)为非线性方程，$\zeta_{3D}$ 的值可通过二分法或牛顿法等数值计算方法求得。注意到 $\zeta_{1D}=\zeta_{3D}$，将式(5.98)代入式(5.92)，并联立式(5.99)，可以得到

$$\sin\left(\frac{\pi S_{3D}}{N_\lambda}\right)=S_s\sin\left(\frac{\tilde{k}_s\Delta s}{2}\right)=S_s\sin\left(\frac{\pi\zeta_{3D}\Delta s}{N_\lambda\Delta_{3D}}\right)=S_s\sin\left(\frac{\pi\zeta_{2D}S_{3D}}{N_\lambda S_s}\right) \tag{5.100}$$

其中利用到关系式 $\Delta s/\Delta_{3D}=S_{3D}/S_s$。通过数值求解上式非线性方程，可以求得 S_s，从而进一步获得激励一维辅助平面入射波的离散网格边长 $\Delta s=\Delta_{3D}S_{3D}/S_s$。例如，假设 $N_\lambda=20$，$S_{3D}=0.5$，$\theta=\pi/3$，$\varphi=\pi/4$，则数值求解

ζ_{3D} 和 S_s 的 Mathematica 软件代码为

```
ClearAll["Global`*"];
Nlambda = 10;
S3D = 0.95/Sqrt[3];
theta = Pi/3.0;
phi = Pi/4.0;
FindRoot[Sin[Pi * S3D/Nlambda]^2 ==
    S3D^2 * (Sin[Pi * zeta3D * Cos[phi] * Sin[theta]/Nlambda]^2 +
        Sin[Pi * zeta3D * Sin[phi] * Sin[theta]/Nlambda]^2 +
        Sin[Pi * zeta3D * Cos[theta]/Nlambda]^2),{zeta3D,1}];
zeta3D = %[[1,2]]; Print["zeta3D = ",zeta3D];
FindRoot[Sin[Pi * S3D/Nlambda] ==
    Ss * Sin[(Pi * zeta3D * S3D)/(Nlambda * Ss)],{Ss,S3D}];
Ss = %[[1,2]]; Print["Ss = ",Ss];
```

运行上述代码结果为：$\zeta_{3D}=1.00072$，$S_s=0.935568$，可见一维辅助平面入射波的离散网格边长应小于三维网格的边长，前者约为后者的 $\Delta s/\Delta_{3D}=S_{3D}/S_s=0.586269$。

一维辅助入射平面波的总场散射场左边界可设置于节点 m_0-2 处，为方便 FDTD 的模块化编程，以便应对激励源位于色散材料区的情况，在确定好一维空间离散网格边长 Δs 和时间稳定因子 S_s 情况下，一维辅助平面入射波关于磁场 y 分量和电场 x 分量的激励算法为

$$B_{y,i}^{n+1/2}(m_0-5/2) = B_{y,i}^{n+1/2}(m_0-5/2)\mid_{FDTD} + \frac{\Delta t}{\Delta s}E_{x,inc}^n(m_0-2)$$

(5.101)

$$D_{x,i}^{n+1}(m_0-2) = D_{x,i}^{n+1}(m_0-2)\mid_{FDTD} + \frac{\Delta t}{\Delta s}H_{y,inc}^{n+1/2}(m_0-5/2)$$

(5.102)

式中，$E_{x,inc}^n(m_0-2)$ 和 $H_{y,inc}^{n+1/2}(m_0-5/2)$ 是用来激励一维辅助平面入射波的入射电磁场分量。根据 5.1 节的内容，$E_{x,inc}^n(m_0-2)$ 和 $H_{y,inc}^{n+1/2}(m_0-5/2)$ 分别可以写为

$$E_{x,inc}^n(m_0-2) = E_0 g(n\Delta t)$$

(5.103)

$$H_{y,inc}^{n+1/2}(m_0-5/2) = \frac{1}{Z}E_0 g[(n+1/2)\Delta t]$$

$$= \frac{1}{\sqrt{\mu/\varepsilon}}E_0 g[(n+1/2)\Delta t]$$

(5.104)

式中，$g(t)$ 为待激励的一维平面电磁波的时域波形。下面分别介绍基于一

维辅助平面波在总场区引入一维、二维和三维平面电磁波的实施步骤和注意事项。

5.4.2 一维平面波的引入

基于一维辅助平面波在一维电磁波问题的总场区内引入一维平面波的方法较为简单,其实现方案如图 5.16 所示,具体实施步骤为:

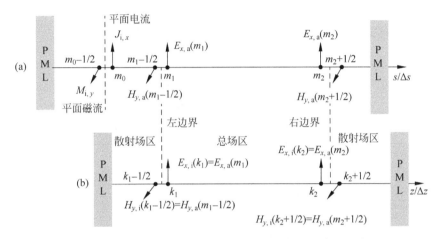

图 5.16 基于一维辅助平面波引入一维平面波的实现方案

(1) 根据待仿真一维电磁波问题的参数情况,选择合适的工作频率和波长,设置合适的网格密度 N_λ、空间网格总数 N_z 和时间稳定因子 $S_{1D} = c\Delta t/\Delta z \leqslant 1$,从而确定网格边长 $\Delta z = \lambda_{min}/N_\lambda$ 和时间步长 $\Delta t = S_{1D}\Delta z/c$。

(2) 激励产生一维辅助平面波并建立对应的一维辅助坐标轴 s,其上离散网格编号变量为 m。采用与第一步相同的离散参数,并基于 5.2 节介绍的平面电流和平面磁流网格在 m_0 处激励出向右单向传播平面波,两端采用 PML 吸收外行电磁波。循环运行一维 FDTD 更新公式,获取一维辅助平面波在节点编号 m_1 和 m_2 上的电场分量 $E_{x,a}$ 和磁场分量 $H_{y,a}$。一般取 $m_0 = m_1 - 2$,而 m_1 和 m_2 的取值分别由下一步实际问题中 k_1 和 k_2 的数值决定。

(3) 建立仿真一维电磁波问题的坐标轴 z,其上离散网格编号变量为 k。采用第(1)步中设定时空离散参数,并且以离散网格 k_1 和 k_2 为总场散射场左边界和右边界,两端采用 PML 进行截断。令 $m_1 = k_1$ 和 $m_2 = k_2$,则在两边界上加入如下入射波的电磁场数据:

$$E_{x,i}(k_1) = E_{x,a}(m_1), \quad E_{x,i}(k_2) = E_{x,a}(m_2) \tag{5.105}$$

$$H_{y,\mathrm{i}}(k_1-1/2)=H_{y,\mathrm{a}}(m_1-1/2), H_{y,\mathrm{i}}(k_2+1/2)$$
$$=H_{y,\mathrm{a}}(m_2+1/2) \tag{5.106}$$

再利用 5.3.1 节介绍的内容,即可在一维电磁波问题仿真中引入一维平面波。

5.4.3　二维平面波的引入

基于一维辅助平面波在二维电磁波问题的总场区内引入二维平面波(TM 波)的实现方案如图 5.17 所示,具体实施步骤为:

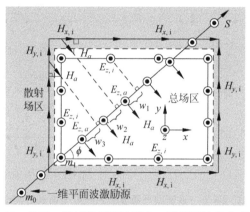

图 5.17　基于一维辅助平面波引入二维平面波的实现方案

(1) 根据待仿真二维电磁波问题的实际参数情况,选择合适的工作波长以及电磁波传播方向,设置合适的网格密度 N_λ、空间网格总数 N_x 和 N_y,以及时间稳定因子 $S_{2\mathrm{D}}=c\Delta t/\Delta z\leqslant 1/\sqrt{2}$,进一步确定网格边长 $\Delta z=\lambda_{\min}/N_\lambda$ 和时间步长 $\Delta t=S_{2\mathrm{D}}\Delta z/c$。

(2) 参考 5.4.2 节激励产生一维辅助平面波并建立对应的一维辅助坐标轴 s,其上离散网格编号变量为 m。根据 5.4.1 节介绍的计算方法计算出二维情况下的空间离散网格边长 Δs,并基于 5.2 节介绍的平面电流和平面磁流网格在 m_0 处激励出单向向右传播的平面波。通过运行一维 FDTD 更新公式,获取一维辅助平面波在各离散网格节点位置上的电场分量 $E_{z,\mathrm{a}}$ 和磁场分量 $H_{y,\mathrm{a}}$ 数值。

(3) 采用第(1)步中设定的时空离散参数,建立仿真二维电磁波问题的空间网格,散射场区外采用 PML 进行截断,其上离散网格编号变量为 i 和 j。将邻近二维总场散射场边界的切向电场分量 $E_z^n(i,j)$、磁场分量 $H_x^{n+1/2}(i,j+1/2)$ 和磁场分量 $H_y^{n+1/2}(i+1/2,j)$ 向代表一维辅助电磁波传播方向的一

维辅助坐标轴 s 上投影获得投影坐标 s'。假设其投影坐标为 $s'=(p+w)\Delta s$，其中 p 为整数部分，w 为小数部分，说明投影点位置在网格节点 p 和 $p+1$ 之间。以切向电场分量 $E_z^n(i,j)$ 为例，假设其在坐标轴 s 上的投影位置为 $s'=(p_1+w_1)\Delta s$，则采用线性插值公式可获得紧邻二维总场边界上节点 (i,j) 的入射波电场为

$$E_{z,\mathrm{i}}^n(i,j)=(1-w_1)E_{z,\mathrm{a}}^n(p_1)+w_1E_{z,\mathrm{a}}^n(p_1+1) \qquad (5.107)$$

对于边界面上的两个切向磁场分量，$H_x^{n+1/2}(i,j+1/2)$ 和 $H_y^{n+1/2}(i+1/2,j)$，当平面波传播方向不平行于 x 轴或 y 轴时，一维辅助平面波的磁场分量 H_a 将不平行于 x 轴和 y 轴。因此在利用线性插值获得投影处的磁场分量 H_a 后，沿 x 轴或 y 轴方向分解的磁场分量分别为入射波的磁场分量 $H_{x,\mathrm{i}}^{n+1/2}(i,j+1/2)$ 和 $H_{y,\mathrm{i}}^{n+1/2}(i+1/2,j)$，如图 5.17 所示，有

$$\begin{aligned} H_{x,\mathrm{i}}^{n+1/2}(i,j+1/2)&=\left[(1-w_2)H_a^{n+1/2}(p_2)+w_2H_a^{n+1/2}(p_2+1)\right]\sin\phi\\ &=\left[(1-w_2)E_{z,\mathrm{i}}^{n+1/2}(p_2)+w_2E_{z,\mathrm{i}}^{n+1/2}(p_2+1)\right]\sin\phi/Z_0 \end{aligned}$$

$$(5.108)$$

$$\begin{aligned} H_{y,\mathrm{i}}^{n+1/2}(i+1/2,j)&=-\left[(1-w_3)H_a^{n+1/2}(p_3)+w_3H_a^{n+1/2}(p_3+1)\right]\cos\phi\\ &=-\left[(1-w_3)E_{z,\mathrm{i}}^{n+1/2}(p_3)+w_3E_{z,\mathrm{i}}^{n+1/2}(p_3+1)\right]\cos\phi/Z_0 \end{aligned}$$

$$(5.109)$$

式中，Z_0 为边界处媒质空间的本征阻抗。可以看到，一维辅助平面波的建立极大方便了邻近总场散射场边界的入射波切向电场和磁场分量的计算获取，而且整个过程仅用到简单的插值计算和空间矢量投影，再经过二维FDTD时域推进计算即可在总场区内引入该平面波。

5.4.4　三维平面波的引入

下面介绍在三维总场空间引入任意传播方向的三维平面波方法。如图 5.18 所示，设球坐标系下引入的三维平面波和相应的一维辅助平面波的传播方向所对应的极角和方位角为 (θ_i,ϕ_i)，一维辅助电磁波所包含的电场 $\boldsymbol{E}_a$ 和磁场 $\boldsymbol{H}_a$ 均垂直于传播方向，并且假设电场矢量 $\boldsymbol{E}_a$ 与 $\boldsymbol{e}_\theta$ 的夹角为 α。然而本书所讨论的 FDTD 算法均是针对直角坐标系 (x,y,z) 下设计的，紧邻总场散射场边界面处的电磁场分量也是平行于直角坐标系三个坐标轴，因此需要对引入任意方向的平面电磁波的电磁场矢量实现从球坐标系到直角坐标系下的转换。根据矢量分析理论，同一个矢量 $\boldsymbol{A}$ 在球坐标系下的三个分量 (A_r,A_θ,A_ϕ) 与直角坐标系下的三个分量 (A_x,A_y,A_z) 之间的转换

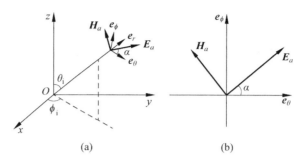

图 5.18　三维平面波和一维辅助平面波方向参数和伴随电磁场极化方向

关系可以用矩阵形式表示为

$$
\begin{bmatrix} A_x \\ A_y \\ A_z \end{bmatrix} = \begin{bmatrix} \sin\theta\cos\phi & \cos\theta\cos\phi & -\sin\phi \\ \sin\theta\sin\phi & \cos\theta\sin\phi & \cos\phi \\ \cos\theta & -\sin\theta & 0 \end{bmatrix} \begin{bmatrix} A_r \\ A_\theta \\ A_\phi \end{bmatrix} \tag{5.110}
$$

当沿着平面波的传播方向(θ_i, ϕ_i)时,有

$$
\begin{cases} A_x = A_r\sin\theta_i\cos\phi_i + A_\theta\cos\theta_i\cos\phi_i - A_\phi\sin\phi_i \\ A_y = A_r\sin\theta_i\sin\phi_i + A_\theta\cos\theta_i\sin\phi_i + A_\phi\cos\phi_i \\ A_z = A_r\cos\theta_i - A_\theta\sin\theta_i \end{cases} \tag{5.111}
$$

在上述公式基础上,可以设计出基于一维辅助平面波在三维电磁波问题总场区中引入三维平面波的实施步骤:

(1) 根据待仿真三维电磁波问题的实际参数情况,选定合适的工作波长以及电磁波传播方向,设置合适的网格密度 N_λ,空间网格总数 N_x、N_y 和 N_z,以及时间稳定因子 $S_{3D} = c\Delta t/\Delta z \leqslant 1/\sqrt{3}$,从而可以进一步确定网格边长 $\Delta z = \lambda_{\min}/N_\lambda$ 和时间步长 $\Delta t = S_{2D}\Delta z/c$。

(2) 参考 5.4.2 节激励产生一维辅助平面波并建立对应的一维辅助坐标轴 s,其上离散网格编号变量为 m。根据 5.4.1 节介绍的计算方法计算出三维情况下的空间离散网格边长 Δs,并基于 5.2 节介绍的平面电流和平面磁流网格在 m_0 处激励出单向向右传播的平面波。通过运行一维 FDTD 更新公式,获取一维辅助平面波在各离散网格节点位置上的电场分量 $E_{z,a}$ 和磁场分量 $H_{y,a}$ 数值。

(3) 采用第(1)步中设定的时空离散参数,建立仿真三维电磁波问题的空间网格,散射场区外采用 PML 吸收边界进行截断,其上离散网格编号变量为 i、j 和 k。将邻近三维总场散射场六个边界面的切向电场分量和磁场分量向代表一维辅助电磁波传播方向的一维辅助坐标轴 s 上投影获得投影坐标 s'。

设其投影坐标为 $s' = (p+w)\Delta s$，其中 p 为整数部分，w 为小数部分，说明投影点位置在网格节点 p 和 $p+1$ 之间。例如，以切向电场分量 $E_z^n(i,j,k+1)$ 为例，其在直角坐标系中的节点位置 (x,y,z) 投影到 s 轴上的坐标为

$$s' = \boldsymbol{r} \cdot \boldsymbol{e}_r = x\sin\theta_i\cos\phi_i + y\sin\theta_i\sin\phi_i + z\cos\theta_i$$

$$= i\Delta x \sin\theta_i\cos\phi_i + j\Delta y \sin\theta_i\sin\phi_i + \left(k+\frac{1}{2}\right)\Delta z\cos\theta_i \quad (5.112)$$

然后采用线性插值公式可获得紧邻三维总场区边界上节点 $(i,j,k+1/2)$ 的入射波电场为

$$E_{z,i}^n\left(i,j,k+\frac{1}{2}\right) = (1-w)E_{z,a}^n(p) + wE_{z,a}^n(p+1) \quad (5.113)$$

式中，$E_{z,a}^n$ 为一维辅助平面波的电场 z 分量。其他邻近边界面的电场和磁场分量可以采取类似的处理。

（4）假设入射平面波的电场振幅强度为 E_0，沿着 $\boldsymbol{e}_r$ 方向传播，其伴随电场 $\boldsymbol{E}_a$ 与 $\boldsymbol{e}_\theta$ 的夹角为 α，则有

$$\begin{bmatrix} E_{r,i} \\ E_{\theta,i} \\ E_{\phi,i} \end{bmatrix} = \begin{bmatrix} 0 \\ E_0\cos\alpha \\ E_0\sin\alpha \end{bmatrix} \quad (5.114)$$

进一步可以转换为直角坐标下的电场分量

$$\begin{bmatrix} E_{x,i} \\ E_{y,i} \\ E_{z,i} \end{bmatrix} = \begin{bmatrix} \sin\theta_i\cos\phi_i & \cos\theta_i\cos\phi_i & -\sin\phi_i \\ \sin\theta_i\sin\phi_i & \cos\theta_i\sin\phi_i & \cos\phi_i \\ \cos\theta_i & -\sin\theta_i & 0 \end{bmatrix} \begin{bmatrix} 0 \\ E_0\cos\alpha \\ E_0\sin\alpha \end{bmatrix} \quad (5.115)$$

即

$$\begin{cases} E_{x,i} = E_0(\cos\theta_i\cos\phi_i\cos\alpha - \sin\phi_i\sin\alpha) \\ E_{y,i} = E_0(\cos\theta_i\sin\phi_i\cos\alpha + \cos\phi_i\sin\alpha) \\ E_{z,i} = -E_0\sin\theta_i\cos\alpha \end{cases} \quad (5.116)$$

此即一维辅助平面波电场投影到总场散射场边界面上的切向电场分量。对于入射波的磁场有类似处理，只需将式（5.116）中的角度 α 改为 $\alpha+\pi/4$，相应的切向磁场分量公式为

$$\begin{cases} H_{x,i} = \dfrac{E_0}{Z_0}(-\cos\theta_i\cos\phi_i\sin\alpha - \sin\phi_i\cos\alpha) \\ H_{y,i} = \dfrac{E_0}{Z_0}(-\cos\theta_i\sin\phi_i\sin\alpha + \cos\phi_i\cos\alpha) \\ H_{z,i} = \dfrac{E_0}{Z_0}\sin\theta_i\sin\alpha \end{cases} \quad (5.117)$$

式中，Z_0 为边界处媒质空间的本征阻抗。可以再次看到，一维辅助平面波的存在极大方便了邻近三维总场散射场边界的入射波切向电场和磁场分量的计算获取，而且仅用到简单的插值计算和空间矢量投影，再经过 FDTD 时域推进计算即可在总场区内引入该入射平面波。

参考文献

[1]　TAFLOVE A, HAGNESS S C. Computational electrodynamics: the finite difference time domain method[M]. 3rd ed. Norwood, MA: Artech House, 2005.

[2]　TAFLOVE A, OSKOOI A, JOHNSON S G. Advances in FDTD computational electrodynamics: photonics and nanotechnology [M]. Norwood, MA: Artech House, 2013.

[3]　葛德彪, 闫玉波. 电磁波时域有限差分方法[M]. 3 版. 西安：西安电子科技大学出版社, 2011.

[4]　LIN Z, QIU W, FANG Y, et al. On the optimal switch functions for fast FDTD monochromatic lightwave generation[J]. IEEE Photonics Technology Letters, 2018, 30(1): 115-118.

[5]　OĞUZ U, GÜREL L. Interpolation techniques to improve the accuracy of the plane wave excitations in the finite difference time domain method[J]. Radio Science, 1997, 32(6): 2189-2199.

[6]　ZIOLKOWSKI R W. Superluminal transmission of information through an electromagnetic metamaterial[J]. Phys. Rev. E, 2001, 63(4): 046604.

[7]　YU C-P, CHANG H-C. Yee-mesh-based finite difference eigenmode solver with PML absorbing boundary conditions for optical waveguides and photonic crystal fibers[J]. Opt. Express, 2004, 12(25): 6165-6177.

[8]　GE D, GUO L, LI M. Application of switch-on functions in the 2-D FDTD modeling time-harmonic electromagnetic scattering[J]. Journal of Electronics, 1993, 15(4): 441-444.

[9]　GÜREL L, OĞUZ U. Signal-processing techniques to reduce the sinusoidal steady-state error in the FDTD Method[J]. IEEE Trans. Antennas Propag. , 2000, 48(4): 585-593.

[10]　ZIOLKOWSKI R W. Pulsed and CW Gaussian beam interactions with double negative metamaterial slabs[J]. Optics Express, 2003, 11(7): 662-681.

[11]　ROTHBART H A. Cam design handbook[M]. NY: McGraw-Hill, 2004, ch. 2, pp. 44-46.

[12]　RODEN J, GEDNEY S. Convolution PML(PML): an efficient FDTD implementation of the CFS-PML for arbitrary media[J]. Microw. Opt. Tech. Lett. , 2000, 27(5): 334-339.

[13]　KRAGALOTT M, KLUSKENS M S, PALA W P. Time-domain fields exterior to a two dimensional FDTD space[J]. IEEE Trans. Antennas Propagat. , 1997, 45(11): 1655-1663.

第6章

CHAPTER 6

材料仿真

FDTD方法作为一种直接求解时域麦克斯韦方程组的数值计算方法,具备普适性强,对任意形状、任意材料的电磁学问题均可求解的天然优势。从理论上讲,只要电磁材料的物质本构关系符合物理定律和因果律(即满足克拉默斯-克罗尼格(Kramers-Kronig)关系式),均可开发出对应的FDTD模拟算法。从实现上讲,只要将待仿真材料的电磁参量,赋予材料所在空间内元胞网格上电磁场分量对应的物质本构关系,就能模拟各种具有复杂材料和结构的电磁和光学问题。电磁波与材料间电磁相互作用特性可以使用物质本构关系及其对应的三大电磁参量(介电常数、磁导率和电导率)来描述。从时域上看,入射电磁波与物质材料间相互作用后输出的结果是时域入射电磁波与材料的时域响应函数间的卷积,但是色散材料的响应函数时域表达式与入射电磁波时域波形间的卷积运算十分复杂从而不利于问题的求解,所以在大多数情况下物质本构关系一般写为频域的乘积形式。本章主要介绍如何实现对材料物质本构关系的FDTD模拟仿真,给出了包括理想介质、导电媒质以及色散材料等各类材料的时域仿真算法。

6.1 理想电介质

这里所讨论的理想电介质,指的是无色散无损耗(不导电)的电介质材料,其电场量的时域物质本构关系和频域物质本构关系具有相同的表达式,

均可写为

$$\boldsymbol{D} = \varepsilon\boldsymbol{E} = \varepsilon_0\varepsilon_r\boldsymbol{E} \tag{6.1}$$

式中,ε 是介电常数,ε_0 是真空介电常数,ε_r 是相对介电常数。当理想电介质为各向同性时,ε 为实常数。当理想电介质为各向异性时,ε 一般写成含有 9 个元素的张量形式

$$\bar{\bar{\varepsilon}} = \begin{bmatrix} \varepsilon_{11} & \varepsilon_{12} & \varepsilon_{13} \\ \varepsilon_{21} & \varepsilon_{22} & \varepsilon_{23} \\ \varepsilon_{31} & \varepsilon_{32} & \varepsilon_{33} \end{bmatrix} \tag{6.2}$$

因此,各向异性电介质的物质本构关系表达式为 $\boldsymbol{D} = \bar{\bar{\varepsilon}}\boldsymbol{E}$,或写为电场分量的矩阵形式

$$\begin{bmatrix} D_x \\ D_y \\ D_z \end{bmatrix} = \begin{bmatrix} \varepsilon_{11} & \varepsilon_{12} & \varepsilon_{13} \\ \varepsilon_{21} & \varepsilon_{22} & \varepsilon_{23} \\ \varepsilon_{31} & \varepsilon_{32} & \varepsilon_{33} \end{bmatrix} \begin{bmatrix} E_x \\ E_y \\ E_z \end{bmatrix} \tag{6.3}$$

各向异性电介质中电位移矢量的方向和电场强度矢量的方向往往不一致,从而出现光学里的双折射现象。对于光学晶体,一般介电常数只有对角线元素不为零,比如单轴晶体的介电常数张量矩阵为

$$\bar{\bar{\varepsilon}} = \begin{bmatrix} \varepsilon_1 & 0 & 0 \\ 0 & \varepsilon_1 & 0 \\ 0 & 0 & \varepsilon_2 \end{bmatrix} \tag{6.4}$$

而双轴晶体的介电常数张量矩阵为

$$\bar{\bar{\varepsilon}} = \begin{bmatrix} \varepsilon_1 & 0 & 0 \\ 0 & \varepsilon_2 & 0 \\ 0 & 0 & \varepsilon_3 \end{bmatrix} \tag{6.5}$$

在 FDTD 方法中,连续分布的介电常数也将根据 Yee 元胞网格进行离散化,并依附在对应的离散电场分量上。以式(6.5)所代表的双轴晶体为例,ε_1 与 D_x 或 E_x 的离散节点位置相同,即 $\varepsilon_1(i+1/2,j,k)$;ε_2 与 D_y 或 E_y 的离散节点位置相同,即 $\varepsilon_2(i,j+1/2,k)$;ε_3 与 D_z 或 E_z 的离散节点位置相同,即 $\varepsilon_3(i,j,k+1/2)$。因此,在双轴晶体内部的离散网格上,双轴晶体的物质本构关系所对应的更新公式为

$$\begin{cases} E_x^n(i+1/2,j,k) = D_x^n(i+1/2,j,k)/\varepsilon_1(i+1/2,j,k) \\ E_y^n(i,j+1/2,k) = D_y^n(i,j+1/2,k)/\varepsilon_2(i,j+1/2,k) \\ E_z^n(i,j,k+1/2) = D_z^n(i,j,k+1/2)/\varepsilon_3(i,j,k+1/2) \end{cases} \tag{6.6}$$

若为各向同性电介质或单轴晶体,只需要令上式中 ε_1、ε_2 和 ε_3 全部或两个相等即可。因此,使用 FDTD 方法实现对理想介质材料的仿真非常简单,只需要将式(6.6)所代表的物质本构更新公式对应的程序代码置于关于 D_x、D_y 和 D_z 的旋度方程更新公式对应的程序代码之后即可。

对于双轴光学晶体,其折射率张量 $\bar{\bar{n}}$ 与介电常数张量 $\bar{\bar{\varepsilon}}$ 存在以下关系:

$$\bar{\bar{n}} = \begin{bmatrix} n_1 & 0 & 0 \\ 0 & n_2 & 0 \\ 0 & 0 & n_3 \end{bmatrix} = \sqrt{\frac{\bar{\bar{\varepsilon}}}{\varepsilon_0}} = \frac{1}{\sqrt{\varepsilon_0}} \begin{bmatrix} \sqrt{\varepsilon_1} & 0 & 0 \\ 0 & \sqrt{\varepsilon_2} & 0 \\ 0 & 0 & \sqrt{\varepsilon_3} \end{bmatrix} \tag{6.7}$$

因此,以折射率张量对角线元素分别为 $n_1 = 1.6$、$n_2 = 1.7$ 和 $n_3 = 1.8$ 的长方形双轴晶体为例,以其物质本构关系所对应的更新公式为基础的 MATLAB 仿真代码如下所示。

(1) 主循环体前的代码:

```
%%材料仿真准备——双轴晶体
%设置材料参数
n_1 = 1.6; n_2 = 1.7; n_3 = 1.8;              %折射率张量对角线元素
epsilon_0 = 8.854187817620389e - 12;         %真空介电常数
epsilon_1 = epsilon_0 * n_1^2;               %介电常数对角线元素1
epsilon_2 = epsilon_0 * n_2^2;               %介电常数对角线元素2
epsilon_3 = epsilon_0 * n_3^2;               %介电常数对角线元素3

%设定材料空间分布区域
ix = ix1:ix2; jx = jx1:jx2; kx = kx1:kx2;    %材料内 Ex 分布编号范围
iy = iy1:iy2; jy = jy1:jy2; ky = ky1:ky2;    %材料内 Ey 分布编号范围
iz = iz1:iz2; jz = jz1:jz2; kz = kz1:kz2;    %材料内 Ez 分布编号范围

%初始化整个计算区域电场分量
Dx = zeros(Nx, Ny + 1, Nz + 1);
Ex = Dx;
Dy = zeros(Nx + 1, Ny, Nz + 1);
Ey = Dy;
Dz = zeros(Nx + 1, Ny + 1, Nz);
Ez = Dz;
```

(2) 主循环体内的代码:

```
%%材料仿真实现——双轴晶体
%更新电场 E
Ex(ix,jx,kx) = Dx(ix,jx,kx)./epsilon_1;
Ey(iy,jy,ky) = Dy(iy,jy,ky)./epsilon_2;
Ez(iz,jz,kz) = Dz(iz,jz,kz)./epsilon_3;
```

进一步地,考虑式(6.3)所示的介电常数张量 $\bar{\bar{\varepsilon}}$ 的各元素均不为零的情况。假设张量矩阵 $\bar{\bar{\varepsilon}}$ 的逆矩阵为 $\bar{\bar{a}} = \bar{\bar{\varepsilon}}^{-1}$,对式(6.3)两边同时乘以 $\bar{\bar{a}}$ 获得关系式 $\boldsymbol{E} = \bar{\bar{a}}\boldsymbol{D}$ 及其矩阵形式

$$\begin{bmatrix} E_x \\ E_y \\ E_z \end{bmatrix} = \begin{bmatrix} a_{11} & a_{12} & a_{13} \\ a_{21} & a_{22} & a_{23} \\ a_{31} & a_{32} & a_{33} \end{bmatrix} \begin{bmatrix} D_x \\ D_y \\ D_z \end{bmatrix} \tag{6.8}$$

例如,对于电场 x 分量有

$$E_x = a_{11}D_x + a_{12}D_y + a_{13}D_z \tag{6.9}$$

注意到电场分量 D_y、D_z 与 D_x 和 E_x 在 Yee 元胞中的节点位置不同,因此需要对邻近 D_x 和 E_x 所在节点位置$(i+1/2,j,k)$周围的四个 D_y 和四个 D_z 分别求平均,以获得 D_y 和 D_z 在该节点位置处的平均值 $\overline{D}_y$ 和 $\overline{D}_z$,然后代入式(6.9)获得 E_x 的更新公式。实际上,依据这个思路以及参考第 3 章中的 Yee 元胞图,有

$$\overline{D}_y^n(i+1/2,j,k) - \frac{1}{4}[D_y^n(i,j+1/2,k) + D_y^n(i+1,j+1/2,k) +$$
$$D_y^n(i,j-1/2,k) + D_y^n(i+1,j-1/2,k)]$$
$$\tag{6.10}$$

$$\overline{D}_z^n(i+1/2,j,k) = \frac{1}{4}[D_z^n(i,j,k+1/2) + D_z^n(i+1,j,k+1/2) +$$
$$D_z^n(i,j,k-1/2) + D_z^n(i+1,j,k-1/2)]$$
$$\tag{6.11}$$

将以上两式代入式(6.9),可以得到

$$E_x^n(i+1/2,j,k) = a_{11}D_x^n(i+1/2,j,k) + a_{12}\overline{D}_y^n(i+1/2,j,k) +$$
$$a_{13}\overline{D}_z^n(i+1/2,j,k) \tag{6.12}$$

对于其他两个电场分量 E_y^n 和 E_z^n,可以采用相同的步骤推导出类似的更新公式。

6.2 理想磁介质

这里讨论的理想磁介质,指的是无色散无损耗(不导磁荷)的磁介质材料,其磁场量的时域物质本构关系和频域物质本构关系具有相同的表达式,均可写为

$$\boldsymbol{B} = \mu\boldsymbol{H} = \mu_0\mu_r\boldsymbol{E} \tag{6.13}$$

式中，μ 是磁导率，μ_0 是真空磁导率，μ_r 是相对磁导率。当理想磁介质为各向同性时，μ 为实常数。当理想磁介质为各向异性时，μ 一般写成含有 9 个元素的张量形式

$$\overline{\overline{\mu}} = \begin{bmatrix} \mu_{11} & \mu_{12} & \mu_{13} \\ \mu_{21} & \mu_{22} & \mu_{23} \\ \mu_{31} & \mu_{32} & \mu_{33} \end{bmatrix} \tag{6.14}$$

因此，各向异性磁介质的物质本构关系表达式为 $\boldsymbol{B} = \overline{\overline{\mu}}\boldsymbol{H}$，或写为磁场分量的矩阵形式

$$\begin{bmatrix} B_x \\ B_y \\ B_z \end{bmatrix} = \begin{bmatrix} \mu_{11} & \mu_{12} & \mu_{13} \\ \mu_{21} & \mu_{22} & \mu_{23} \\ \mu_{31} & \mu_{32} & \mu_{33} \end{bmatrix} \begin{bmatrix} H_x \\ H_y \\ H_z \end{bmatrix} \tag{6.15}$$

由此可见，各向异性磁介质中磁感应强度矢量的方向往往和磁场强度矢量的方向不一致。

在 FDTD 方法中，连续分布的磁导率也将根据 Yee 元胞网格进行离散化，并依附在对应的离散磁场分量上。现考虑式(6.15)所示的磁导率张量 $\overline{\overline{\mu}}$ 各元素均不为零的情况下磁介质的物质本构关系所对应的磁场强度更新公式。假设张量矩阵 $\overline{\overline{\mu}}$ 的逆矩阵为 $\overline{\overline{b}} = \overline{\overline{\mu}}^{-1}$，对式(6.15)两边同时乘以 $\overline{\overline{b}}$ 获得关系式 $\boldsymbol{H} = \overline{\overline{b}}\boldsymbol{B}$ 及其矩阵形式

$$\begin{bmatrix} H_x \\ H_y \\ H_z \end{bmatrix} = \begin{bmatrix} b_{11} & b_{12} & b_{13} \\ b_{21} & b_{22} & b_{23} \\ b_{31} & b_{32} & b_{33} \end{bmatrix} \begin{bmatrix} B_x \\ B_y \\ B_z \end{bmatrix} \tag{6.16}$$

例如，对于磁场 y 分量有

$$H_y = b_{21}B_x + b_{22}B_y + b_{23}B_z \tag{6.17}$$

注意到磁场分量 B_x、B_z 与 B_y 和 H_y 在 Yee 元胞中的节点位置不同，因此需要对邻近 B_y 和 H_y 所在节点位置$(i+1/2,j,k+1/2)$周围的四个 B_x 和四个 B_z 分别求平均值，以获得 B_x 和 B_z 在该节点位置上的平均值 $\overline{B}_x$ 和 $\overline{B}_z$，然后代入式(6.17)获得 H_y 的更新公式。实际上，依据这个思路以及参考第 3 章中的 Yee 元胞图，有

$$\overline{B}_x^{n+\frac{1}{2}}(i+1/2,j,k+1/2) = \frac{1}{4}\Big[B_x^{n+\frac{1}{2}}(i,j+1/2,k+1/2) +$$

$$B_x^{n+\frac{1}{2}}(i+1,j+1/2,k+1/2) +$$

$$B_x^{n+\frac{1}{2}}(i,j-1/2,k+1/2)+$$

$$B_x^{n+\frac{1}{2}}(i+1,j-1/2,k+1/2)] \quad (6.18)$$

$$\bar{B}_z^{n+\frac{1}{2}}(i+1/2,j,k+1/2)=\frac{1}{4}\big[B_z^{n+\frac{1}{2}}(i+1/2,j+1/2,k)+$$

$$B_z^{n+\frac{1}{2}}(i+1/2,j+1/2,k+1)+$$

$$B_z^{n+\frac{1}{2}}(i+1/2,j-1/2,k)+$$

$$B_z^{n+\frac{1}{2}}(i+1/2,j-1/2,k+1)] \quad (6.19)$$

将以上两式代入式(6.9),可以得到

$$H_y^{n+\frac{1}{2}}(i+1/2,j,k+1/2)=b_{21}\bar{B}_x^{n+\frac{1}{2}}(i+1/2,j,k+1/2)+$$

$$b_{22}B_y^{n+\frac{1}{2}}(i+1/2,j,k+1/2)+$$

$$b_{23}\bar{B}_z^{n+\frac{1}{2}}(i+1/2,j,k+1/2) \quad (6.20)$$

对于其他两个磁场分量 $H_x^{n+1/2}$ 和 $H_z^{n+1/2}$,可以采用相同的步骤推导出类似的更新公式。

6.3 导电媒质

导电媒质的导电特性可根据电导率参数 σ 以及欧姆定律的微分形式描述为

$$\boldsymbol{J}=\sigma\boldsymbol{E} \quad (6.21)$$

式中,$\boldsymbol{J}$ 为传导电流密度矢量。根据复数形式的全电流安培定律,传导电流和位移电流均可产生相同效果的涡旋磁场,有

$$\nabla\times H=\mathrm{j}\omega\boldsymbol{D}+\boldsymbol{J}=\mathrm{j}\omega\varepsilon\boldsymbol{E}+\sigma\boldsymbol{E}=\mathrm{j}\omega\varepsilon_0\left(\varepsilon_\infty+\frac{\sigma}{\mathrm{j}\omega\varepsilon_0}\right)\boldsymbol{E} \quad (6.22)$$

因此,对于导电损耗材料,可以定义复介电常数 $\varepsilon_c(\omega)$ 及其对应的频域物质本构关系

$$\boldsymbol{D}=\varepsilon_c(\omega)\boldsymbol{E}=\varepsilon_0\left(\varepsilon_\infty+\frac{\sigma}{\mathrm{j}\omega\varepsilon_0}\right)\boldsymbol{E} \quad (6.23)$$

式中,$\varepsilon_c(\omega)$ 为导电媒质的复介电常数,ε_∞ 为导电媒质在极高频率处的相对介电常数。为了实现对式(6.23)括号内第二项的模拟仿真,可以定义损耗辅助量为

$$I = \frac{\sigma}{\mathrm{j}\omega\varepsilon_0}E \tag{6.24}$$

则有

$$D = \varepsilon_c E = \varepsilon_0(\varepsilon_\infty E + I) \tag{6.25}$$

其所对应的电场矢量 E 的更新公式为

$$E^n = \frac{1}{\varepsilon_\infty}\left(\frac{1}{\varepsilon_0}D^n - I^n\right) \tag{6.26}$$

下面推导损耗辅助参量 I 的时域更新公式。为此,先定义两个辅助参数 $\bar\sigma = \sigma\Delta t/\varepsilon_0$ 和 $\bar\omega = \omega\Delta t$,则式(6.24)可以简写为

$$I = \frac{\bar\sigma}{\mathrm{j}\bar\omega}E \tag{6.27}$$

式中,Δt 是 FDTD 仿真电磁场量的时间离散间隔,即时间步长。一般情况下,电场在一个时间步长 Δt 内,其振幅变化可以忽略,仅有相位的变化,则离散电场的 Z 域表达式自变量 z 和频域表达式的自变量 ω 之间存在以下近似的转换关系:

$$z \Leftrightarrow \exp(\mathrm{j}\omega\Delta t) = \exp(\mathrm{j}\bar\omega) \tag{6.28}$$

因此,可以采用双线性变换(bilinear transform,BT)实现对频域介电模型中 $\mathrm{j}\bar\omega$ 项的替换,即

$$\frac{2(1-z^{-1})}{1+z^{-1}} \Leftrightarrow 2\frac{\exp(\mathrm{j}\bar\omega)-1}{\exp(\mathrm{j}\bar\omega)+1} = \mathrm{j}2\tan\left(\frac{\bar\omega}{2}\right) \approx \mathrm{j}\bar\omega \tag{6.29}$$

将上式代入式(6.27),可得 I 和 E 的 Z 域关系式为

$$I(z) = \frac{\bar\sigma(1+z^{-1})}{2(1-z^{-1})}E(z) \tag{6.30}$$

则根据数字信号处理知识 $I^n z^{-m} = I^{n-m}$,可以得到式(6.30)对应的时域离散更新表达式

$$I^n = C_3(E^n + E^{n-1}) + I^{n-1} \tag{6.31}$$

式中,$C_3 = \bar\sigma/2$。将式(6.31)代入式(6.26),可得到电场更新公式

$$E^n = C_0 D^n - C_1 E^{n-1} - C_2 I^{n-1} \tag{6.32}$$

式中,$C_0 = 2/[\varepsilon_0(2\varepsilon_\infty + \bar\sigma)]$,$C_1 = \bar\sigma/(2\varepsilon_\infty + \bar\sigma)$,$C_2 = 2/(2\varepsilon_\infty + \bar\sigma)$。因此,导电损耗材料物质本构关系的时域更新步骤如下:

(1) 根据式(6.32),由 D^n、E^{n-1}、I^{n-1} 计算得到 E^n;

(2) 根据式(6.31),由 E^n、E^{n-1}、I^{n-1} 计算得到 I^n,供下一循环迭代中使用;为了减轻内存负担,I^n 和 I^{n-1} 可共用同一内存空间;

(3) 更新 E^{n-1} 的值,即将 E^n 的值赋予 E^{n-1};

(4) 回到步骤(1)循环以上过程,实现时间上的推进 $n\Delta t \to (n+1)\Delta t$。

  下面以仿真相对介电常数为 $\varepsilon_\infty = 2.25$、电导率为 $\sigma = 2 \times 10^3 \, \mathrm{S/m}$ 的长方体导电损耗材料为例，给出对应的 MATLAB 程序代码。

（1）主循环体前的代码：

```matlab
%%材料仿真准备——导电媒质
%设置材料参数
epsilon_0 = 8.854187817620389e - 12;      %真空介电常数
epsilon_inf = 2.25;                        %极高频率处的相对介电常数
sigma = 2e3;                               %电导率
sigma_b = sigma * dt/epsilon_0;            %归一化电导率

%计算更新公式系数
C0 = 2/epsilon_0/(2 * epsilon_inf + sigma_b);
C1 = sigma_b/(2 * epsilon_inf + sigma_b);
C2 = 2/(2 * epsilon_inf + sigma_b);
C3 = sigma_b/2;

%设定材料空间分布区域
ix = ix1:ix2; jx = jx1:jx2; kx = kx1:kx2;  %材料内 Ex 分布编号范围
iy = iy1:iy2; jy = jy1:jy2; ky = ky1:ky2;  %材料内 Ey 分布编号范围
iz = iz1:iz2; jz = jz1:jz2; kz = kz1:kz2;  %材料内 Ez 分布编号范围

%初始化整个计算区域电场分量
Dx = zeros(Nx, Ny + 1, Nz + 1);
Ex = Dx;
Dy = zeros(Nx + 1, Ny, Nz + 1);
Ey = Dy;
Dz = zeros(Nx + 1, Ny + 1, Nz);
Ez = Dz;

%初始化材料区域电场分量及其辅助参量
Ex_n1 = zeros(length(ix), length(jx), length(kx));
Ix_n1 = Ex_n1;
Ey_n1 = zeros(length(iy), length(jy), length(ky));
Iy_n1 = Ey_n1;
Ez_n1 = zeros(length(iz), length(jz), length(kz));
Iz_n1 = Ez_n1;
```

（2）主循环体内的代码：

```matlab
%%材料仿真实现——媒质
%更新电场 E
Ex(ix, jx, kx) = C0 * Dx(ix, jx, kx) - C1 * Ex_n1 - C2 * Ix_n1;
Ey(iy, jy, ky) = C0 * Dy(iy, jy, ky) - C1 * Ey_n1 - C2 * Iy_n1;
```

```
Ez(iz,jz,kz) = C0 * Dz(iz,jz,kz) - C1 * Ez_n1 - C2 * Iz_n1;

% 更新辅助变量 I
Ix_n1 = C3 * (Ex(ix,jx,kx) + Ex_n1) + Ix_n1;
Iy_n1 = C3 * (Ey(iy,jy,ky) + Ey_n1) + Iy_n1;
Iz_n1 = C3 * (Ez(iz,jz,kz) + Ez_n1) + Iz_n1;

% 备份保存当前时刻电场
Ex_n1 = Ex(ix,jx,kx); Ey_n1 = Ey(iy,jy,ky); Ez_n1 = Ez(iz,jz,kz);
```

值得注意的是,在现有的文献资料中对导电损耗材料的电磁场仿真一般采取麦克斯韦旋度方程与物质本构关系结合起来的更新方式,其优势是当材料的相对介电常数 ε_r 是非色散的常数时,可以节约内存空间;劣势是当材料的相对介电常数 $\varepsilon_r(\omega)$ 是与频率有关的色散模型时,电磁场量的更新公式需要重新修改,从而不利于采用旋度方程和物质本构关系分开仿真的模块化编程。在模块化编程中,旋度方程更新公式的仿真程序一般是与材料类型无关的固定程序代码,不会因仿真材料的改变而需要进一步修改,这对于仿真计算区域内包含有多种复杂材料的电磁场问题仿真非常重要,有利于 FDTD 编程实现的标准化和模块化。

6.4　色散材料

6.4.1　德拜色散材料

德拜(Debye)色散是自然界中最常见的材料色散类型之一。对于 N 极德拜色散材料,其电磁特性由以下物质本构关系决定:

$$\boldsymbol{D} = \varepsilon_0 \varepsilon_r(\omega) \boldsymbol{E} \tag{6.33}$$

其中,复数相对介电常数色散模型为

$$\varepsilon_r(\omega) = \varepsilon_\infty + \sum_{k=1}^{N} \frac{\Delta\varepsilon_k}{1 + j\omega\tau_k} \tag{6.34}$$

式中,ε_∞ 是极高频率处的相对介电常数,$\Delta\varepsilon_k$ 是第 k 个介电常数变化量,τ_k 是第 k 个德拜弛豫时间,ε_0 是真空介电常数。为了让后续公式更加简洁,定义参数 $\bar{\omega} = \omega\Delta t$,$\bar{\tau}_k = \tau_k/\Delta t$,这样式(6.34)可简记为

$$\varepsilon_r(\omega) = \varepsilon_\infty + \sum_{k=1}^{N} \frac{\Delta\varepsilon_k}{1 + \bar{\tau}_k(j\bar{\omega})} \tag{6.35}$$

为了推导物质本构关系式(6.33)所对应的更新公式，定义与电极化现象有关的辅助参量 S_k，有

$$D = \varepsilon_0 \left(\varepsilon_\infty E + \sum_{k=1}^{N} S_k \right) \tag{6.36}$$

其中，辅助参量

$$S_k(\omega) = \chi_{ek}(\omega) E(\omega) = \frac{\Delta\varepsilon_k}{1 + \bar{\tau}_k(\mathrm{j}\omega)} E(\omega) \tag{6.37}$$

本小节主要任务是推导 S_k 的更新公式。目前计算德拜色散介电模型可使用的具有较高精度的算法有双线性变换法、修正 Z 变换法以及分段线性递归卷积法，下面分别讨论这三种算法。

双线性变换法(bilinear transform, BT)在有些文献中也称为移位算子(shift operator, SO)法或叫托斯汀法则(Tustin rule)，其优点是具有较高的仿真精度和优良的数值稳定性。使用 BT 算法对材料进行仿真，不会改变 CFL 数值稳定性条件。实际上根据 6.3 节的研究结果，双线性变换法主要基于以下频域和 Z 域的近似替换公式

$$\mathrm{j}\bar{\omega} \Leftrightarrow \frac{2(1 - z^{-1})}{1 + z^{-1}} \tag{6.38}$$

据此，将式(6.38)代入式(6.37)，可以推导出辅助参量 S_k 的更新公式。实际上，

$$S_k(z) = \frac{\Delta\varepsilon_k}{1 + \dfrac{2\bar{\tau}_k(1 - z^{-1})}{1 + z^{-1}}} E(z) \tag{6.39}$$

则根据 $S_k^n z^{-m} = S_k^{n-m}$，可以得到电极化辅助参量 S_k 的更新公式

$$S_k^n = C_{3k}(E^n + E^{n-1}) - C_{4k} S_k^{n-1} \tag{6.40}$$

式中，$C_{3k} = \Delta\varepsilon_k / (1 + 2\bar{\tau}_k)$ 和 $C_{4k} = (1 - 2\bar{\tau}_k) / (1 + 2\bar{\tau}_k)$ 为常系数。进一步地，根据式(6.36)可以推导得到关于德拜色散材料的电场更新公式

$$D^n = \varepsilon_0 \left(\varepsilon_\infty E^n + \sum_{k=1}^{N} S_k^n \right) \tag{6.41}$$

将式(6.40)代入式(6.41)，可得

$$D^n = \varepsilon_0 \left[\varepsilon_\infty E^n + \sum_{k=1}^{N} (C_{3k} E^n + C_{3k} E^{n-1} - C_{4k} S_k^{n-1}) \right] \tag{6.42}$$

经过整理，可得 BT 算法下德拜材料物质本构关系的最终更新公式

$$E^n = C_0 D^n - C_1 E^{n-1} + \sum_{k=1}^{N} C_{2k} S_k^{n-1} \tag{6.43}$$

式中,系数 $C_0 = 1/(\varepsilon_0 a)$, $C_1 = (a - \varepsilon_\infty)/a$ 以及 $C_{2k} = C_{4k}/a$,其中 $a = \varepsilon_\infty + \sum_{k=1}^N C_{3k}$。另外,将式(6.38)代入德拜色散相对介电常数表达式(6.35),得到

$$\hat{\varepsilon}_r^{BT}(z) = \varepsilon_\infty + \sum_{k=1}^N \frac{\Delta\varepsilon_k}{1 + \frac{2\bar{\tau}_k(1 - z^{-1})}{1 + z^{-1}}} \qquad (6.44)$$

对上式应用转换关系式 $z \Leftrightarrow \exp(j\omega\Delta t)$,获得 BT 算法下的频域数值介电模型

$$\bar{\varepsilon}_r^{BT}(\omega) = \varepsilon_\infty + \sum_{k=1}^N \frac{\Delta\varepsilon_k}{1 + j2\bar{\tau}_k\tan\left(\frac{\omega\Delta t}{2}\right)} \qquad (6.45)$$

另外,辅助参量 S_k 的更新公式亦可使用 Z 变换法(modified Z transform,MZT)来推导。事实上,根据以下 Z 变换公式:

$$\frac{1}{\alpha + j\omega} \Leftrightarrow \frac{1}{1 - e^{-\alpha\Delta t}z^{-1}} \qquad (6.46)$$

与式(6.37)比较,可以得到辅助参量 S_k 的 Z 域模型

$$S_k(z) = \frac{\Delta\varepsilon_k}{\bar{\tau}_k(1 - e^{-1/\bar{\tau}_k}z^{-1})}E(z) \qquad (6.47)$$

对式(6.47)应用转换关系式 $z \Leftrightarrow \exp(j\omega\Delta t)$,并代入式(6.37)获得 ZT 算法下的极化率数值色散模型

$$\tilde{\chi}_{ek}^{ZT}(\omega) = \sum_{k=1}^N \frac{\Delta\varepsilon_k}{\bar{\tau}_k(1 - e^{-1/\bar{\tau}_k}e^{-j\omega\Delta t})} \qquad (6.48)$$

值得注意的是,在零频($\omega = 0$)情况下,$\tilde{\chi}_{ek}^{ZT}(0) = \dfrac{\Delta\varepsilon_k}{\bar{\tau}_k(1 - e^{-1/\bar{\tau}_k})} \neq \chi_{ek}(0) = \Delta\varepsilon_k$,因此原始的 ZT 算法存在较大的直流误差。对于 N 级德拜材料,总的直流误差为

$$\Delta\varepsilon_r^{ZT} = \sum_{k=1}^N [\tilde{\chi}_{ek}^{ZT}(\omega) - \chi_{ek}(0)] = \sum_{k=1}^N \Delta\varepsilon_k\left[\frac{1}{\bar{\tau}_k(1 - e^{-1/\bar{\tau}_k})} - 1\right] \qquad (6.49)$$

幸运的是,该误差是个常数,因此,通过重新定义新的极高频率处的相对介电常数

$$\varepsilon_\infty' = \varepsilon_\infty - \Delta\varepsilon_r^{ZT} \qquad (6.50)$$

然后用 ε_∞' 替换原来的参数 ε_∞,即可完成修正。这种经过直流成分修正的 Z 变换算法称为修正 Z 变换(modified Z transform,MZT)方法。

根据 $S_k^n z^{-m} = S_k^{n-m}$，代入式(6.47)可以得到电极化辅助参量 S_k 的更新公式

$$S_k^n = C_{5k} E^n + C_{6k} S_k^{n-1} \tag{6.51}$$

式中，$C_{5k} = \Delta\varepsilon_k / \bar{\tau}_k$ 和 $C_{6k} = e^{-1/\bar{\tau}_k}$。将式(6.51)代入式(6.41)得

$$D^n = \varepsilon_0 \left[\varepsilon_\infty' E^n + \sum_{k=1}^{N} (C_{5k} E^n + C_{6k} S_k^{n-1}) \right] \tag{6.52}$$

经过整理，可以得到 MZT 算法下德拜材料物质本构关系的最终更新公式

$$E^n = C_0 D^n - \sum_{k=1}^{N} C_{1k} S_k^{n-1} \tag{6.53}$$

式中，系数 $C_0 = 1/(\varepsilon_0 a)$，$C_{1k} = C_{6k}/a$，其中 $a = \varepsilon_\infty' + \sum_{k=1}^{N} C_{5k}$。另外，将式(6.47)和式(6.50)代入相对介电常数表达式(6.35)，可以得到

$$\hat{\varepsilon}_r^{MZT}(z) = \varepsilon_\infty' + \sum_{k=1}^{N} \frac{\Delta\varepsilon_k}{\bar{\tau}_k (1 - e^{-1/\bar{\tau}_k} z^{-1})} \tag{6.54}$$

对上式应用转换关系式 $z \Leftrightarrow \exp(j\omega\Delta t)$，获得 MZT 算法下的频域数值介电模型

$$\tilde{\varepsilon}_r^{MZT}(\omega) = \varepsilon_\infty' + \sum_{k=1}^{N} \frac{\Delta\varepsilon_k}{\bar{\tau}_k (1 - e^{-1/\bar{\tau}_k} e^{-j\omega\Delta t})} \tag{6.55}$$

下面讨论德拜色散材料的分段线性递归卷积法(piecewise linear recursive convolution，PLRC)。通常情况下，常见的物质本构关系是频域下的乘积表达式

$$D(\omega) = \varepsilon_0 \varepsilon_r(\omega) E(\omega) \tag{6.56}$$

若写成时域下的表达式，则应是卷积关系

$$D(t) = \varepsilon_0 \varepsilon_r(t) * E(t) = \varepsilon_0 \int_0^t E(t-\tau) \varepsilon_r(\tau) \mathrm{d}\tau \tag{6.57}$$

特别地，对于德拜色散材料，电极化参量与电场的频域关系式

$$S_k(\omega) = \chi_{ek}(\omega) E(\omega) \tag{6.58}$$

对应的时域表达形式为

$$S_k(t) = \chi_{ek}(t) * E(t) = \varepsilon_0 \int_0^t E(t-\tau) \chi_{ek}(\tau) \mathrm{d}\tau \tag{6.59}$$

式中，电极化率

$$\chi_{ek}(t) = \frac{\Delta\varepsilon_k}{\tau_k} \exp\left(-\frac{t}{\tau}\right) U(t) \tag{6.60}$$

其中 $U(t)$ 为阶跃函数。分段线性递归卷积法直接对式(6.59)所代表的卷积

积分式进行分段线性递归数值积分计算。根据 PLRC 算法,辅助参量 S_k 的 Z 域表达式为

$$S_k(z) = \frac{C_{7k} + C_{8k}z^{-1}}{1 - C_{9k}z^{-1}} E(z) \tag{6.61}$$

对应的离散时域更新公式为

$$S_k^n = C_{7k}E^n + C_{8k}E^{n-1} + C_{9k}S_k^{n-1} \tag{6.62}$$

式中,$C_{7k} = \Delta\varepsilon_k(\chi_k^0 - \xi_k^0)$,$C_{8k} = \Delta\varepsilon_k\xi_k^0$,$C_{9k} = e^{-1/\overline{\tau}_k}$,其中 $\chi_k^0 = 1 - e^{-1/\overline{\tau}_k}$ 和 $\xi_k^0 = \overline{\tau}_k[1 - (1 + 1/\overline{\tau}_k)e^{-1/\overline{\tau}_k}]$。将式(6.62)代入式(6.41)得

$$D^n = \varepsilon_0 \left[\varepsilon_\infty E^n + \sum_{k=1}^N (C_{7k}E^n + C_{8k}E^{n-1} + C_{9k}S_k^{n-1}) \right] \tag{6.63}$$

经过整理,可以得到 PLRC 算法下德拜材料物质本构关系的最终更新公式

$$E^n = C_0 D^n - C_1 E^{n-1} - \sum_{k=1}^N C_{2k}S_k^{n-1} \tag{6.64}$$

式中,系数 $C_0 = 1/(\varepsilon_0 a)$,$C_1 = b/a$ 以及 $C_{2k} = C_{9k}/a$,其中 $a = \varepsilon_\infty + \sum_{k=1}^N C_{7k}$,$b = \sum_{k=1}^N C_{8k}$。另外,将式(6.61)代入相对介电常数表达式(6.35),可以得到

$$\hat{\varepsilon}_r^{\mathrm{PLRC}}(z) = \varepsilon_\infty + \sum_{k=1}^N \Delta\varepsilon_k \frac{(\chi_k^0 - \xi_k^0) + \xi_k^0 z^{-1}}{1 - e^{-1/\overline{\tau}_k}z^{-1}} \tag{6.65}$$

对上式应用转换关系式 $z \Leftrightarrow \exp(j\omega\Delta t)$,获得 PLRC 算法下的频域数值介电模型

$$\tilde{\varepsilon}_r^{\mathrm{PLRC}}(\omega) = \varepsilon_\infty + \sum_{k=1}^N \Delta\varepsilon_k \frac{(\chi_k^0 - \xi_k^0) + \xi_k^0 e^{-j\overline{\omega}}}{1 - e^{-1/\overline{\tau}_k}e^{-j\overline{\omega}}} \tag{6.66}$$

下面举一个简单的例子验证以上三种算法对德拜模型的仿真精度。在室温(20℃)下从零频到 100GHz 的频率范围内液态纯净水的电磁色散特性可以使用单极德拜模型来描述

$$\varepsilon_r(\omega) = \varepsilon_\infty + \frac{\Delta\varepsilon}{1 + j\omega\tau} \tag{6.67}$$

式中,$\varepsilon_\infty = 5.285$,$\Delta\varepsilon = 74.789$ 以及 $\tau = 9.352 \mathrm{ps/rad}$。图 6.1 给出了常温下液态纯净水的复数相对介电常数的实部和虚部随频率的变化关系曲线图,其中 $f = \omega/(2\pi)$ 为电磁波频率。

空间离散网格使用立方 Yee 元胞,网格边长取 $\Delta s = \lambda_{\min}/15$,其中,$\lambda_{\min}$ 是对应于最高有效仿真频率 $f_{\max} = 100\mathrm{GHz}$ 的电磁波在水中的最小波长

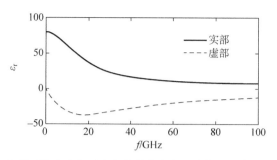

图 6.1　室温下液态水相对介电常数的实部和虚部随频率的变化关系

$$\lambda_{\min} = \frac{2\pi}{\beta_{\max}} = \frac{c_0}{f_{\max} \mathrm{Re}\left[\sqrt{\varepsilon_r(2\pi f_{\max})}\right]} \qquad (6.68)$$

式中，c_0 为光在真空中的速度。时间步长选取适用于一维到三维问题电磁仿真的通用数值

$$\Delta t = \frac{\Delta s}{c_0}\frac{\sqrt{\varepsilon_\infty}}{2} \qquad (6.69)$$

图 6.2 给出了在不同的德拜模型仿真算法下，液态水的数值相对介电常数与理论相对介电常数之间的差别 $\tilde{\varepsilon}_r(\omega) - \varepsilon_r(\omega)$。可以看到：绝对误差 $|\tilde{\varepsilon}_r(\omega) - \varepsilon_r(\omega)|$ 在 10^{-2} 数量级；对于仿真德拜介电常数模型的实部，MZT

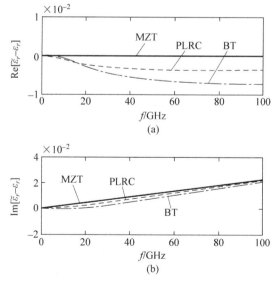

图 6.2　不同算法下液态水相对介电常数的仿真数值与理论值之间的差别

(a) 实部误差；(b) 虚部误差

算法比其他两种算法具有极小的误差和极高的精度；对于仿真德拜介电常数模型的虚部，BT算法比其他两种算法具有略高的精度。需要指出的是，由于两个麦克斯韦旋度方程的中心二阶差分仅有二阶精度，因此，当以上算法对色散模型的仿真精度高于二阶精度时，继续提高色散模型的仿真精度意义不大。从这个角度看，以上三种方法均可使用。

6.4.2　德鲁德色散材料

许多材料具有德鲁德（Drude）电磁色散特性，例如等离子体、光频段下的金属等。对于德鲁德色散材料，其物质本构关系为

$$D = \varepsilon(\omega)E = \varepsilon_0 \varepsilon_r(\omega)E \tag{6.70}$$

其中，相对介电常数 $\varepsilon_r(\omega)$ 使用德鲁德色散模型来描述：

$$\varepsilon_r(\omega) = \varepsilon_\infty - \sum_{l=1}^{L} \frac{\omega_{pl}^2}{\omega^2 - j\nu_{cl}\omega} = \varepsilon_\infty + \sum_{l=1}^{L} \frac{\omega_{pl}^2}{j\nu_{cl}\omega - \omega^2} \tag{6.71}$$

式中，ε_∞ 为极高频率处的相对介电常数。一般情况下取 $\varepsilon_\infty \approx 1$，这是因为对于频率极大的电磁波（例如 γ 射线），物质近乎透明，宛如真空。上面表达式中包含 L 个极点，ω_{pl} 为第 l 个极点对应的等离子体频率；ν_{cl} 为第 l 个极点对应的碰撞频率。定义电极化辅助参量

$$S_l(\omega) = \frac{\omega_{pl}^2}{j\nu_{cl}\omega - \omega^2}E(\omega) \tag{6.72}$$

则式（6.70）可改写为

$$D(\omega) = \varepsilon_0 \left[\varepsilon_\infty E(\omega) + \sum_{l=1}^{L} S_l(\omega) \right] \tag{6.73}$$

在 FDTD 方法中，推导 S_l 的离散时域更新公式有多种方法，包括在 6.4 节论述的双线性变换法（BT），Z 变换法（ZT），分段线性递归卷积法（PLRC），以及近年来作者发现的麦克劳林级数展开法（Maclaurin series expansion，MSE）等。下面以 BT 算法和 MSE 算法为例进行德鲁德模型更新公式的推导。

同样地，为了让后续的表达式更加简洁，定义几个新参量 $\bar{\omega} = \omega\Delta t$，$\bar{\omega}_{pl} = \omega_{pl}\Delta t$，$\bar{\nu}_{cl} = \nu_{cl}\Delta t$，则式（6.72）可以改写为

$$S_l(\omega) = \frac{\bar{\omega}_{pl}^2}{j\bar{\nu}_{cl}\bar{\omega} - \bar{\omega}^2}E(\omega) = \frac{\bar{\omega}_{pl}^2}{\bar{\nu}_{cl}(j\bar{\omega}) + (j\bar{\omega})^2}E(\omega) \tag{6.74}$$

将双线性变换公式（6.38）代入上式，可获得 S_l 与 E 之间的 Z 域关系式

$$S_l(z) = \frac{\bar{\omega}_{pl}^2}{\dfrac{2\bar{\nu}_{cl}(1-z^{-1})}{1+z^{-1}} + \dfrac{4(1-z^{-1})^2}{(1+z^{-1})^2}} E(z) \qquad (6.75)$$

经整理后可得

$$\left[(4+2\bar{\nu}_{cl}) - 8z^{-1} + (4-2\bar{\nu}_{cl})z^{-2}\right]S_l(z) = \bar{\omega}_{pl}^2(1+2z^{-1}+z^{-2})E(z)$$
$$(6.76)$$

因此，对应于 S_l 和 E 之间的离散时域更新方程为

$$S_l^n = C_{0l}(E^n + 2E^{n-1} + E^{n-2}) + C_{1l}S_l^{n-1} - C_{2l}S_l^{n-2} \qquad (6.77)$$

式中，$C_{0l} = \bar{\omega}_{pl}^2/a_l$，$C_{1l} = 8/a_l$ 和 $C_{2l} = (4-2\bar{\nu}_{cl})/a_l$，其中 $a_l = 4+2\bar{\nu}_{cl}$。将上式代入式(6.73)，得到 BT 算法下德鲁德色散材料物质本构关系的更新公式为

$$E^n = C_0 D^n - C_1 E^{n-1} - C_2 E^{n-2} - \sum_{l=1}^{L} C_{3l}S_l^{n-1} + \sum_{l=1}^{L} C_{4l}S_l^{n-2} \qquad (6.78)$$

式中，$C_0 = 1/(\varepsilon_0 b)$，$C_1 = 2\sum_{l=1}^{L} C_{0l}/b$，$C_2 = C_1/2$，$C_{3l} = C_{1l}/b$ 以及 $C_{4l} = C_{2l}/b$，其中 $b = \varepsilon_\infty + \sum_{l=1}^{L} C_{0l}$。因此，在 BT 算法下，德鲁德色散材料仿真的时域更新步骤如下：

(1) 根据式(6.78)，由 D^n、E^{n-1}、E^{n-2}、S^{n-1} 和 S^{n-2} 的值计算 E^n；

(2) 根据式(6.77)，由 E^n、E^{n-1}、E^{n-2}、S^{n-1} 和 S^{n-2} 的值计算 S^n；

(3) 由 E^n 和 S^n 的值更新 E^{n-1}、E^{n-2}、S^{n-1} 和 S^{n-2} 的值；

(4) 回到步骤(1)。

对于常见的光频段金属德鲁德模型，一般只含有一个极点($L=1$)且 $\varepsilon_\infty = 1$，此时不用引入辅助函数 S_l，也可以写出 E 的更新公式。实际上，此时的德鲁德模型为

$$D = \varepsilon_0\left(1 - \frac{\omega_p^2}{\omega^2 - j\nu_c\omega}\right)E = \varepsilon_0\left[1 + \frac{\bar{\omega}_p^2}{(j\bar{\omega})^2 + (j\bar{\omega})\bar{\nu}_c}\right]E \qquad (6.79)$$

式中，$\bar{\omega} = \omega\Delta t/2\pi$，$\bar{\omega}_p = \omega_p\Delta t$ 以及 $\bar{\nu}_c = \nu_c\Delta t$。可以证明，不管采用何种算法，式(6.79)对应的 Z 域表达式均可写成以下形式：

$$D(z) = \varepsilon_0\left[1 + \frac{a_0 + a_1z^{-1} + a_2z^{-2}}{b_0 + b_1z^{-1} + b_2z^{-2}}\right]E(z) \qquad (6.80)$$

比如，在 BT 算法下，上式中各个系数为

$$\begin{cases} a_0 = \bar{\omega}_p^2, \quad a_1 = 2\bar{\omega}_p^2, \quad a_2 = \bar{\omega}_p^2 \\ b_0 = 4+2\bar{\nu}_c, \quad b_1 = -8, \quad b_2 = 4-2\bar{\nu}_c \end{cases} \qquad (6.81)$$

在 MSE 算法下,各个系数为

$$
\begin{cases}
a_0 = \bar{\omega}_p^2(6 + 3\bar{\nu}_c - \bar{\nu}_c^2), \quad a_1 = \bar{\omega}_p^2(60 - 4\bar{\nu}_c^2), \quad a_2 = \bar{\omega}_p^2(6 - 3\bar{\nu}_c - \bar{\nu}_c^2) \\
b_0 = 72 + 36\bar{\nu}_c - 3\bar{\nu}_c^3, \quad b_1 = -144, \quad b_2 = 72 - 36\bar{\nu}_c + 3\bar{\nu}_c^3
\end{cases}
\tag{6.82}
$$

此时,对应于式(6.80)的离散时域更新公式为

$$
\boldsymbol{E}^n = \frac{b_0\boldsymbol{D}^n + b_1\boldsymbol{D}^{n-1} + b_2\boldsymbol{D}^{n-2}}{\varepsilon_0(a_0 + b_0)} - \left(\frac{a_1 + b_1}{a_0 + b_0}\right)\boldsymbol{E}^{n-1} - \left(\frac{a_2 + b_2}{a_0 + b_0}\right)\boldsymbol{E}^{n-2}
\tag{6.83}
$$

进一步研究表明,MSE 算法具有比 BT 算法更高的模型仿真精度,但数值稳定性条件比 BT 算法要求略严格些。由于麦克斯韦的两个旋度方程的中心二阶差分近似仅有二阶精度,因此,当以上算法对色散模型的仿真精度高于二阶精度时,一味追求提高色散模型的仿真精度意义不大。当然,如果采用的是高阶 FDTD 方法,则 MSE 算法的优势就显现出来了。

6.4.3 洛伦兹色散材料

洛伦兹(Lorentz)色散模型可描述材料在较广频率范围内的色散特性。事实上,德拜模型是洛伦兹模型的低频近似,德鲁德模型是洛伦兹模型的高频近似。对于具有 L 个洛伦兹型共振的色散材料,其物质本构关系为

$$
\boldsymbol{D} = \varepsilon(\omega)\boldsymbol{E} = \varepsilon_0\varepsilon_r(\omega)\boldsymbol{E}
\tag{6.84}
$$

其中,相对介电常数 $\varepsilon_r(\omega)$ 使用洛伦兹色散模型来描述

$$
\varepsilon_r(\omega) = \varepsilon_\infty + \sum_{l=1}^{L} \frac{\Delta\varepsilon_l\omega_{0l}^2}{\omega_{0l}^2 + j2\delta_{0l}\omega - \omega^2}
\tag{6.85}
$$

式中,ω_{0l} 为共振频率,δ_{0l} 为衰减系数,$\Delta\varepsilon_l$ 是 l 级共振在零频时的介电常数贡献。同样地,定义新参数 $\bar{\omega}_{0l} = \omega_{0l}\Delta t$,$\bar{\delta}_{0l} = \delta_0\Delta t$ 以及 $\bar{\omega} = \omega\Delta t$,则相对介电常数可以改写为

$$
\varepsilon_r(\omega) = \varepsilon_\infty + \sum_{l=1}^{L} \frac{\Delta\varepsilon_l\bar{\omega}_{0l}^2}{\bar{\omega}_{0l}^2 + 2\bar{\delta}_{0l}(j\bar{\omega}) + (j\bar{\omega})^2}
\tag{6.86}
$$

定义电极化辅助参量

$$
\boldsymbol{S}_l(\omega) = \chi_{el}(\omega)\boldsymbol{E}(\omega) = \frac{\Delta\varepsilon_l\bar{\omega}_{0l}^2}{\bar{\omega}_{0l}^2 + 2\bar{\delta}_{0l}(j\bar{\omega}) + (j\bar{\omega})^2}\boldsymbol{E}(\omega)
\tag{6.87}
$$

可以证明,不管采用何种算法,式(6.87)对应的 Z 域表达式均可写成以下形式:

$$S_l(z) = \frac{a_{0l} + a_{1l}z^{-1} + a_{2l}z^{-2}}{b_{0l} + b_{1l}z^{-1} + b_{2l}z^{-2}} E(z) \tag{6.88}$$

例如,对于 BT 算法,上式中各系数为

$$\begin{cases} a_{0l} = \Delta\varepsilon_l \bar{\omega}_{0l}^2, & a_{1l} = 2a_{0l}, & a_{2l} = a_{0l} \\ b_{0l} = \bar{\omega}_{0l}^2 + 4\bar{\delta}_{0l} + 4, & b_{1l} = 2(\bar{\omega}_{0l}^2 - 4), & b_{2l} = \bar{\omega}_{0l}^2 - 4\bar{\delta}_{0l} + 4 \end{cases} \tag{6.89}$$

对于 ZT 算法,各系数为

$$\begin{cases} a_{0l} = 0, & a_{1l} = \Delta\varepsilon_l \bar{\omega}_{0l}^2 \sin(\bar{\beta}_l) \bar{\beta}_l^{-1}, & a_{2l} = 0 \\ b_{0l} = e^{\bar{\delta}_{0l}}, & b_{1l} = -2\cos(\bar{\beta}_l), & b_{2l} = e^{-\bar{\delta}_{0l}} \end{cases} \tag{6.90}$$

式中,$\bar{\beta}_l = \sqrt{\bar{\omega}_{0l}^2 - \bar{\delta}_{0l}^2}$。值得注意的是,原始的 ZT 算法存在较大的直流误差,因此需要对洛伦兹模型中的 ε_∞ 参数进行修正,

$$\varepsilon'_\infty = \varepsilon_\infty - \sum_{l=1}^{L} \Delta\varepsilon_{rl}^{ZT}(0) = \varepsilon_\infty + \sum_{l=1}^{L} \Delta\varepsilon_l \left(1 - \frac{\bar{\omega}_{0l}^2 \sin(\bar{\beta}_l) \bar{\beta}_l^{-1}}{e^{\bar{\delta}_{0l}} - 2\cos(\bar{\beta}_l) + e^{-\bar{\delta}_{0l}}} \right) \tag{6.91}$$

这就是修正的 ZT 算法(modified Z transform,MZT),具有很高的模型仿真精度。

对于 PLRC 算法,各系数为

$$\begin{cases} a_{0l} = C_{0l}, & a_{1l} = C_{1l}, & a_{2l} = C_{2l} \\ b_{0l} = e^{\bar{\delta}_{0l}}, & b_{1l} = -2\cos(\bar{\beta}_l), & b_{2l} = e^{-\bar{\delta}_{0l}} \end{cases} \tag{6.92}$$

式中,$C_{0l} = \mathrm{Re}[\hat{\xi}_l^0 - \hat{\chi}_l^0]$,$C_{1l} = \mathrm{Re}[(\hat{\chi}_l^0 - \hat{\xi}_l^0)e^{-\bar{\delta}_{0l} - j\bar{\beta}_l} - \hat{\xi}_l^0]$,$C_{2l} = \mathrm{Re}[\hat{\xi}_l^0 e^{-\bar{\delta}_{0l} - j\bar{\beta}_l}]$,其中 $\hat{\chi}_l^0 = j\Delta\varepsilon_l \bar{\omega}_{0l}^2 (e^{\bar{\delta}_{0l}} - e^{j\bar{\beta}_l}) \bar{\beta}_l^{-1} (\bar{\delta}_{0l} - j\bar{\beta}_l)^{-1}$,$\hat{\xi}_l^0 = j\Delta\varepsilon_l \bar{\omega}_{0l}^2 [e^{\bar{\delta}_{0l}} - (1 + \bar{\delta}_{0l} - j\bar{\beta}_l)e^{j\bar{\beta}_l}] \bar{\beta}_l^{-1} (\bar{\delta}_{0l} - j\bar{\beta}_l)^{-2}$。

对于 MSE 算法,各系数为

$$\begin{cases} a_{0l} = \Delta\varepsilon_l \bar{\omega}_{0l}^2 (3 + 3\bar{\delta}_{0l} - 2\bar{\delta}_{0l}^2), & a_{1l} = \Delta\varepsilon_l \bar{\omega}_{0l}^2 (30 - 8\bar{\delta}_{0l}^2) \\ a_{2l} = \Delta\varepsilon_l \bar{\omega}_{0l}^2 (3 - 3\bar{\delta}_{0l} - 2\bar{\delta}_{0l}^2), & b_{0l} = a_{0l}/\Delta\varepsilon_l + 12(3 + 3\bar{\delta}_{0l} - \bar{\delta}_{0l}^3) \\ b_{1l} = a_{1l}/\Delta\varepsilon_l - 72, & b_{2l} = a_{2l}/\Delta\varepsilon_l + 12(3 - 3\bar{\delta}_{0l} + \bar{\delta}_{0l}^3) \end{cases} \tag{6.93}$$

此时,对应于式(6.88)的离散时域更新公式为

$$S_l^n = \frac{1}{b_{0l}} [a_{0l} \boldsymbol{E}^n + a_{1l} \boldsymbol{E}^{n-1} + a_{2l} \boldsymbol{E}^{n-2} - b_{1l} \boldsymbol{S}_l^{n-1} - b_{2l} \boldsymbol{S}_l^{n-2}] \quad (6.94)$$

将上式代入式(6.84),得到洛伦兹色散材料物质本构关系的更新方程

$$\boldsymbol{E}^n = C_0 \boldsymbol{D}^n - C_1 \boldsymbol{E}^{n-1} - C_2 \boldsymbol{E}^{n-2} + \sum_{l=1}^{L} C_{3l} \boldsymbol{S}_l^{n-1} + \sum_{l=1}^{L} C_{4l} \boldsymbol{S}_l^{n-2} \quad (6.95)$$

式中, $C_0 = 1/(\varepsilon_0 a)$, $C_1 = \sum\limits_{l=1}^{L} a_{1l}/(b_{0l} a)$, $C_2 = \sum\limits_{l=1}^{L} a_{2l}/(b_{0l} a)$, $C_{3l} = b_{1l}/(b_{0l} a)$, $C_{4l} = b_{2l}/(b_{0l} a)$,其中 $a = \varepsilon_\infty + \sum\limits_{l=1}^{L}(a_{0l}/b_{0l})$。

当色散材料仅有单个洛伦兹型共振时($L=1$),其相对介电模型可以简化为

$$\varepsilon_r(\omega) = \mu_r(\omega) = \varepsilon_\infty + \frac{\Delta\varepsilon \omega_0^2}{\omega_0^2 + j2\delta_0 \omega - \omega^2} \quad (6.96)$$

因此其更新公式也将变得简单。以 BT 算法为例,先将式(6.96)改写为

$$\varepsilon_r(\omega) = \mu_r(\omega) = \varepsilon_\infty + \frac{\Delta\varepsilon \bar{\omega}_0^2}{\bar{\omega}_0^2 + 2\bar{\delta}_0 (j\bar{\omega}) + (j\bar{\omega})^2} \quad (6.97)$$

其中, $\bar{\omega} = \omega \Delta t$, $\bar{\omega}_0 = \omega_0 \Delta t$ 以及 $\bar{\delta}_0 = \delta_0 \Delta t$。将双线性变换公式(6.38)代入式(6.97)并转化为时域离散格式,可获得对应的物质本构关系更新公式为

$$\boldsymbol{E}^n = \frac{1}{\varepsilon_\infty + C_1} \left(\frac{\boldsymbol{D}^n}{\varepsilon_0} - 2C_1 \boldsymbol{E}^{n-1} - C_1 \boldsymbol{E}^{n-2} + C_2 \boldsymbol{S}^{n-1} + C_3 \boldsymbol{S}^{n-2} \right) \quad (6.98)$$

$$\boldsymbol{S}^n = C_1 \boldsymbol{E}^n + 2C_1 \boldsymbol{E}^{n-1} + C_1 \boldsymbol{E}^{n-2} - C_2 \boldsymbol{S}^{n-1} - C_3 \boldsymbol{S}^{n-2} \quad (6.99)$$

式中, $C_1 = \Delta\varepsilon \bar{\omega}_0^2/(\bar{\omega}_0^2 + 4\bar{\delta}_0 + 4)$, $C_2 = 2(\bar{\omega}_0^2 - 4)/(\bar{\omega}_0^2 + 4\bar{\delta}_0 + 4)$, $C_3 = (\bar{\omega}_0^2 - 4\bar{\delta}_0 + 4)/(\bar{\omega}_0^2 + 4\bar{\delta}_0 + 4)$。使用 BT 算法的优点是:上述色散材料的 FDTD 仿真稳定性条件与相对介电常数为 ε_∞ 非色散材料的 FDTD 仿真稳定性条件相同,均为 $\Delta t_{CFL} = (\Delta s/c)\sqrt{\varepsilon_\infty/m}$,其中 Δs 为最小网格边长, c 为真空中光速, m 为仿真问题的维数。

下面以单共振洛伦兹色散材料($L=1$)为例,比较上述各种算法的计算精度。洛伦兹色散材料的具体参数为: $\varepsilon_\infty = 1$, $\Delta\varepsilon = 1.25$, $\omega_0 = 4 \times 10^{16} \text{rad/s}$, $\delta_0 = 0.07\omega_0$。FDTD 仿真参数为:立方网格边长取 $\Delta s = 0.2 \text{nm}$,时间步长取 $\Delta t = (\Delta s \sqrt{\varepsilon_\infty})/(2c)$。为方便比较,定义 MZT 算法之外的其他算法对模型的仿真误差为

$$\text{Error} = \left| \sum_{l=1}^{L} \left(\frac{a_{0l} + a_{1l}\,\mathrm{e}^{-\mathrm{j}\omega\Delta t} + a_{2l}\,\mathrm{e}^{-2\mathrm{j}\omega\Delta t}}{b_{0l} + b_{1l}\,\mathrm{e}^{-\mathrm{j}\omega\Delta t} + b_{2l}\,\mathrm{e}^{-2\mathrm{j}\omega\Delta t}} - \frac{\Delta\varepsilon_l\omega_{0l}^2}{\omega_{0l}^2 + \mathrm{j}2\delta_{0l}\omega - \omega^2} \right) \right|$$

$$(6.100)$$

以及 MZT 算法对模型的仿真误差为

$$\text{Error} = \left| (\varepsilon_\infty' - \varepsilon_\infty) + \sum_{l=1}^{L} \left(\frac{a_{0l} + a_{1l}\,\mathrm{e}^{-\mathrm{j}\omega\Delta t} + a_{2l}\,\mathrm{e}^{-2\mathrm{j}\omega\Delta t}}{b_{0l} + b_{1l}\,\mathrm{e}^{-\mathrm{j}\omega\Delta t} + b_{2l}\,\mathrm{e}^{-2\mathrm{j}\omega\Delta t}} - \frac{\Delta\varepsilon_l\omega_{0l}^2}{\omega_{0l}^2 + \mathrm{j}2\delta_{0l}\omega - \omega^2} \right) \right|$$

$$(6.101)$$

图 6.3 给出了使用上述五种算法仿真洛伦兹模型的误差随频率的变化情况。为了更大范围地展示误差变化情况,横坐标和纵坐标均采用对数坐标。可以看到,MSE 算法和 MZT 算法的仿真精度远高于其他三种算法。特别地,在共振频率 ω_0 附近区域,MZT 算法具有最高的仿真精度。不过,由于麦克斯韦的两个旋度方程的中心二阶差分近似仅有二阶精度,因此,当以上算法对色散模型的仿真精度高于二阶精度时,继续提高色散模型的仿真精度意义不大。当然,如果采用高阶 FDTD 方法,则 MZT 和 MSE 算法相比于其他算法的优势就显现出来了。

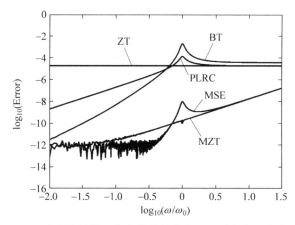

图 6.3 五种洛伦兹模型仿真算法的仿真误差随频率的变化关系

参考文献

[1] LIN Z, QIU W, PU J, et al. Accuracy and von Neumann stability of several highly accurate FDTD approaches for modelling Debye-type dielectric dispersion[J]. IET Microwaves, Antennas & Propagation, 2018, 12(2): 211-216.

［2］ LIN Z,THYLÉN L. On the accuracy and stability of several widely used FDTD approaches for modeling Lorentz dielectrics[J]. IEEE Trans. Antennas Propagat. , 2009,57(10): 3378-3381.

［3］ LIN Z,FANG Y,HU J,et al. On the FDTD formulations for modeling wideband Lorentzian media[J]. IEEE Trans. Antennas Propagat. ,2011,59(4): 1338-1346.

［4］ LIN Z,ZHANG C,OU P,et al. A generally optimized FDTD model for simulating arbitrary dispersion based on the Maclaurin series expansion [J]. J. Lightwave Technol. ,2010,28(19): 2843-2850.

［5］ LIN Z,OU P,JIA Y,et al. A highly accurate FDTD model for simulating Lorentz dielectric dispersion[J]. IEEE Photon. Technol. Lett. ,2009,21(22): 1692-1694.

［6］ LIN Z. On the FDTD formulations for biological tissues with Cole-Cole dispersion [J]. IEEE Microwave and Wireless Components Letters,2010,20(5): 244-246.

［7］ LIEBE H J,HUFFORD G A,MANABE T. A model for the complex permittivity of water at frequencies below 1 THz[J]. Int. J. Infrared and Millimet. Waves,1991, 12(7): 659-675.

［8］ WUREN T,TAKAI T,FUJIN M,et al. Effective 2-Debye-pole FDTD model of electromagnetic interaction between whole human body and UWB radiation[J]. IEEE Microw. Wireless Components Lett. ,2007,17(7): 483-485.

［9］ HULSE C,KNOESEN A. Dispersive models for the finite-difference time-domain method: design,analysis,and implementation[J]. J. Opt. Soc. Am. A,1994,11(6): 1802-1811.

［10］ YOUNG J, NELSON R O. A summary and systematic analysis of FDTD algorithms for linearly dispersive media[J]. IEEE Antennas Propag. Mag. ,2001, 43(1): 61-77.

［11］ FEISE M W, SCHNEIDER J B, BEVELACQUA P J. Finite-difference and psedospectral time-domain methods applied to backward-wave metamaterials[J]. IEEE Trans. Antennas Propagat. ,2004,52(11): 2955-2962.

［12］ JOSEPH R M, HAGNESS S C, TAFLOVE A. Direct time integration of Maxwell's equations in linear dispersive media with absorption for scattering and propagation of femtosecond electromagnetic pulses[J]. Optics Lett. ,1991,16(18): 1412-1414.

［13］ SIUSHANSIAN R, LOVETRI J. A comparison of numerical techniques for modeling electromagnetic dispersive media[J]. IEEE Microw. Guided Wave Lett. , 1995,5(12): 426-428.

［14］ KASHIWA T, FUKAI I. A treatment by FDTD method of dispersive characteristics associated with electronic polarization[J]. Microw. Opt. Technol. Lett. ,1990,3(6): 203-205.

［15］ PEREDA J A,VIELVA L A,VEGAS Á,et al. Analyzing the stability of the FDTD technique by combining the von Neumann method with the Routh-Hurwitz criterion[J]. IEEE Trans. Microw. Theory Tech. ,2001,49(2): 377-381.

[16] GRANDE A, PEREDA J A, GONZÁLEZ O, et al. On the equivalence of several FDTD formulations for modeling electromagnetic wave propagation in double-negative metamaterials[J]. IEEE Antenna Wireless Propag. Lett. , 2007, 6 (1): 324-327.

[17] SULLIVAN D M. Frequency-dependent FDTD methods using Z transforms[J]. IEEE Trans. Antenna Propagat. ,1992,40(10): 1223-1230.

[18] SULLIVAN D M. Z-transform theory and the FDTD method[J]. IEEE Trans. Antenna Propagat. ,1996,44(1): 28-34.

[19] SULLIVAN D M. Digital filtering techniques for use with the FDTD method[J]. Int. J. Numer. Model. ,1999(12): 93-106.

[20] KELLEY D F, LUEBBERS R J. Piecewise linear recursive convolution for dispersive media using FDTD[J]. IEEE Trans. Antennas Propagat. ,1996,44(6): 792-797.

仿 真 处 理

7.1 电磁波功率和能量参数的提取

7.1.1 时变电磁场的能流密度

在线性各向同性的媒质中,时变电场能量密度 w_{e} 和时变磁场能量密度 w_{m} 分别为

$$w_{\mathrm{e}}(\boldsymbol{r},t) = \frac{1}{2}\boldsymbol{E}(\boldsymbol{r},t) \cdot \boldsymbol{D}(\boldsymbol{r},t) = \frac{1}{2}\varepsilon E^2(\boldsymbol{r},t) \tag{7.1}$$

$$w_{\mathrm{m}}(\boldsymbol{r},t) = \frac{1}{2}\boldsymbol{H}(\boldsymbol{r},t) \cdot \boldsymbol{B}(\boldsymbol{r},t) = \frac{1}{2}\mu H^2(\boldsymbol{r},t) \tag{7.2}$$

在电磁波中,能量以电磁波伴随的电场及磁场两种方式储存,电场和磁场都具有能量,因此时变电磁场的总能量密度 w 等于电场能量密度 w_{e} 与磁场能量密度 w_{m} 之和,即

$$\begin{aligned}
w(\boldsymbol{r},t) &= w_{\mathrm{e}}(\boldsymbol{r},t) + w_{\mathrm{m}}(\boldsymbol{r},t) \\
&= \frac{1}{2}\boldsymbol{E}(\boldsymbol{r},t) \cdot \boldsymbol{D}(\boldsymbol{r},t) + \frac{1}{2}\boldsymbol{H}(\boldsymbol{r},t) \cdot \boldsymbol{B}(\boldsymbol{r},t) \\
&= \frac{1}{2}\varepsilon E^2(\boldsymbol{r},t) + \frac{1}{2}\mu H^2(\boldsymbol{r},t) \tag{7.3}
\end{aligned}$$

由于时变电磁的场强随时间而变化,空间各点的电磁场能量密度也要随时间改变,从而引起电磁场能量流动。为了描述时变电磁场能量流动的状况,引入能量流动密度矢量,简称能流密度矢量,其方向表示能量流动的方向,其大小表示单位时间内穿过与能量流动方向相垂直的单位面积的能量,或者说穿过与能量流动方向相垂直的单位面积的功率。能流密度矢量又称为坡印廷矢量(Poynting vector),用 $\boldsymbol{S}$ 表示,其单位为 $\mathrm{W/m^2}$。

电磁场能量和其他能量一样也服从能量守恒定律。下面将讨论表征电磁场能量守恒关系的坡印廷定理,以及描述电磁能量流动的坡印廷矢量的表达式。

坡印廷定理可由麦克斯韦方程组推导得到。假设任意闭合曲面 S 所包围的体积 V 中没有外加源$(\rho=0, \boldsymbol{J}=0)$,媒质是线性和各向同性的,且参数不随时间变化。分别用 $\boldsymbol{E}$ 点乘全电流定律方程$\nabla\times\boldsymbol{H}=\boldsymbol{J}+\dfrac{\partial\boldsymbol{D}}{\partial t}$,用 $\boldsymbol{H}$ 点乘法拉第电磁感应定律方程$\nabla\times\boldsymbol{E}=-\dfrac{\partial\boldsymbol{B}}{\partial t}$,得

$$\boldsymbol{E}\cdot(\nabla\times\boldsymbol{H})=\boldsymbol{E}\cdot\boldsymbol{J}+\boldsymbol{E}\cdot\frac{\partial\boldsymbol{D}}{\partial t} \tag{7.4}$$

$$\boldsymbol{H}\cdot(\nabla\times\boldsymbol{E})=-\boldsymbol{H}\cdot\frac{\partial\boldsymbol{B}}{\partial t} \tag{7.5}$$

将以上两式相减,得到

$$\boldsymbol{E}\cdot(\nabla\times\boldsymbol{H})-\boldsymbol{H}\cdot(\nabla\times\boldsymbol{E})=\boldsymbol{E}\cdot\boldsymbol{J}+\boldsymbol{E}\cdot\frac{\partial\boldsymbol{D}}{\partial t}+\boldsymbol{H}\cdot\frac{\partial\boldsymbol{B}}{\partial t} \tag{7.6}$$

在线性、各向同性媒质中,当电磁参量不随时间变化时

$$\boldsymbol{E}\cdot\frac{\partial\boldsymbol{D}}{\partial t}=\boldsymbol{E}\cdot\frac{\partial(\varepsilon\boldsymbol{E})}{\partial t}=\frac{1}{2}\frac{\partial(\varepsilon\boldsymbol{E}\cdot\boldsymbol{E})}{\partial t}=\frac{\partial}{\partial t}\left(\frac{1}{2}\boldsymbol{E}\cdot\boldsymbol{D}\right) \tag{7.7}$$

$$\boldsymbol{H}\cdot\frac{\partial\boldsymbol{B}}{\partial t}=\boldsymbol{H}\cdot\frac{\partial(\mu\boldsymbol{H})}{\partial t}=\frac{1}{2}\frac{\partial(\mu\boldsymbol{H}\cdot\boldsymbol{H})}{\partial t}=\frac{\partial}{\partial t}\left(\frac{1}{2}\boldsymbol{H}\cdot\boldsymbol{B}\right) \tag{7.8}$$

于是得到

$$\boldsymbol{E}\cdot(\nabla\times\boldsymbol{H})-\boldsymbol{H}\cdot(\nabla\times\boldsymbol{E})=\frac{\partial}{\partial t}\left(\frac{1}{2}\boldsymbol{E}\cdot\boldsymbol{D}+\frac{1}{2}\boldsymbol{H}\cdot\boldsymbol{B}\right)+\boldsymbol{E}\cdot\boldsymbol{J} \tag{7.9}$$

再利用矢量恒等式

$$\nabla\cdot(\boldsymbol{E}\times\boldsymbol{H})=\boldsymbol{H}\cdot(\nabla\times\boldsymbol{E})-\boldsymbol{E}\cdot(\nabla\times\boldsymbol{H}) \tag{7.10}$$

可得到

$$-\nabla\cdot(\boldsymbol{E}\times\boldsymbol{H})=\frac{\partial}{\partial t}\left(\frac{1}{2}\boldsymbol{E}\cdot\boldsymbol{D}+\frac{1}{2}\boldsymbol{H}\cdot\boldsymbol{B}\right)+\boldsymbol{E}\cdot\boldsymbol{J} \tag{7.11}$$

在任意闭合曲面 S 所包围的体积 V 内,对上式两端积分,并应用散度定理,

即可得到坡印廷定理的积分形式

$$-\frac{\mathrm{d}}{\mathrm{d}t}\int_V\left(\frac{1}{2}\boldsymbol{E}\cdot\boldsymbol{D}+\frac{1}{2}\boldsymbol{H}\cdot\boldsymbol{B}\right)\mathrm{d}V=\oint_S(\boldsymbol{E}\times\boldsymbol{H})\cdot\mathrm{d}\boldsymbol{S}+\int_V\boldsymbol{E}\cdot\boldsymbol{J}\,\mathrm{d}V$$

$$(7.12)$$

或者

$$-\frac{\mathrm{d}}{\mathrm{d}t}\int_V w\,\mathrm{d}V=\oint_S(\boldsymbol{E}\times\boldsymbol{H})\cdot\mathrm{d}\boldsymbol{S}+\int_V p_l\,\mathrm{d}V \qquad (7.13)$$

式(7.12)中,左端项代表单位时间内体积 V 中所减少的电磁场能量(注意表达式前面的负号)。右端第一项代表单位时间内通过曲面 S 流出体积 V 的电磁场能量。注意有向面元 $\mathrm{d}\boldsymbol{S}$ 规定的方向是垂直闭合曲面向外。右端第二项代表单位时间内电场对体积 V 中的电流所做的功,即体积 V 中单位时间内所消耗的能量。因此,式(7.12)表征电磁场能量的守恒关系,我们称之为时变电磁场的能量守恒定理或坡印廷定理(Poynting's theorem)。

注意观察单位时间内流出曲面 S 的电磁场能量表达式 $\oint_S(\boldsymbol{E}\times\boldsymbol{H})\cdot\mathrm{d}\boldsymbol{S}$,可以看到矢量 $\boldsymbol{E}\times\boldsymbol{H}$ 是一个与垂直通过单位面积的功率相关的物理量,将之定义为前面所述的能流密度矢量(坡印廷矢量) $\boldsymbol{S}$,即

$$\boldsymbol{S}(\boldsymbol{r},t)=\boldsymbol{E}(\boldsymbol{r},t)\times\boldsymbol{H}(\boldsymbol{r},t) \qquad (7.14)$$

这样,已知某时刻某点处的 $\boldsymbol{E}(\boldsymbol{r},t)$ 及 $\boldsymbol{H}(\boldsymbol{r},t)$,由式(7.14)即可求出该时刻该点处的能流密度矢量 $\boldsymbol{S}(\boldsymbol{r},t)$。从式(7.14)可以看出,$\boldsymbol{S}$ 既垂直于 $\boldsymbol{E}$,也垂直于 $\boldsymbol{H}$。在无界空间中,$\boldsymbol{E}$ 和 $\boldsymbol{H}$ 也是互相垂直的,则 $\boldsymbol{S}$、$\boldsymbol{E}$ 和 $\boldsymbol{H}$ 三者两两互相垂直,且构成右手螺旋关系。

根据矢积运算法则,若 $\boldsymbol{E}$ 和 $\boldsymbol{H}$ 不垂直,则应严格按照式(7.14)计算;若 $\boldsymbol{E}$ 和 $\boldsymbol{H}$ 互相垂直,则可求得能流密度矢量瞬时值大小为

$$S(\boldsymbol{r},t)=E(\boldsymbol{r},t)H(\boldsymbol{r},t) \qquad (7.15)$$

可见,能流密度矢量的瞬时值等于电场强度和磁场强度的瞬时值乘积。只有当两者同时达到最大值时,能流密度才会达到最大;若某时刻电场强度或磁场强度为零,则该时刻能流密度矢量为零。

7.1.2 时谐电磁场的平均能流密度

7.1.1 节讨论的坡印廷矢量是瞬时值矢量,表示瞬时能流密度。对于时谐电磁场,研究一个周期内的平均能流密度矢量 $\boldsymbol{S}_{\mathrm{av}}$(即平均坡印廷矢量)更有意义,其表达式为

$$\boldsymbol{S}_{\mathrm{av}}(\boldsymbol{r})=\frac{1}{T}\int_0^T\boldsymbol{S}(\boldsymbol{r},t)\mathrm{d}t=\frac{1}{T}\int_0^T\boldsymbol{E}(\boldsymbol{r},t)\times\boldsymbol{H}(\boldsymbol{r},t)\mathrm{d}t \qquad (7.16)$$

式中，$T = 2\pi/\omega$ 是时谐电磁场的时间周期，其中 ω 是时谐电磁场的角频率。

设电场和磁场的瞬时值分别为

$$\boldsymbol{E}(\boldsymbol{r},t) = \boldsymbol{E}_{\mathrm{m}}(\boldsymbol{r})\cos[\omega t + \phi_{\mathrm{e}}(\boldsymbol{r})] \tag{7.17}$$

$$\boldsymbol{H}(\boldsymbol{r},t) = \boldsymbol{H}_{\mathrm{m}}(\boldsymbol{r})\cos[\omega t + \phi_{\mathrm{m}}(\boldsymbol{r})] \tag{7.18}$$

则能流密度矢量 $\boldsymbol{S}(\boldsymbol{r},t)$ 的瞬时值为

$$\boldsymbol{S}(\boldsymbol{r},t) = \boldsymbol{E}(\boldsymbol{r},t) \times \boldsymbol{H}(\boldsymbol{r},t) = [\boldsymbol{E}_{\mathrm{m}}(\boldsymbol{r}) \times \boldsymbol{H}_{\mathrm{m}}(\boldsymbol{r})]\cos(\omega t + \phi_{\mathrm{e}})\cos(\omega t + \phi_{\mathrm{m}}) \tag{7.19}$$

其周期平均值为

$$\boldsymbol{S}_{\mathrm{av}}(\boldsymbol{r}) = \frac{1}{T}\int_0^T \boldsymbol{S}(\boldsymbol{r},t)\,\mathrm{d}t = \frac{1}{2}[\boldsymbol{E}_{\mathrm{m}}(\boldsymbol{r}) \times \boldsymbol{H}_{\mathrm{m}}(\boldsymbol{r})]\cos(\phi_{\mathrm{e}} - \phi_{\mathrm{m}}) \tag{7.20}$$

若电磁波在线性、各向同性的无损耗介质空间中传输，电场和磁场互相垂直、同相位，且有 $H_{\mathrm{m}} = E_{\mathrm{m}}/Z = \sqrt{\varepsilon/\mu}\,E_{\mathrm{m}}$，此时平均能流密度大小的表达式为

$$S_{\mathrm{av}}(\boldsymbol{r}) = \frac{1}{2}E_{\mathrm{m}}(\boldsymbol{r})H_{\mathrm{m}}(\boldsymbol{r}) = \frac{1}{2}\sqrt{\frac{\varepsilon}{\mu}}E_{\mathrm{m}}^2(\boldsymbol{r}) \tag{7.21}$$

另外，注意到时谐电磁场的能量密度为 $w_{\mathrm{av}} = \frac{1}{2}\varepsilon E_{\mathrm{m}}^2(\boldsymbol{r})$，光波的速度为 $v = 1/\sqrt{\varepsilon\mu}$，则有

$$S_{\mathrm{av}}(\boldsymbol{r}) = \frac{1}{2}\sqrt{\frac{\varepsilon}{\mu}}E_{\mathrm{m}}^2(\boldsymbol{r}) = \frac{1}{2}\varepsilon E_{\mathrm{m}}^2(\boldsymbol{r})\frac{1}{\sqrt{\varepsilon\mu}} = w_{\mathrm{av}}v \tag{7.22}$$

上式说明，时谐电磁场的平均能流密度是电磁场平均能量密度以波速在空间中运动而形成的，这一点与其物理意义是相吻合的。

光强是光学中的一个术语，一般用符号 I 表示（强度 Intensity 的首字母），代表光波的强度，其定义为光波能流密度的平均值，等效于平均能流密度矢量 $\boldsymbol{S}_{\mathrm{av}}$ 的大小，即

$$I = \langle S \rangle = |\boldsymbol{S}_{\mathrm{av}}(\boldsymbol{r})| = \frac{1}{2}|\mathrm{Re}[\dot{\boldsymbol{E}}_{\mathrm{m}}(\boldsymbol{r}) \times \dot{\boldsymbol{H}}_{\mathrm{m}}^*(\boldsymbol{r})]| \tag{7.23}$$

若光波在线性、各向同性的无损耗介质空间中传输，电场和磁场互相垂直且同相位，且有 $H_{\mathrm{m}} = E_{\mathrm{m}}/Z = \sqrt{\varepsilon/\mu}\,E_{\mathrm{m}}$，则光强的表达式变为

$$I = \langle S \rangle = \frac{1}{2}E_{\mathrm{m}}(\boldsymbol{r})H_{\mathrm{m}}(\boldsymbol{r}) = \frac{1}{2Z}E_{\mathrm{m}}^2(\boldsymbol{r}) = \frac{1}{2}\sqrt{\frac{\varepsilon}{\mu}}E_{\mathrm{m}}^2(\boldsymbol{r}) = \frac{n}{2\mu c}E_{\mathrm{m}}^2(\boldsymbol{r}) \tag{7.24}$$

式中，$Z = \sqrt{\mu/\varepsilon}$ 为介质的特征波阻抗，$n = \sqrt{\varepsilon_{\mathrm{r}}\mu_{\mathrm{r}}}$ 为介质的折射率，$c = 1/\sqrt{\varepsilon_0\mu_0}$ 为真空中的光速。

对于一般光学介质,在光频段其磁导率约等于真空磁导率 $\mu \approx \mu_0$,即 $\mu_r \approx 1$,则折射率表达式可简化为 $n = \sqrt{\mu_r \varepsilon_r} \approx \sqrt{\varepsilon_r}$。此时光强表达式可近似表示为

$$I(\boldsymbol{r}) \approx \frac{1}{2} \sqrt{\frac{\varepsilon_0 \varepsilon_r}{\mu_0}} E_m^2(\boldsymbol{r}) = \frac{1}{2Z_0} \sqrt{\varepsilon_r} E_m^2(\boldsymbol{r}) = \frac{1}{2Z_0} n E_m^2(\boldsymbol{r})$$

$$= \frac{n}{2\mu_0 c} E_m^2(\boldsymbol{r}) = \frac{\varepsilon_0 c}{2} n E_m^2(\boldsymbol{r}) \propto n E_m^2(\boldsymbol{r}) \tag{7.25}$$

式中,$Z_0 = \sqrt{\mu_0/\varepsilon_0}$ 为真空的特征波阻抗。可见某介质中光强不仅正比于电场强度振幅的平方,还正比于介质的折射率。因此,对于同一平面光波,当在折射率较大的介质中传播时,其电场振幅比较小。

7.1.3 电磁波瞬时功率的提取

在某些应用场合,有时需要提取电磁波通过某个平面的瞬时功率或总能量,也就是需要设计能测量通过某个平面的瞬时功率或能量的虚拟探测器。根据坡印廷定理,电磁波通过该虚拟探测器探测面的瞬时功率可以利用能流密度矢量对该截面的积分来计算

$$P(\boldsymbol{A}, t) = \int_A \boldsymbol{S}(\boldsymbol{r}, t) \cdot \mathrm{d}\boldsymbol{A} \tag{7.26}$$

式中,$\boldsymbol{A}$ 代表虚拟探测器探测面的有向积分面,对于有限束宽的电磁波束或激光束,只需对存在电磁波的区域面积积分即可;$\boldsymbol{S}(\boldsymbol{r}, t)$ 代表电磁波能流密度矢量(坡印廷矢量),可通过其瞬时值表达式来计算

$$\boldsymbol{S}(\boldsymbol{r}, t) = \boldsymbol{e}_x S_x + \boldsymbol{e}_y S_y + \boldsymbol{e}_z S_z = \boldsymbol{E}(\boldsymbol{r}, t) \times \boldsymbol{H}(\boldsymbol{r}, t)$$

$$= \boldsymbol{e}_x (E_y H_z - E_z H_y) + \boldsymbol{e}_y (E_z H_x - E_x H_z) + \boldsymbol{e}_z (E_x H_y - E_y H_x) \tag{7.27}$$

式中,$\boldsymbol{E}(\boldsymbol{r}, t)$ 和 $\boldsymbol{H}(\boldsymbol{r}, t)$ 分别代表电磁波在探测器探测平面上任意一点位置 $\boldsymbol{r}$ 处、t 时刻的电场矢量和磁场矢量。不过,在 FDTD 方法中被仿真的电磁波所包含的各个电场分量和磁场分量,不仅在空间上按 Yee 元胞所示的交错位置离散分布,并且在时间上电场分量和磁场分量也是交错的,相差半个时间步长。因此,利用式(7.27)计算通过探测面的电磁波能量时需要注意这一特点。

对于直角坐标系下的 FDTD 算法,一般将虚拟能量探测器的探测面 $\boldsymbol{A}$ 设置为垂直于正 x 轴、正 y 轴或正 z 轴方向,即其表面法向方向分别指向正 x 轴、正 y 轴或正 z 轴方向。先考虑探测面 $\boldsymbol{A}$ 垂直于 x 轴的情况。当探测

面的法向方向为正 x 轴方向(即 $\boldsymbol{A}=A\boldsymbol{e}_x$)时,根据矢量点积和矢积运算的特点,式(7.26)可化简为

$$P_x(\boldsymbol{A},t)=\int_A S_x(\boldsymbol{r})\mathrm{d}A=\int_A (E_yH_z-E_zH_y)\mathrm{d}A \qquad (7.28)$$

假设位于 $x=(i_\mathrm{d}+1/2)\Delta x$ 的平面上的探测面 $\boldsymbol{A}$ 在编号为$(i_\mathrm{d},j_\mathrm{d},k_\mathrm{d})$ 的 Yee 元胞中的位置如图 7.1(a)中的阴影矩形所示,则在 $t=n\Delta t$ 时刻的瞬时功率为

$$P_x^{(n)}(\boldsymbol{A})\approx\int_A \bar{S}_x^{(n)}(\tilde{\boldsymbol{r}})\mathrm{d}A=\int_A [\bar{E}_y^{(n)}(\tilde{\boldsymbol{r}})\bar{H}_z^{(n)}(\tilde{\boldsymbol{r}})-\bar{E}_z^{(n)}(\tilde{\boldsymbol{r}})\bar{H}_y^{(n)}(\tilde{\boldsymbol{r}})]\mathrm{d}y\mathrm{d}z$$

$$(7.29)$$

式中,$\tilde{\boldsymbol{r}}$ 为各个 Yee 元胞中心点的位置矢量

$$\tilde{\boldsymbol{r}}=\boldsymbol{e}_x(i+1/2)\Delta x+\boldsymbol{e}_y(j+1/2)\Delta y+\boldsymbol{e}_z(k+1/2)\Delta z \qquad (7.30)$$

$\bar{E}_y^{(n)}$、$\bar{E}_z^{(n)}$、$\bar{H}_y^{(n)}$ 和 $\bar{H}_z^{(n)}$ 为各电磁分量在 $t=n\Delta t$ 时刻元胞内部的平均值(由于元胞尺寸较小,其值约等于中心位置 $\tilde{\boldsymbol{r}}$ 上的数值),根据 FDTD 方法的时空离散特点有

$$\bar{E}_y^{(n)}(\tilde{\boldsymbol{r}})=\frac{1}{4}\left[E_y^{(n)}\left(i_\mathrm{d},j_\mathrm{d}+\frac{1}{2},k_\mathrm{d}\right)+E_y^{(n)}\left(i_\mathrm{d}+1,j_\mathrm{d}+\frac{1}{2},k_\mathrm{d}\right)+\right.$$
$$\left. E_y^{(n)}\left(i_\mathrm{d},j_\mathrm{d}+\frac{1}{2},k_\mathrm{d}+1\right)+E_y^{(n)}\left(i_\mathrm{d}+1,j_\mathrm{d}+\frac{1}{2},k_\mathrm{d}+1\right)\right]$$

$$(7.31)$$

$$\bar{E}_z^{(n)}(\tilde{\boldsymbol{r}})=\frac{1}{4}\left[E_z^{(n)}\left(i_\mathrm{d},j_\mathrm{d},k_\mathrm{d}+\frac{1}{2}\right)+E_z^{(n)}\left(i_\mathrm{d}+1,j_\mathrm{d},k_\mathrm{d}+\frac{1}{2}\right)+\right.$$
$$\left. E_z^{(n)}\left(i_\mathrm{d},j_\mathrm{d}+1,k_\mathrm{d}+\frac{1}{2}\right)+E_z^{(n)}\left(i_\mathrm{d}+1,j_\mathrm{d}+1,k_\mathrm{d}+\frac{1}{2}\right)\right]$$

$$(7.32)$$

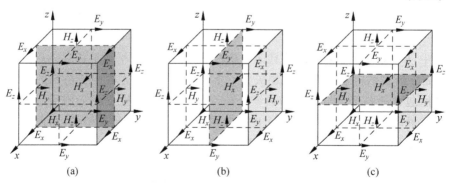

图 7.1 三个不同朝向的探测面单元在 Yee 元胞中的位置

(a) 探测面垂直于 x 轴;(b) 探测面垂直于 y 轴;(c) 探测面垂直于 z 轴

$$\overline{H}_y^{(n)}(\tilde{r}) = \frac{1}{4}\Bigg[H_y^{(n+1/2)}\left(i_d+\frac{1}{2},j_d,k_d+\frac{1}{2}\right) +$$
$$H_y^{(n+1/2)}\left(i_d+\frac{1}{2},j_d+1,k_d+\frac{1}{2}\right) +$$
$$H_y^{(n-1/2)}\left(i_d+\frac{1}{2},j_d,k_d+\frac{1}{2}\right) +$$
$$H_y^{(n-1/2)}\left(i_d+\frac{1}{2},j_d+1,k_d+\frac{1}{2}\right)\Bigg] \tag{7.33}$$

$$\overline{H}_z^{(n)}(\tilde{r}) = \frac{1}{4}\Bigg[H_z^{(n+1/2)}\left(i_d+\frac{1}{2},j_d+\frac{1}{2},k_d\right) +$$
$$H_z^{(n+1/2)}\left(i_d+\frac{1}{2},j_d+\frac{1}{2},k_d+1\right) +$$
$$H_z^{(n-1/2)}\left(i_d+\frac{1}{2},j_d+\frac{1}{2},k_d\right) +$$
$$H_z^{(n-1/2)}\left(i_d+\frac{1}{2},j_d+\frac{1}{2},k_d+1\right)\Bigg] \tag{7.34}$$

一般情况下,设置垂直于 x 轴的探测面 $\boldsymbol{A}$ 形状为矩形,并假设在 y 轴方向覆盖的网格编号为 $j_{d1}\leqslant j_d\leqslant j_{d2}$,在 z 轴方向覆盖的网格编号为 $k_{d1}\leqslant k_d\leqslant k_{d2}$,则电磁波在 $t=n\Delta t$ 时刻通过探测面 $\boldsymbol{A}$ 的瞬时功率为

$$P_x^{(n)}(\boldsymbol{A}) \approx \sum_{k_d=k_{d1}}^{k_{d2}}\sum_{j_d=j_{d1}}^{j_{d2}}\left[\overline{E}_y^{(n)}(\tilde{r})\overline{H}_z^{(n)}(\tilde{r})-\overline{E}_z^{(n)}(\tilde{r})\overline{H}_y^{(n)}(\tilde{r})\right]\Delta y\Delta z \tag{7.35}$$

值得注意的是,若 $P_x^{(n)}(\boldsymbol{A})>0$,代表在 $t=n\Delta t$ 时刻电磁波能量从负 x 轴方向通过探测面 $\boldsymbol{A}$ 传向正 x 轴方向;若 $P_x^{(n)}(\boldsymbol{A})<0$,代表在 $t=n\Delta t$ 时刻电磁波能量从正 x 轴方向通过探测面 $\boldsymbol{A}$ 传向负 x 轴方向。根据这个特点,利用同一个探测面就可以同时探测从不同方向通过探测面的电磁波瞬时功率,比如在电磁波反射问题中同时探测入射波和反射波的瞬时功率。

同样地,当探测面的法向方向为正 y 轴方向(即 $\boldsymbol{A}=A\boldsymbol{e}_y$)时,根据矢量点积和矢积运算的特点,式(7.26)可化简为

$$P_y(\boldsymbol{A},t) = \int_A S_y(\boldsymbol{r})\mathrm{d}A = \int_A (E_zH_x-E_xH_z)\mathrm{d}A \tag{7.36}$$

参考图 7.1(b),可以写出电磁波通过垂直于 y 轴且位于 $y=(j_d+1/2)\Delta y$ 平面上的探测面 $\boldsymbol{A}$ 在 $t=n\Delta t$ 时刻的瞬时功率表达式

$$P_y^{(n)}(\boldsymbol{A}) \approx \int_A \overline{S}_y^{(n)}(\tilde{r})\mathrm{d}A = \int_A \left[\overline{E}_z^{(n)}(\tilde{r})\overline{H}_x^{(n)}(\tilde{r})-\overline{E}_x^{(n)}(\tilde{r})\overline{H}_z^{(n)}(\tilde{r})\right]\mathrm{d}x\mathrm{d}z \tag{7.37}$$

式中，$\overline{E}_z^{(n)}$ 和 $\overline{H}_z^{(n)}$ 的表达式见式(7.32)和式(7.34)，$\overline{E}_x^{(n)}$ 和 $\overline{H}_x^{(n)}$ 的表达式如下：

$$\overline{E}_x^{(n)}(\tilde{r}) = \frac{1}{4}\left[E_x^{(n)}\left(i_d + \frac{1}{2}, j_d, k_d\right) + E_x^{(n)}\left(i_d + \frac{1}{2}, j_d + 1, k_d\right) + \right.$$
$$\left. E_x^{(n)}\left(i_d + \frac{1}{2}, j_d, k_d + 1\right) + E_x^{(n)}\left(i_d + \frac{1}{2}, j_d + 1, k_d + 1\right)\right]$$

$$(7.38)$$

$$\overline{H}_x^{(n)}(\tilde{r}) = \frac{1}{4}\left[H_x^{(n+1/2)}\left(i_d, j_d + \frac{1}{2}, k_d + \frac{1}{2}\right) + \right.$$
$$H_x^{(n+1/2)}\left(i_d + 1, j_d + \frac{1}{2}, k_d + \frac{1}{2}\right) +$$
$$H_x^{(n-1/2)}\left(i_d, j_d + \frac{1}{2}, k_d + \frac{1}{2}\right) +$$
$$\left. H_x^{(n-1/2)}\left(i_d + 1, j_d + \frac{1}{2}, k_d + \frac{1}{2}\right)\right]$$

$$(7.39)$$

一般情况下，选择垂直于 y 轴的探测面 A 形状为矩形，并假设在 x 轴方向覆盖的网格编号为 $i_{d1} \leqslant i_d \leqslant i_{d2}$，在 z 轴方向覆盖的网格编号为 $k_{d1} \leqslant k_d \leqslant k_{d2}$，则电磁波在 $t = n\Delta t$ 时刻通过探测面 A 的瞬时功率为

$$P_y^{(n)}(A) \approx \sum_{k_d = k_{d1}}^{k_{d2}}\left[\sum_{i_d = i_{d1}}^{i_{d2}}\left[E_z^{(n)}(\tilde{r})H_x^{(n)}(\tilde{r}) - E_x^{(n)}(\tilde{r})H_z^{(n)}(\tilde{r})\right]\Delta x \Delta z\right.$$

$$(7.40)$$

类似地，当探测面的法向方向为正 z 轴方向（即 $A = Ae_z$）时，根据矢量点积和矢积运算的特点，式(7.26)可化简为

$$P_z(A, t) = \int_A S_z(r)\mathrm{d}A = \int_A (E_x H_y - E_y H_x)\mathrm{d}A \qquad (7.41)$$

参考图 7.1(c)，可以直接写出垂直于 z 轴且位于 $z = (k_d + 1/2)\Delta y$ 平面上的探测面 A 在 $t = n\Delta t$ 时刻的瞬时功率表达式

$$P_z^{(n)}(A) \approx \int_A \overline{S}_z^{(n)}(\tilde{r})\mathrm{d}A = \int_A \left[\overline{E}_x^{(n)}(\tilde{r})\overline{H}_y^{(n)}(\tilde{r}) - \overline{E}_y^{(n)}(\tilde{r})\overline{H}_x^{(n)}(\tilde{r})\right]\mathrm{d}x\,\mathrm{d}y$$

$$(7.42)$$

式中，$\overline{E}_x^{(n)}$ 和 $\overline{H}_x^{(n)}$ 的表达式见式(7.38)和式(7.39)，$\overline{E}_y^{(n)}$ 和 $\overline{H}_y^{(n)}$ 的表达式见式(7.31)和式(7.33)。一般情况下，设置垂直于 z 轴的探测面 A 形状为矩形，并假设在 x 轴方向覆盖的网格编号为 $i_{d1} \leqslant i_d \leqslant i_{d2}$，在 y 轴方向覆盖的网格编号为 $j_{d1} \leqslant j_d \leqslant j_{d2}$，则电磁波在 $t = n\Delta t$ 时刻通过探测面 A 的瞬时功率为

$$P_z^{(n)}(\boldsymbol{A}) \approx \sum_{j_d=j_{d1}}^{j_{d2}} \sum_{i_d=i_{d1}}^{i_{d2}} \left[E_x^{(n)}(\tilde{\boldsymbol{r}}) H_y^{(n)}(\tilde{\boldsymbol{r}}) - E_y^{(n)}(\tilde{\boldsymbol{r}}) H_x^{(n)}(\tilde{\boldsymbol{r}}) \right] \Delta x \Delta y$$

$$(7.43)$$

7.1.4 电磁波能量的提取

若要计算某个时间段内通过探测面 $\boldsymbol{A}$ 的电磁波能量,则需要对瞬时功率进行时间积分。比如计算从时刻 $t_1 = (n_1 - 1/2)\Delta t$ 到时刻 $t_2 = (n_2 + 1/2)\Delta t$ 经过垂直于 x 轴的探测面 $\boldsymbol{A}$ 的电磁波能量 W_x 的表达式为

$$W_x(\boldsymbol{A}) = \int_{t_1}^{t_2} P_x(\boldsymbol{A}, t) \mathrm{d}t \approx \sum_{n=n_1}^{n_2} P_x^{(n)}(\boldsymbol{A}) \Delta t \qquad (7.44)$$

式中, $P_x^{(n)}(\boldsymbol{A})$ 为 $t = n\Delta t$ 时刻电磁波通过探测面 $\boldsymbol{A}$ 的瞬时功率,其计算公式参见式(7.35)。为节约计算资源,对 W_x 的计算可以放在 FDTD 主迭代循环程序中完成,即对每次计算得到的瞬时功率 $P_x^{(n)}(\boldsymbol{A})$ 更新值进行循环累加即可,而不需要保存不同时刻下的瞬时功率。

类似地,可以得到从时刻 $t_1 = (n_1 - 1/2)\Delta t$ 到时刻 $t_2 = (n_2 + 1/2)\Delta t$ 通过垂直于 y 轴或 z 轴的探测面 $\boldsymbol{A}$ 的电磁波能量表达式

$$W_y(\boldsymbol{A}) = \int_{t_1}^{t_2} P_y(\boldsymbol{A}, t) \mathrm{d}t \approx \sum_{n=n_1}^{n_2} P_y^{(n)}(\boldsymbol{A}) \Delta t \qquad (7.45)$$

$$W_z(\boldsymbol{A}) = \int_{t_1}^{t_2} P_z(\boldsymbol{A}, t) \mathrm{d}t \approx \sum_{n=n_1}^{n_2} P_z^{(n)}(\boldsymbol{A}) \Delta t \qquad (7.46)$$

式中, $P_y^{(n)}(\boldsymbol{A})$ 和 $P_z^{(n)}(\boldsymbol{A})$ 为 $t = n\Delta t$ 时刻电磁波通过探测面 $\boldsymbol{A}$ 的瞬时功率,其计算公式参见式(7.40)和式(7.43)。同理,对 $W_y(\boldsymbol{A})$ 和 $W_z(\boldsymbol{A})$ 的计算可以放在 FDTD 主迭代循环程序中完成。

7.1.5 激光光强和平均功率的提取

若被仿真的电磁波为角频率为 ω、时间周期为 $T = 2\pi/\omega$ 的时谐电磁波(如单色激光在真空中传输的情况),其能流密度矢量 $\boldsymbol{S}$ 和经过探测面的功率 $P_{x,y,z}^{(n)}(\boldsymbol{A})$ 是按余弦函数的平方关系变化的物理量。由于时谐电磁波电磁场的周期性,我们可以研究能流密度矢量 $\boldsymbol{S}$ 和功率的平均值 $\overline{P}_{x,y,z}^{(n)}(\boldsymbol{A})$。通过适当选择离散网格密度 $N_\lambda = \lambda/\Delta s$ 和稳定性因子 $S = c\Delta t/\Delta s$,使得 $m = N_\lambda/S$ 为整数,从而有 $T = m\Delta t$。考察时谐电磁波一个周期长度的时间段

$t \in [t_1, t_2]$,其中 $t_1 = (n_1 - 1/2)\Delta t$ 和 $t_2 = (n_2 + 1/2)\Delta t$,且满足 $t_2 - t_1 = T = m\Delta t$ 或 $m = n_2 - n_1 + 1$,则在该时间段内平均能流密度矢量的大小(即激光光强)可以表示为

$$I(\tilde{r}, t \in [t_1, t_2]) = |\langle \boldsymbol{S}(\tilde{r}, t) \rangle| = \left| \frac{1}{T} \int_{t_1}^{t_2} \boldsymbol{E}(\tilde{r}, t) \times \boldsymbol{H}(\tilde{r}, t) \mathrm{d}t \right|$$

$$= \sqrt{\bar{S}_x^2 + \bar{S}_y^2 + \bar{S}_z^2} \tag{7.47}$$

式中,

$$\bar{S}_x(\tilde{r}) = \frac{1}{m} \sum_{n=n_1}^{n_2} \left[\bar{E}_y^{(n)}(\tilde{r}) \bar{H}_z^{(n)}(\tilde{r}) - \bar{E}_z^{(n)}(\tilde{r}) \bar{H}_y^{(n)}(\tilde{r}) \right] \tag{7.48}$$

$$\bar{S}_y(\tilde{r}) = \frac{1}{m} \sum_{n=n_1}^{n_2} \left[\bar{E}_z^{(n)}(\tilde{r}) \bar{H}_x^{(n)}(\tilde{r}) - \bar{E}_x^{(n)}(\tilde{r}) \bar{H}_z^{(n)}(\tilde{r}) \right] \tag{7.49}$$

$$\bar{S}_z(\tilde{r}) = \frac{1}{m} \sum_{n=n_1}^{n_2} \left[\bar{E}_x^{(n)}(\tilde{r}) \bar{H}_y^{(n)}(\tilde{r}) - \bar{E}_y^{(n)}(\tilde{r}) \bar{H}_x^{(n)}(\tilde{r}) \right] \tag{7.50}$$

式中,关于 $\bar{E}_{x,y,z}^{(n)}$ 和 $\bar{H}_{x,y,z}^{(n)}$ 的计算可以参考 7.1 节内容。值得注意的是,上述计算得到的光强 I 位于元胞中心点位置 $\tilde{r}$,若需要其他位置的光强分布,可以通过线性插值的方法获取。

类似地,对于时谐电磁波通过某探测面 $\boldsymbol{A}$,其平均功率为

$$\bar{P}_x(\boldsymbol{A}, t \in [t_1, t_2]) = \frac{1}{T} W_x(\boldsymbol{A}) = \frac{1}{m} \sum_{n=n_1}^{n_2} P_x^{(n)}(\boldsymbol{A}) \tag{7.51}$$

$$\bar{P}_y(\boldsymbol{A}, t \in [t_1, t_2]) = \frac{1}{T} W_y(\boldsymbol{A}) = \frac{1}{m} \sum_{n=n_1}^{n_2} P_y^{(n)}(\boldsymbol{A}) \tag{7.52}$$

$$\bar{P}_z(\boldsymbol{A}, t \in [t_1, t_2]) = \frac{1}{T} W_z(\boldsymbol{A}) = \frac{1}{m} \sum_{n=n_1}^{n_2} P_z^{(n)}(\boldsymbol{A}) \tag{7.53}$$

式中,$P_x^{(n)}(\boldsymbol{A})$、$P_y^{(n)}(\boldsymbol{A})$ 和 $P_z^{(n)}(\boldsymbol{A})$ 为 $t = n\Delta t$ 时刻通过分别垂直于 x 轴、y 轴和 z 轴的探测面 $\boldsymbol{A}$ 的瞬时功率,其计算式分别参见式(7.35)、式(7.40)和式(7.43)。

7.2 时域电磁场的频域变换

FDTD 方法作为一种时域数值计算方法,虽然比有限元法等频域数值计算方法会消耗更多的计算机资源,但其天然优势就是可以通过一次仿真

获得被仿真器件在较大频谱范围内的频率响应特性。比如在 5.1 节中,利用傅里叶变换可以获得时域激励源 $E(t)$ 的频谱 $E(f)$。又如在 7.1 节中,如果获得了某器件输入端面和输出端面的瞬时功率 $P_i(\boldsymbol{A},t)$ 和 $P_o(\boldsymbol{A},t)$,分别对它们进行傅里叶变换获得频谱功率信号后相除,即可获得该器件的功率频谱响应特性。那么如何发挥这种优势,通过傅里叶变换(Fourier transform,FT)完成相应电磁场量的时频域变换,是本节所要讨论的问题。

　　假设电场或磁场某分量的时域表达式为 $g(t)$,对应的频域信号为 $G(f)$,则根据傅里叶变换公式,有

$$G(f) = \mathrm{FT}\{h(t)\} = \int_{-\infty}^{\infty} g(t)\exp(-\mathrm{j}2\pi ft)\mathrm{d}t \tag{7.54}$$

一般情况下,时域信号 $g(t)$ 为实数,则计算出来的 $G(f)$ 为复数,其模值和幅角分别代表组合成时域信号 $g(t)$ 的无数个时谐余弦波中对应于频率 f 的那个余弦波的振幅和初相位。同时,还有对应的傅里叶逆变换(inverse Fourier transform,IFT)为

$$g(t) = \mathrm{IFT}\{G(f)\} = \int_{-\infty}^{\infty} G(f)\exp(\mathrm{j}2\pi ft)\mathrm{d}f \tag{7.55}$$

　　实际上,当电磁量的时域信号 $g(t)$ 为实数函数时,根据式(7.54)其对应的复数频域信号 $G(f)$ 满足 $G^*(-f)=G(f)$,因此其幅值 $|G(f)|$ 是频率 f 的偶函数,相位 $\arg\{G(f)\}$ 是频率 f 的奇函数。根据这个特点,傅里叶逆变换公式(7.55)的积分范围可以从全频率范围 $(-\infty,\infty)$ 变为正频率范围 $[0,\infty)$,即存在以下关系式:

$$g(t) = 2\mathrm{Re}\left[\int_0^{\infty} H(f)\exp(\mathrm{j}2\pi ft)\mathrm{d}f\right] \tag{7.56}$$

上式表明,实数时域信号的波形由其对应的频域信号的正频率范围信息决定。

　　在利用 FDTD 方法进行电磁仿真时,为体现时域信号的因果性,电磁场量在仿真开始之前的初始化阶段一般设置为零,即时域信号 $g(t)$ 在 $t<0$ 时为零,即

$$g(t) = \begin{cases} g(t), & t \geqslant 0 \\ 0, & t < 0 \end{cases} \tag{7.57}$$

同时,在 FDTD 算法中以时间步长 Δt 进行时域上的离散采样,电磁信号亦表现为离散时域信号 $g(n\Delta t)$,$n=0,1,2,\cdots$。根据数值积分中的梯形公式,有限时长的时域信号 $g(t)$ 的频谱函数 $G(f)$ 可以用离散值累加的方式近似替代连续傅里叶变换积分

$$G(f) = \int_0^{\infty} g(t)\exp(-\mathrm{j}2\pi ft)\mathrm{d}t \approx \Delta t \sum_{n=0}^{N-1} g(n\Delta t)\exp(-\mathrm{j}2\pi fn\Delta t)$$

$$\tag{7.58}$$

由于梯形公式具有数值计算误差，上式中采用了约等号"≈"。一般情况下，N 就是 FDTD 的仿真步数，因此，利用式(7.58)可以近似计算时域离散信号 $g(n\Delta t)$ 在任意一个频率点 f 处的频谱值。值得注意的是，在计算式(7.58)时不必把每个采样时刻的 $g(n\Delta t)$ 离散数据保存下来，可以把被加项放在 FDTD 主迭代循环程序中计算，再对每次循环计算得到的新数值累加到 $G(f)$ 上，循环完成后即可得到最终的 $G(f)$ 值。由于不用保存前序时刻的电磁场量数值，该算法具有较大优势。

当然，也可以将离散时域离散信号 $g(n\Delta t)$ 数据保存在一维数组中，以便在 FDTD 仿真完成后统一进行后处理。比如，我们需要画出被仿真器件的具有一定频谱范围的频谱响应曲线，即需要获得具有频率间隔 Δf 的一系列频率点 $f = m\Delta f$ 上的频谱值 $g(m\Delta f)$，$m = 0,1,2,\cdots,N-1$。为方便利用快速傅里叶变换算法(fast Fourier transform，FFT)进行快速计算，设置频率间隔参数为 $\Delta f = 1/(N\Delta t)$，则有

$$G(m\Delta f) = \Delta t \sum_{n=0}^{N-1} g(n\Delta t)\exp\left[-\mathrm{j}\left(\frac{2\pi}{N}\right)m \cdot n\right] = \Delta t \cdot \mathrm{DFT}\{g(n\Delta t)\}$$

$$(7.59)$$

式中，$\mathrm{DFT}\{g(n\Delta t)\}$ 代表了对离散时域离散信号 $g(n\Delta t)$ 进行离散傅里叶变换(discrete Fourier transform，DTF)以获得频域离散信号 $G(m\Delta f)$。该项可以利用 FFT 进行计算，而且为提高计算速度，一般 N 取偶数，最好是 2 的整数次幂，即 $N = 2^l$，其中 l 为整数。式(7.59)的计算在 MATLAB 软件中对应的指令为：G=fft(g) * dt。

根据上述计算获得的频谱频率范围为 $f \in [-N\Delta f/2, N\Delta f/2]$，并且 N 个离散频率点为 $f = m\Delta f$，其中 $m = 0,1,\cdots,(N-1)$。然而，从物理意义上，我们在某些场合需要同时具有负频率和正频率的对称频率范围为 $f \in [-N\Delta f/2, N\Delta f/2]$，且当 N 为偶数时，N 个离散频率点为 $f = k\Delta f$，其中 $k = -N/2,\cdots,1,0,1,\cdots,N/2-1$。可以证明，利用式(7.59)计算得到的频谱 $G(m\Delta f)$ 是以 $N\Delta f$ 为周期的函数，且前半个周期值和后半个周期值为镜像复共轭。根据这个特点，可以通过以下关系实现以上目的：

$$G(k\Delta f) = \begin{cases} G(k\Delta f), & k = 0,1,\cdots,N/2-1 \\ G[(k+N)\Delta f], & k = -N/2,\cdots,-2,-1 \end{cases} \quad (7.60)$$

式(7.60)的计算在 MATLAB 软件中对应的指令为：G=fftshift(fft((g))) * dt，其中 fftshift 函数的功能是完成前半个周期和后半个周期频谱数据的位置交换。

7.3　时谐电磁波的振幅提取

在某些利用 FDTD 方法进行单频时谐场仿真的应用场合,有时需要提取时谐电磁波在空间某位置处的电场或磁场分量的振幅信息。对于时谐电磁波,其在空间某位置处的时谐电场或磁场的表达式为

$$U(t) = U_0 \sin(\omega t + \phi_0) \tag{7.61}$$

式中,U_0 为电场或磁场的振幅,ω 为角频率,ϕ_0 为初相位。下面介绍对于角频率为 ω 的时谐电磁波,根据 FDTD 仿真过程中得到的时域离散值提取时谐电磁波振幅 U_0 的若干方法。

7.3.1　峰值检测法

峰值检测法的原理十分简单,主要利用峰值是采样的离散场量中最大值的特征。若以时间步长 Δt 为间隔,连续记录下 FDTD 仿真计算下时谐场 $U(t)$ 的三个相邻时刻的采样值,分别为 $U^{n-1} = U[(n-1)\Delta t]$,$U^n = U(n\Delta t)$ 和 $U^{n+1} = U[(n+1)\Delta t]$,则判断 U^n 为正峰值 U_0^+ 的条件为

$$U^n > U^{n-1} \quad 且 \quad U^n > U^{n+1} \tag{7.62}$$

判断 U^n 为负峰值 U_0^- 的条件为

$$U^n < U^{n-1} \quad 且 \quad U^n < U^{n+1} \tag{7.63}$$

为了消除零点漂移的影响,取 $(U_0^+ + U_0^-)/2$ 为零电平,则时谐场量的振幅为

$$U_0 = U_0^+ - \frac{U_0^+ + U_0^-}{2} = \frac{U_0^+ - U_0^-}{2} \tag{7.64}$$

因此,利用峰值检测法计算时谐电磁波振幅的方法非常简单。不过,一般情况下,采样时刻很难与具有理论最高值的时刻重合,因此使用这种方法求出的振幅存在较大的误差。

7.3.2　两点法

对于时谐场的 FDTD 仿真,一般事先知道被仿真时谐电磁波的角频率 ω,则式(7.61)中仅剩 U_0 和 ϕ_0 两个未知参数,因此至少需要两个不同时刻下的采样值。事实上,假设时谐场量在两个相邻时刻 $t_1 = n\Delta t$ 和 $t_2 = (n+1)\Delta t$ 的 FDTD 离散采样值分别为

$$U_1 = U_0 \sin(\omega t_1 + \phi_0) \tag{7.65}$$

$$U_2 = U_0 \sin(\omega t_2 + \phi_0) \tag{7.66}$$

则联立以上 2 个方程,可以求出振幅参数为

$$U_0 = \csc(\omega \Delta t) \sqrt{[U_1 \sin(\omega \Delta t)]^2 + [U_1 \cos(\omega \Delta t) - U_2]^2} \tag{7.67}$$

7.3.3 积分公式法

对于时谐场 $U(t)$,其平方值在半个周期内的定积分存在以下恒等式:

$$\int_{t_0 - T/2}^{t_0} U^2(t) \, dt = \int_{t_0 - T/2}^{t_0} U_0^2 \sin^2(\omega t + \phi_0) \, dt \equiv \frac{T}{4} U_0^2 \tag{7.68}$$

式中,初始时刻 t_0 和初相位 ϕ_0 可以取任意值,$T = 2\pi/\omega$ 是电磁波的振荡周期。根据式(7.68)有

$$U_0^2 = \frac{4}{T} \int_{t_0 - T/2}^{t_0} U^2(t) \, dt \tag{7.69}$$

在进行 FDTD 仿真时,选择合适的时间步长 Δt,使得 $N_T = T/\Delta t$ 为整数,则式(7.69)中的积分下限为 $t_0 - T/2 = (n - N_T/2)\Delta t$,时间上限为 $t_0 = n\Delta t$。根据 FDTD 数值仿真下电磁场的采样数值,对式(7.69)使用复合梯形公式进行数值积分计算,有

$$U_0 \approx \sqrt{\frac{2}{N_T}} \left\{ U^2 \left[\left(n - \frac{N_T}{2} \right) \Delta t \right] + U^2(n\Delta t) + 2 \sum_{m=n-N_T/2+1}^{n-1} U^2(m\Delta t) \right\}^{1/2}$$

$$\tag{7.70}$$

特别地,当电磁波振幅在半个周期内变化不大时,上式可以简化为

$$U_0 \approx \sqrt{\frac{4}{N_T}} \left[\sum_{m=n-N_T/2+1}^{n} U^2(m\Delta t) \right]^{1/2} \tag{7.71}$$

对于上式中的加法运算,实际上不需要保存 $N_T/2$ 个更新时间步下所有电磁场数值,而是定义一个累加项变量,然后在每更新一步主循环程序时加入上式即可。

7.4 仿真过程和结果可视化编程

7.4.1 仿真过程可视化编程

对于 FDTD 仿真编程来说,特别是在程序调试阶段,仿真过程中电磁场

和某些关键物理量的实时可视化展示对判断程序代码和仿真结果是否正确具有重要作用。一般情况下,在进入 FDTD 主循环程序前需要对电磁波的电磁场量(初始值一般为零)或感兴趣的物理量预先作图,包括图形窗口的位置、图形的大小、横纵坐标的刻度和标注文字等信息。随着 FDTD 主循环程序迭代推进,对仿真结果图形不断进行刷新,形成电磁波在空间传播的动态视觉效果,并根据需要将仿真过程中的场分布以动画或视频形式保存下来。本书的编程主要基于 MATLAB 软件,部分原因就是 MATLAB 具有优秀的图形制作和保存功能,能较好地完成上述可视化任务。

关于如何利用 MATLAB 软件绘制精美的二维和三维图片,读者可以参考众多的 MATLAB 图书资料,这里不一一介绍。这里重点介绍如何对生成的图形进行更新以形成动画效果,以及如何制作和保存动画图片等读者还不太熟悉的编程要点。

首先,以利用 MATLAB 中的 plot 函数指令对一维电磁问题的电场分量 $E_x(z,t)$ 进行二维可视化作图和动态更新为例进行介绍。在运行主循环程序时,需要预先对 $E_x(z,t)$ 在图形窗口 1 中进行作图,可能用到的程序命令为

```
%% 以下指令放置于主循环程序开始之前
%% 绘制和设置图像窗口 1
fig1 = figure(1);                  % 图像窗口 1
% get(fig1,'Position');            % 提取图形窗口 1 的位置,与下一条指令配合使用
set(fig1,'Position',[100,300,800,400]);         % 设置图形窗口位置和尺寸
set(fig1,'Color','w');             % 设置图形窗口的背景颜色
ax1 = gca;                         % 获取当前坐标轴句柄
ax1_curve = plot(Ex,'b','LineWidth',1.5);       % 使用 plot 命令作图
...                                % 其他设置指令
```

生成初始图形后,在主循环程序中可以根据 FDTD 的更新方程对 $E_x(z,t)$ 进行迭代更新,并在每执行一定步数后考虑对 $E_x(z,t)$ 的图形进行更新,在主循环程序体末尾增加以下命令即可:

```
%% 以下指令放置于主循环体末尾位置
if mod(nt,n_plot) == 0             % nt 为当前循环数; n_plot 为图形更新步数间隔
    ax1_curve.YData = Ex;          % 更新代表电场分量 Ex 的曲线数据
    drawnow                        % 刷新图形窗口 1 中代表电场分量 Ex 的曲线图形
end
```

又比如,利用 mesh 函数指令在图形窗口 2 中对二维电磁问题的电场分量 $E_z(x,y,t)$ 进行三维可视化作图和动态更新时,在主循环程序体之前可

以加上以下命令：

```
% % 以下指令放置于主循环程序开始之前
% % 绘制和设置图像窗口 2
fig2 = figure(2);                    % 图像窗口 1
% get(fig2,'Position');              % 提取图形窗口 2 的位置,与下一条指令配合使用
set(fig2,'Position',[100,300,800,400]);        % 设置图形窗口位置和尺寸
set(fig2,'Color','w');               % 设置图形窗口的背景颜色
ax2 = gca;                           % 获取当前坐标轴句柄
ax2_surf = mesh(Ez);                 % 使用 mesh 命令制作三维图
set(ax2_surf,'FaceColor','interp','LineStyle','none','FaceAlpha',1);
                                     % 插值平滑代表 Ez 的三维曲面
...                                  % 其他设置指令
set(gca,'Layer','top','GridLineStyle','none');    % 设置图层样式
```

生成初始图形后,在主循环程序中可以根据 FDTD 的更新公式对 $E_z(x,y,t)$ 进行迭代更新,并在执行一定步数后考虑对 $E_z(x,y,t)$ 的图形进行更新,在主循环程序体末尾增加以下命令即可：

```
% % 以下指令放置于主循环体末尾位置
if mod(nt,n_plot) == 0        % nt 为当前循环数; n_plot 为图形更新步数间隔
   ax2_surf.ZData = Ez;       % 更新代表电场分量 Ez 的曲面数据
   drawnow                    % 刷新图形窗口 1 中代表电场分量 Ez 的曲面图形
end
```

上述使用更新数据和 drawnow 指令相结合的方式进行图形更新,具有以下好处：

(1) 不用反复使用 plot 或 mesh 命令进行画图,因此更新时图形不会有闪烁跳跃感;

(2) 图形窗口 1 或 2 不会主动弹出,避免影响我们使用同一台计算机同时开展其他工作。

7.4.2 仿真过程动画文件制作

MATLAB 是当今最优秀的科技应用软件之一,它具有强大的科学计算与可视化功能和开放式扩展环境,已成为许多科学领域中计算机辅助设计和分析、算法研究和应用开发的基本工具和首选平台。在 7.4.1 节中,我们已经介绍了如何在 FDTD 主循环程序中通过刷新图形窗口内部图形的方式来实现动画效果展示。该种方式的优点是简洁、直观,可以随着程序的运行

直接观测各种电磁现象随时间的动态变化情形,而且不生成图形文件,占用硬盘空间小。缺点是需要 MATLAB 软件平台运行 MATLAB 代码,在未安装 MATLAB 软件的计算机上无法展示。同时,当被仿真结构为空间离散网格较多的三维结构时,对计算机的配置提出了较高的要求,不利于对动态仿真结果的交流传播,因此需要研究生成独立动画文件的方法。

MATLAB 具有丰富的动画文件制作功能和相关的函数指令,根据不同的动画文件格式可分为以下两种:

(1) GIF 动态图片文件。通过 MATLAB 软件中的 imwrite 函数生成初始 GIF 图片文件,然后在每运行一定次数 FDTD 主循环程序后将更新后的图形添加入该 GIF 动态图片文件中,从而生成对应于图形窗口图像内容的动态图片。该种方式的优点是生成了动画格式图片文件(.gif 文件),从而可在未安装 MATLAB 软件的操作系统和软件平台上运行,特别是可以嵌入 PPT 文件或双击直接在网页浏览器中播放,极大地方便了动画的实时展示。缺点是当图形较复杂或帧数较大时,GIF 动态图片文件占用硬盘空间较大。

在 FDTD 仿真中,利用 MATLAB 软件生成 GIF 动态图片文件的程序代码为

```
% 以下指令放在 FDTD 主循环程序中刷新图形窗口的代码之后
   % % 制作 GIF 动态图片文件
   if nt == 1;
       frame1 = getframe(fig1);
       im1 = frame2im(frame1);
       [A1,map1] = rgb2ind(im1,256);
       imwrite(A1,map1,'D:filename.gif','gif','LoopCount',
       Inf,'DelayTime',0.1);
   elseif mod(nt,20) == 0              % 设置每循环几次写入一帧图片
       frame1 = getframe(fig1);
       im1 = frame2im(frame1);
       [A1,map1] = rgb2ind(im1,256);
       imwrite(A1,map1,'D:\filename.gif','gif','WriteMode',
       'append','DelayTime',0.1);
   end
```

(2) AVI 动态视频文件。通过 MATLAB 软件中的 VideoWriter 函数生成初始 AVI 视频文件,然后在 FDTD 主循环程序中按一定间隔次数将更新的图形添加入该 AVI 视频文件,再通过图像压缩技术生成对应图形窗口图像变化的视频文件。该种方式的优点是生成了可便携的视频文件

（.avi 文件），从而可在未安装 MATLAB 软件的计算机上利用各种视频播放软件进行播放，或者通过超级链接内嵌在 PPT 文件中，通过鼠标点击来运行。相比于 GIF 动态图片文件，AVI 视频文件采用图像压缩技术，因此占用较小的硬盘空间，缺点是图形的清晰度和色调会因为图像压缩而相应降低。

在 FDTD 仿真中，利用 MATLAB 软件生成 AVI 视频文件的程序代码为

```
% 以下指令放在 FDTD 主循环程序运行之前
h_fig = figure(1);                    % 保存待制作为动画的图形窗口的句柄
...                                   % 绘制图形窗口内部图形的有关代码
video = VideoWriter('D:\filename.avi','Motion JPEG AVI'); % 创建 AVI 视频文件
video.FrameRate = 10;                 % 视频文件每秒播放的帧数
open(video)                           % 打开视频文件准备写入

for nt = 1:N_step                     % 主循环变量 nt, 整个 FDTD 仿真共有 N_step 步
...                                   % FDTD 更新方程代码
...                                   % 刷新图形窗口内部图形的有关代码
% 以下指令放在 FDTD 主循环程序中刷新图形窗口代码之后
if mod(nt,20) == 0                    % 设置每循环几次写入一次图片
    frame = getframe(h_fig);         % 抓取图形窗口内的画面
    im = frame2im(frame);            % 将画面转为 RGB 图片
    writeVideo(video,im);            % 写入 AVI 视频文件
end
end                                   % 完成主循环体全部循环次数

% 以下指令放在 FDTD 主循环程序体全部循环完成之后
close(video)                          % 保存并关闭视频文件
```

7.4.3　仿真结果图片文件保存

在完成 FDTD 仿真后，一般需要将图形窗口中的图形结果保存为图片文件，以供后续之用。在 MATLAB 软件中，实现该功能的指令有 saveas 函数和 print 函数，后者具有更强的图片输出参数设置功能。

在 MATLAB 软件中，调用 saveas 函数的语法有两个，分别为

```
saveas(h_fig,'D:\filename.ext')
saveas(h_fig,'D:\filename','format')
```

其中,saveas 函数的第一个参数"h_fig"为待保存图形窗口的句柄;第二个参数"D:\filename.ext"为可带和可不带后缀.ext 的图片文件保存路径和文件名,生成图片的具体格式由第三个参数"format"决定。图片文件的扩展名可以是 fig、m、jpg、png、eps、ai、pdf、bmp、emf、pbm、pcx、pgm、ppm、tif 等类型。"format"可以设置的格式类型更多,可参考 MATLAB 软件帮助文档。另外,可以使用 open 命令打开使用 saveas 命令保存的以 m 和 fig 为后缀的图片文件,其他类型的图片文件需要用其他软件打开。用 MATLAB 打开 fig 后缀格式的图片文件后可进行后续的图片编辑工作。下面给出将当前图形窗口 1 内的图形保存为 tiff、eps 等格式的图片文件的程序代码:

```
%% 以下指令可以将指定图形窗的图形保存为图片文件
h_fig = figure(1);                        % 保存需打印图形窗口的句柄
...                                        % 其他程序语句,比如绘图程序等
% 开始保存图形为图片文件
set(h_fig, 'PaperPositionMode', 'auto')    % 不改变图形内各个对象的位置
saveas(h_fig, 'D:\figurename.tif', 'tiff')  % 保存成 tif 格式图片
saveas(h_fig, 'D:\figurename.eps', 'epsc')  % 保存成彩色 eps 矢量图
```

在上述代码中,若不增加 set(h_fig,'PaperPositionMode','auto')指令,则使用 saveas 命令生成的图片,除 bmp、emf 格式外,jpg、tiff、png 和 pdf 等格式的图形对象大小会被重新调整,有时位于四周边缘的图形对象会被切割而不能完整展示整个窗口内的图形。

另外,可以使用 print 函数这个功能更为强大的指令来设置打印机参数以打印图形到指定的文件,它可设置的参数比 saveas 函数指令要多。print 函数常见的调用格式为

```
print(handle, 'filename', 'argument1', 'argument2', ...)
```

该指令可以将句柄为 handle 的图形窗口内的图形打印成 filename 所规定保存路径、文件名称和格式的图形文件,允许设置的 argument 参数有 -ddriver、-dformat、-dformat filename、-smodelname、-options 等,具体功能和设置可参考 MATLAB 软件帮助文档。由于众多科技图书和论文中内嵌的图形要求为较高分辨率的 tiff 格式图片,下面程序代码提供了一个很好的例子,供读者参考。

```
%% 以下指令可以将指定图形窗的图形打印为图片文件
h_fig = figure(1);                        % 保存需打印图形窗口的句柄
...                                        % 其他程序语句,比如绘图程序等
```

```
% 开始打印图形为图片文件
set(h_fig,'InvertHardcopy','off')          % 打印时不改变图形窗口底色背景
set(h_fig,'PaperPositionMode','auto')      % 打印时不改变图形内各个对象的位置
print(h_fig,'-dtiff','-r300','D:\filename.tiff')
                                           % 设置需要的图形格式、分辨率和保存路径
```

其中,h_fig 为待打印图形窗口的句柄,输出图片为 tiff 格式,分辨率为每英寸 300 个点。当然,读者如果不打算保存图形窗口句柄的话,也可以先将需打印的图形窗口设置为当前窗口,然后用 gcf 替代句柄,具体程序代码如下:

```
%% 以下指令可以将当前图形窗口的图形打印为图片文件
figure(1);                                 % 图形窗口为当前图形窗口
set(gcf,'InvertHardcopy','off')            % 打印时不改变图形窗口底色背景
set(gcf,'PaperPositionMode','auto')        % 打印时不改变图形内各个对象的位置
print(gcf,'-dtiff','-r300','D:\filename.tiff')
                                           % 设置需要的图形格式、分辨率和保存路径
```

参考文献

[1] 葛德彪,魏兵.电磁波时域计算方法(上册)——时域积分方程法和时域有限差分法 [M].西安:西安电子科技大学出版社,2014.

[2] ELSHERBENI A, DEMIR V. The finite difference time domain method for electromagnetics: with MATLAB simulations [M]. Raleigh, NC: SciTech Publishing,2009.

[3] FURSE C M,GANDHI O P. Why the DFT is faster than the FFT for FDTD time-to-frequency domain conversions[J]. IEEE Microwave Theory and Guided Wave Letters,1995,5(10): 326-328.

[4] 张德丰,赵书海,刘国希. MATLAB 图形与动画设计[M].北京:国防工业出版社,2009.

[5] 林志立,朱大庆,蒲继雄.电磁理论类课程可视化教学中的 MATLAB 动画技术研究[J].中国现代教育装备,2017,259:30-32.

[6] LIN Z,LI X,ZHU D, et al. MATLAB-aided teaching and learning in optics and photonics using the methods of computational photonics[C]. Proceedings of SPIE (Proc. SPIE),2017,ETOP-2017,104521W-7.

[7] LIN Z,QIU W,PU J. Highly accurate field-magnitude extraction of monochromatic light waves under FDTD simulations[J]. Optik,2019,79: 848-853.

[8] OGUZ U, GUREL L. Interpolation techniques to improve the accuracy of the incident-wave excitations in the FDTD method[J]. Radio Sci. 1997,32: 2189-2199.

[9] CREATH K V. Phase-measurement interferometry techniques[J]. Prog. Opt. 1988, 26: 349-393.

仿 真 案 例

8.1 FDTD 编程实现

在前面的章节,已经介绍了 FDTD 的基本原理、电磁波源、边界条件以及材料仿真等诸多 FDTD 的重要组成部分。然而,从一大堆公式方程出发要获取最终仿真结果仍有仿真方案设计、程序编写及仿真实现等不可或缺的过程。本章将以若干电磁学和光学问题仿真为例对 FDTD 方法的仿真方案设计和仿真编程实现等过程进行介绍。

下面介绍利用 FDTD 方法进行电磁学或光学问题仿真的基本实施步骤。首先,在编程仿真前对待仿真的电磁学或光学问题进行数学建模分析,确定好数学模型方程、器件结构尺寸、电磁材料成分、仿真频率范围以及其他重要参数。第二,设计仿真方案,确定仿真的计算区域大小、时空离散参数、电磁波源类型、边界条件类型等要素。第三,设计程序流程框图,根据计算机编程语言的特点进行程序编写和调试,将电磁场量的迭代更新公式转为计算机可运行的代码。最后,获取仿真数据和保存仿真结果,并根据需要进行图形和数据后处理。

一般情况下,一个完整的 FDTD 仿真程序应包含以下几个部分。

(1) 程序开发环境、电磁场量、基本物理常数的初始化。例如,一个新的仿真程序运行之前要清理内存空间,清除命令窗口,关闭已有的图形窗口,为后续的仿真编程创造一个良好的初始环境。同时,调入常用的基本物理常数,供后续的仿真编程之用。

(2)设置仿真离散参数。根据待仿真问题的最高频率或最短波长设置空间网格边长,根据仿真目标器件尺寸设置空间离散网格数量,根据稳定性条件设置时间步长以及总的仿真步数。

(3)设置电磁波激励源。根据待仿真问题的频率范围和特定要求,选择合适的电磁波源类型,设置激励源的频率、波长、波形、脉宽以及空间位置等参数,预先生成并存储电磁波时域离散波形,供后面主循环程序中更新激励源之用。

(4)设置电磁材料。根据待仿真目标的构成材料种类、电磁参量、结构尺寸和空间位置分布,设置电磁参量数组存储对应的电磁参量数值。若包含色散材料,需要预先计算色散材料的物质本构关系更新公式的系数,供主循环程序中更新物质本构关系之用。

(5)设置边界条件。根据电磁学或光学问题特点,选择合适的边界条件类型,预先计算边界条件内部更新公式的编号范围和系数,供主循环程序中更新边界条件之用。

(6)主循环程序前的准备工作。根据空间网格数量和仿真材料类型,为当前和之前时刻的电磁场量和辅助参量分配足够大的内存空间,并根据实际情况赋予初始值(一般为零值)。预先设置旋度方程更新公式的系数和编号变量,并根据需要设置一些其他的参数。

(7)预绘制可视化图形窗口和界面。根据电磁场时空分布可视化展示的需要,预先绘制相应的图形窗口和图形图片。这样在主循环程序里不需要重复绘制,而只需要更新图形数据,并刷新后即可完成图形的替换。在MATLAB软件中,其好处是:图形刷新在后台完成,刷新时图形不会闪动,图形窗口也不会前置,从而不会影响利用同一台计算机一边运行FDTD仿真程序,一边处理其他工作任务。

(8)编写主循环程序。该部分是整个FDTD仿真程序的核心,一般由一个for循环语句完成。在循环体内部,应先后包含以下程序段:对应于 D_x、D_y、D_z 三个电场分量更新公式的程序代码;引入电流激励源的程序代码;根据需要提取电磁波电场振幅等参数的程序代码;对应于电场物质本构关系的程序代码;对应于 B_x、B_y、B_z 三个磁场分量更新公式的程序代码;引入磁流激励源的程序代码;对应于磁场物质本构关系的程序代码;更新电磁场时空动态分布图形和保存动态图形文件的程序代码。

（9）仿真后处理。主循环程序运行完成后，可以根据对仿真结果的需要，提取、计算并保存相应的物理场量数据和参数，保存图形图片文件等。

8.2 FDTD 仿真案例

8.2.1 一维仿真案例：四分之一波长匹配层的增透特性

成像性能较好的专业照相机镜头一般由多个镜片构成，光在十余个镜片表面存在较大的能量反射损失，因此一般专业镜头需要在镜片表面镀上一层增透膜，以减小反射损失。这层增透膜就是四分之一波长匹配层，属于电磁波对三种不同介质分界面的透反射问题。假设空气、增透膜和镜片玻璃的折射率分别为 n_0、n_1 和 n_2，则根据无反射条件对四分之一波长匹配层的参数设计要求，其折射率和厚度需要满足以下条件：

$$n_1 = \sqrt{n_0 n_2} \tag{8.1}$$

$$d = \left(m + \frac{1}{4}\right)\lambda_1 = \left(m + \frac{1}{4}\right)\frac{\lambda_0}{n_1} \tag{8.2}$$

式中，$m=0,1,2,\cdots$ 为非负整数，λ_0 为单色光在真空中的波长。第一个仿真案例就是对四分之一波长匹配层的增透特性进行 FDTD 仿真验证，具体案例参数为：在折射率为 $n_0=1$ 的空气中，玻璃折射率为 $n_2=1.5$ 的照相机镜片表面镀有一层增透膜，使镜头对 $\lambda_0=550\text{nm}$ 的绿光反射最小。根据式(8.1)和式(8.2)，增透膜的折射率为 $n_1=\sqrt{n_0 n_2}\approx1.225$，$\lambda_1=\lambda_0/n_1\approx449\text{nm}$。

图 8.1 给出针对该问题所设计的 FDTD 仿真方案，计算区域两边的边界条件为 PML 层，仿真区域由散射场区和总场区构成，从左向右分别为空气、增透膜层以及镜头玻璃，各部分材料尺寸如图所示。沿 x 轴方向偏振的绿光由一维总场/散射场边界条件激励产生，沿着 z 轴正方向传播并垂直入射到增透膜层，电场振幅为 $E_{x0}=1\text{V/m}$，其时谐波形采用摆线运动开关函数(CMF)开启，开启时间为 3 个周期，$t_s=3T_0$。时空离散参数为：沿 z 轴方向的离散网格边长取 $\Delta z=10\text{nm}$，时间步长选取 $\Delta t=\Delta z/(2c)$。该问题可以视为一维 TEM 波的 FDTD 仿真编程。根据上述方案和参数，可利用 MATLAB 软件进行该仿真案例的编程实现。

实际的 FDTD 仿真程序代码行数较多，若全写在一个 M 文件里，不利于程序的调试和阅读，因此需要按功能进行模块化，并分别写在不同的 M 文件里。下面将按功能模块分类分别给出各个模块具体的程序代码。

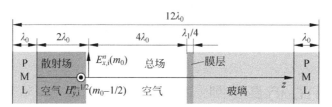

图 8.1　四分之一波长匹配层增透特性 FDTD 仿真方案

（1）主控程序（S1_Main_Control_Program.m）

主控程序是整个 FDTD 仿真程序的控制中心，是程序流程图的文字体现，主要用于设置编程环境和关键参数或需要经常修改的参数，并包含各个功能模块 M 文件名称，以实现各个模块的任务功能。主控程序的 M 文件名称为 S1_Main_Control_Program，具体代码如下：

```
% % 仿真案例 1——四分之一波长匹配层增透特性
% % FDTD 仿真模式——一维 TEM 波(Dx,By)
% % M 文件名称: S1_Main_Control_Program.m
% % M 文件功能: 主控程序


% % 初始化 MATLAB 桌面
clear;                              % 清除 MATLAB 内存空间
close all;                          % 关闭所有图形窗口
% clc;                             % 清除命令窗口内文字


% % 引入常用电磁常量
c_0 = 299792458;                    % 自由空间(真空)中的光速
mu_0 = 4 * pi * 1e-7;               % 自由空间(真空)的磁导率
epsilon_0 = 1/(c_0^2 * mu_0);       % 自由空间(真空)的介电常数
Z_0 = sqrt(mu_0/epsilon_0);         % 自由空间(真空)的特征阻抗


% % 设置电磁波源初始参数
lambda_0 = 550e-9;                  % 真空中的波长
f_0 = c_0/lambda_0;                 % 真空中的频率
T_0 = 1/f_0;                        % 真空中的周期
omega_0 = 2 * pi * f_0;             % 真空中的角频率


% % 时空离散参数设置
% 空间离散参数设置
dz = 10e-9; % 沿 z 轴方向的空间网格边长
N_lambda = round(lambda_0/dz);      % 一个波长内的离散网格数

Lz = 12 * lambda_0;                 % 计算空间 z 轴方向物理长度
```

```
Nz = round(Lz/dz);                      % z 轴方向的离散网格数

% 时间离散参数设置
n_CFL = 2;                              % CFL 稳定性条件
dt = dz/c_0/n_CFL;                      % 时间步长

t_total = T_0 * 20;                     % 设置仿真时长
N_steps = round(t_total/dt);            % 仿真步数

n_T0 = round(n_CFL * N_lambda);         % 一个光波周期内的时间步数
n_T0d2 = round(n_T0/2);                 % 半个光波周期内的时间步数

% % 设置电磁波源
S2_Setting_Sources;

% % 设置仿真材料
S3_Setting_Materials;

% % 设置 PML 边界条件
% PML 区域开关控制
flag_PML_zn = 'on';                     % 负 z 轴方向 PML:'on' 开;'off'关(即为 PEC
                                        % 边界条件)
flag_PML_zp = 'on';                     % 正 z 轴方向 PML:'on' 开;'off'关(即为 PEC
                                        % 边界条件)

% 设置 z 轴负方向的 PML 参数
n_pml_zn = N_lambda;                    % z 轴负方向 PML 层数(不管 PML 是否
                                        % 开启都要设置)
eps_r_pml_zn = epsilon_r_0;             % z 轴负方向 PML 区域背景材料相对
                                        % 介电常数
mu_r_pml_zn = mu_r_0;                   % z 轴负方向 PML 区域背景材料相对
                                        % 磁导率

% 设置 z 轴正方向的 PML 参数
n_pml_zp = N_lambda;                    % z 轴正方向 PML 层数(不管 PML 是
                                        % 否开启都要设置)
eps_r_pml_zp = epsilon_r_2;             % z 轴正方向 PML 区域背景材料相对
                                        % 介电常数
mu_r_pml_zp = mu_r_0;                   % z 轴正方向 PML 区域背景材料相对
                                        % 磁导率

% 设置 PML 其他参数
S4_PML_Parameters;
```

```
%% 电磁场量初始化
Dx = zeros(1, Nz + 1);                    % 电位移初始化
Ex = Dx;  % 电场强度初始化

By = zeros(1, Nz);                        % 磁感应强度初始化
Hy = By;                                  % 磁场强度初始化

%% 场量更新节点范围和更新方程系数
S5_Nodes_and_Coefficients;

%% 仿真准备工作
S6_Preparatory_Work;

%% 图形预绘制
S7_Preplotting_Figures;

%% 主循环程序
S8_Main_Loop_PML;                         % 支持 PML 边界条件的主循环程序

%% 仿真后处理
S9_Post_Processing;
```

（2）设置电磁波源（S2_Setting_Sources.m）

该 M 文件主要完成对电磁波源类型、时域波形和空间位置分布的设置。

```
%% M 文件名称: S2_Setting_Sources.m
%% M 文件功能: 设置电磁波源

%% 设置电磁波源参数
% 设置电磁波源振幅
Ex0 = 1;                                  % 时谐电磁波电场振幅

% 设置电磁波源时域波形
t = (1:1:N_steps) * dt;                   % 入射波时间采样节点
Ex_i = Ex0 * sin(omega_0 * (t + dt/2 - (dz/2)/c_0));   % 入射波电场时域波形
Hy_i = Ex0/Z_0 * sin(omega_0 * t);        % 入射波磁场时域波形

% 设置电磁波源渐升开启波形
ts = 2 * T_0;                             % 设置时谐源开启时间

tsddt = round(ts/dt);                     % ts 与 dt 的比值
t_ts_E = 0:1/tsddt:1;                     % 电场开启时间段归一化
```

```
t_ts_H = (0.5/tsddt):1/tsddt:1;                    % 磁场开启时间段归一化,
                                                    % 比电场滞后 dt/2

ws_E = t_ts_E - sin(2 * pi * t_ts_E)/(2 * pi);      % 摆线运动开关函数
ws_H = t_ts_H - sin(2 * pi * t_ts_H)/(2 * pi);      % 摆线运动开关函数

Ex_i(1:length(ws_E)) = Ex_i(1:length(ws_E)). * ws_E;   % 电场渐升开启波形
Hy_i(1:length(ws_H)) = Hy_i(1:length(ws_H)). * ws_H;   % 磁场渐升开启波形

% 设置电磁波源空间位置
ks_Dx = round(3 * lambda_0/dz);     % 紧邻边界总场电场 Dx 在 z 轴上的节点位置
                                    % 编号
ks_By = ks_Dx - 1;                  % 紧邻边界散射场磁场 By 在 z 轴上的节点位
                                    % 置编号
```

（3）设置仿真材料（S3_Setting_Materials.m）

该 M 文件主要完成对材料类型、电磁参数以及结构尺寸和空间位置分布的设置。

```
% % M 文件名称: S3_Setting_Materials.m
% % M 文件功能: 设置仿真材料

% % 设置材料参数
n_0 = 1;                            % 空气折射率
n_2 = 1.5;                          % 玻璃折射率
n_1 = sqrt(n_0 * n_2);              % 匹配层折射率

epsilon_r_0 = n_0^2;                % 空气相对介电常数
epsilon_r_1 = n_1^2;                % 匹配层相对介电常数
epsilon_r_2 = n_2^2;                % 玻璃相对介电常数
mu_r_0 = 1;                         % 空气相对磁导率

lambda_1 = lambda_0/n_1;            % 匹配层中波长
lambda_2 = lambda_0/n_2;            % 玻璃中波长

% % 设置仿真计算区域电磁量

% 设置背景材料——空气
epsilon = ones(1, Nz + 1) * epsilon_0;
mu = ones(1, Nz) * mu_0;

% 设置材料 1——四分之一波长匹配层(增透膜)
```

```
d1 = 7 * lambda_0;                        % 匹配层起始位置
m1_z1 = round(d1/dz) + 1;                 % 匹配层起始编号
d2 = 7 * lambda_0 + lambda_1/4;           % 匹配层终止位置
m1_z2 = round(d2/dz) + 1;                 % 匹配层终止编号(取整数部分)
epsilon(m1_z1:m1_z2) = epsilon_0 * epsilon_r_1;    % 匹配层介电常数


% 设置材料2——镜头玻璃
m2_z1 = m1_z2 + 1;                        % 镜头玻璃起始编号
m2_z2 = Nz + 1;                           % 镜头玻璃终止编号,延伸入右侧 PML
epsilon(m2_z1:m2_z2) = epsilon_0 * epsilon_r_2;    % 镜头玻璃介电常数
```

（4）设置 PML 参数（S4_PML_Parameters.m）

该 M 文件主要完成对一维 PML 的参数设置。

```
% % M 文件名称：S4_PML_Parameters.m
% % M 文件功能：设置 PML 参数

% 设置 PML 公用参数
m_pml - 3;                           % 电导率和磁导率变化幂指数
alpha_max = 0.05;                    % alpha 参数的最大值

% 判断是否需要设置 PML
if strcmp(flag_PML_zn,'on')          % z 轴负方向边界是否设置 PML
    sigma_factor_zn = 1;             % 设置 sigma_factor 参数
    kappa_max_zn = 7;                % 设置 kappa_max 参数
else
    sigma_factor_zn = 0;             % 通过参数设置移去 z 轴负方向 PML
    kappa_max_zn = 1;                % 通过参数设置移去 z 轴负方向 PML
end

if strcmp(flag_PML_zp,'on')          % z 轴正方向边界是否设置 PML
    sigma_factor_zp = 1;             % 设置 sigma_factor 参数
    kappa_max_zp = 7;                % 设置 kappa_max 参数
else
    sigma_factor_zp = 0;             % 去除 z 轴正方向 PML
    kappa_max_zp = 1;                % 去除 z 轴正方向 PML
end

% 计算电磁场节点离开 PML 内边界的距离
rho_e_zn = ((n_pml_zn - 0.75): - 1:0.25)/n_pml_zn;
rho_e_zp = (0.25:1:(n_pml_zp - 0.75))/n_pml_zp;

rho_m_zn = ((n_pml_zn - 0.25): - 1:0.75)/n_pml_zn;
```

```
rho_m_zp = (0.75:1:(n_pml_zp - 0.25))/n_pml_zp;

% 设置 sigma 参数
sigma_max_zn = sigma_factor_zn * (m_pml + 1)/(150 * pi * sqrt(eps_r_pml_zn * mu_r_pml_zn) * dz);
sigma_max_zp = sigma_factor_zp * (m_pml + 1)/(150 * pi * sqrt(eps_r_pml_zp * mu_r_pml_zp) * dz);

sigma_e_zn = sigma_max_zn * (rho_e_zn).^m_pml;
sigma_m_zn = mu_0/epsilon_0 * sigma_max_zn * (rho_m_zn).^m_pml;

sigma_e_zp = sigma_max_zp * (rho_e_zp).^m_pml;
sigma_m_zp = mu_0/epsilon_0 * sigma_max_zp * (rho_m_zp).^m_pml;

% 设置 kappa 参数
kappa_e_zn = 1 + (kappa_max_zn - 1) * rho_e_zn.^m_pml;
kappa_e_zp = 1 + (kappa_max_zp - 1) * rho_e_zp.^m_pml;

kappa_m_zn = 1 + (kappa_max_zn - 1) * rho_m_zn.^m_pml;
kappa_m_zp = 1 + (kappa_max_zp - 1) * rho_m_zp.^m_pml;

% 设置 alpha 参数
alpha_e_zn = alpha_max * (1 - rho_e_zn);
alpha_e_zp = alpha_max * (1 - rho_e_zp);

alpha_m_zn = mu_0/epsilon_0 * alpha_max * (1 - rho_m_zn);
alpha_m_zp = mu_0/epsilon_0 * alpha_max * (1 - rho_m_zp);

% 设置向量形式 b 参数
b_e_zn_v = exp( - (sigma_e_zn./kappa_e_zn + alpha_e_zn) * dt/epsilon_0);
b_e_zp_v = exp( - (sigma_e_zp./kappa_e_zp + alpha_e_zp) * dt/epsilon_0);

b_m_zn_v = exp( - (sigma_m_zn./kappa_m_zn + alpha_m_zn) * dt/mu_0);
b_m_zp_v = exp( - (sigma_m_zp./kappa_m_zp + alpha_m_zp) * dt/mu_0);

% 设置向量形式 a 参数
a_e_zn_v = sigma_e_zn. * (b_e_zn_v - 1)./(dz * kappa_e_zn. * (sigma_e_zn + alpha_e_zn. * kappa_e_zn));
a_e_zp_v = sigma_e_zp. * (b_e_zp_v - 1)./(dz * kappa_e_zp. * (sigma_e_zp + alpha_e_zp. * kappa_e_zp));

a_m_zn_v = sigma_m_zn. * (b_m_zn_v - 1)./(dz * kappa_m_zn. * (sigma_m_zn + alpha_m_zn. * kappa_m_zn));
a_m_zp_v = sigma_m_zp. * (b_m_zp_v - 1)./(dz * kappa_m_zp. * (sigma_m_zp + alpha_m_zp. * kappa_m_zp));
```

（5）场量更新节点范围和更新方程系数(S5_Nodes_and_Coefficients. m)

该 M 文件主要完成对需要更新的场量节点编号范围以及更新公式的系数设置。

MATLAB 软件具有功能强大的元素向量索引功能，可以便捷地实现对一维向量、二维矩阵或多维数组中连片元素的访问，而不用像 C 语言那样使用繁琐的 for 循环语句实现对连片元素的访问。同时，向量索引功能也可以用于 plot 语句之类的图形绘制编程，从而极大提升了 FDTD 程序代码的简洁程度。在 FDTD 方法的主循环程序中，需要经常提取不同计算区域范围内的电磁场量数值并进行算术运算，因此在该 M 文件中预先设置电磁场量的节点编号范围，可以充分利用和发挥 MATLAB 软件的向量索引功能。该 M 文件中涉及到的场量节点编号范围包括整个计算空间中电磁场量的节点编号范围和位于 PML 区域内电磁场量的节点编号范围。值得注意的是，由于 FDTD 方法中离散的电场分量和磁场分量具有不同的空间排布位置和更新公式，电场分量和磁场分量的节点编号范围和更新公式系数均需要单独设置。

```matlab
% % M 文件名称：S5_Nodes_and_Coefficients. m
% % M 文件功能：场量更新节点范围和更新公式系数

% % 设置场量更新节点范围和更新公式系数

% 公用编号范围 1
k1 = 1:Nz;
% 公用编号范围 2
k2 = 2:Nz;

% 公用更新公式系数
CD_dt = dt;
CD_dt_dz = CD_dt/dz;

CB_dt = dt;
CB_dt_dz = CB_dt/dz;

% % PML 区域内部场量节点编号范围

% 电场分量更新节点分区编号范围
knD = 2:(n_pml_zn + 1);              % 负 z 轴方向 PML 区域电场分量节点范围
kpD = (Nz - n_pml_zp + 1):Nz;        % 正 z 轴方向 PML 区域电场分量节点范围
kD = (n_pml_zn + 2):(Nz - n_pml_zp); % z 轴中间非 PML 区域电场分量节点范围

% 磁场分量更新节点分区编号范围
knB = 1:n_pml_zn;                    % 负 z 轴方向 PML 区域磁场分量节点范围
kpB = (Nz - n_pml_zp + 1):Nz;        % 正 z 轴方向 PML 区域磁场分量节点范围
kB = (n_pml_zn + 1):(Nz - n_pml_zp); % z 轴中间非 PML 区域磁场分量节点范围
```

```matlab
%% PML区域内部场量更新公式系数
% Dx的更新公式系数
C_Dx_dzn_v = CD_dt_dz./kappa_e_zn;
C_Dx_dzp_v = CD_dt_dz./kappa_e_zp;

Phi_ex_zn = zeros(1,n_pml_zn);
b_ex_zn = Phi_ex_zn;
a_ex_zn = Phi_ex_zn;
C_Dx_dzn = Phi_ex_zn;

Phi_ex_zp = zeros(1,n_pml_zp);
b_ex_zp = Phi_ex_zp;
a_ex_zp = Phi_ex_zp;
C_Dx_dzp = Phi_ex_zp;

temp = ones(1,1);
for k = 1:n_pml_zn
    b_ex_zn(1,k) = b_e_zn_v(k) * temp;
    a_ex_zn(1,k) = a_e_zn_v(k) * temp;
    C_Dx_dzn(1,k) = C_Dx_dzn_v(k) * temp;
end

for k = 1:n_pml_zp
    b_ex_zp(1,k) = b_e_zp_v(k) * temp;
    a_ex_zp(1,k) = a_e_zp_v(k) * temp;
    C_Dx_dzp(1,k) = C_Dx_dzp_v(k) * temp;
end

% By的更新公式系数
C_By_dzn_v = CB_dt_dz./kappa_m_zn;
C_By_dzp_v = CB_dt_dz./kappa_m_zp;

Phi_my_zn = zeros(1,n_pml_zn);
b_my_zn = Phi_my_zn;
a_my_zn = Phi_my_zn;
C_By_dzn = Phi_my_zn;

Phi_my_zp = zeros(1,n_pml_zp);
b_my_zp = Phi_my_zp;
a_my_zp = Phi_my_zp;
C_By_dzp = Phi_my_zp;

temp = ones(1,1);
for k = 1:n_pml_zn
```

```
    b_my_zn(1,k) = b_m_zn_v(k) * temp;
    a_my_zn(1,k) = a_m_zn_v(k) * temp;
    C_By_dzn(1,k) = C_By_dzn_v(k) * temp;
end
for k = 1:n_pml_zp
    b_my_zp(1,k) = b_m_zp_v(k) * temp;
    a_my_zp(1,k) = a_m_zp_v(k) * temp;
    C_By_dzp(1,k) = C_By_dzp_v(k) * temp;
end
clear('temp');  % 删除已无用的辅助变量,释放内存空间
```

(6) 仿真准备工作(S6_Preparatory_Work.m)

该 M 文件主要完成数据导入或解析解计算等各类仿真前准备工作。

```
% % M 文件名称: S6_Preparatory_Work.m
% % M 文件功能: 仿真准备工作

% 电场分量 Ex 的振幅初始化
Ex_mag = zeros(1,Nz + 1);

% 导入数据
% 预留备用

% 解析解计算
% 预留备用
```

(7) 图形预绘制(S7_Preplotting_Figures.m)

该 M 文件主要完成图形窗口内图形图片的预先绘制。这样在主循环程序里不需重复绘制,而只需要刷新图形数据后即可完成图形替换,从而形成动态变化图。

```
% % M 文件名称: S7_Preplotting_Figures.m
% % M 文件功能: 图形预绘制

% % 预先绘制图形窗口
% 画图区域
range_z = 1:(Nz + 1);

% 图形窗口 1 设置
fig1 = figure(1);
% get(fig1,'Position')                    % 获取当前图形窗口的位置和尺寸
set(fig1,'Position',[102,263,815,473]);   % 设置图形窗口位置和尺寸
```

```
set(fig1,'Color','w');                                  % 设置图形窗口背景颜色

% 子图 1
subplot(2,1,1)
ax1 = gca;

% 绘制 Ex 时域波形
ax1_curve_1 = plot(range_z,Ex,'b','LineWidth',1.5);
title('\rm\bf(a)电场时域波形 ');                         % 图形标题
xlabel('\it\bfz/\rm\bf\it\lambda_{\rm\bf0}');            % 横坐标变量
ylabel('\it\bfE_x\rm\bf(\it\bfz,t\rm\bf) ');             % 纵坐标变量
axis([range_z(1) range_z(end) -1.5 * Ex0 1.5 * Ex0])    % 绘制区域

set(ax1,'LineWidth',1);                                 % 坐标轴和图框线宽
ax1.XTick = [1,N_lambda:N_lambda:Nz];                   % x 轴刻度位置
ax1.XTickLabel = [0,1:1:Nz/N_lambda];                   % x 轴刻度文字

grid on;                                                % 显示网格

ax1.FontSize = 16;                                      % 文字大小
ax1.FontName = 'simhei';                                % 文字字体 - 黑体
ax1.FontWeight = 'bold';                                % 文字字形

% 子图 2
subplot(2,1,2)
ax2 = gca;

% 绘制 Ex 振幅分布
ax2_curve_1 = plot(range_z,Ex_mag,'b','LineWidth',1.5);
title('\rm\bf(b)电场振幅分布 ');                         % 图形标题
xlabel('\it\bfz/\rm\bf\it\lambda_{\rm\bf0}');            % 横坐标变量
ylabel('\it\bfE_{x\rm\bf0}\rm\bf(\it\bfz\rm\bf) ');      % 纵坐标变量
axis([range_z(1) range_z(end) -1.5 * Mag_Ex0 1.5 * Mag_Ex0]) % 绘制区域

set(ax2,'LineWidth',1);                                 % 坐标轴和图框线宽
ax2.XTick = [1,N_lambda:N_lambda:Nz];                   % x 轴刻度位置
ax2.XTickLabel = [0,1:1:Nz/N_lambda];                   % x 轴刻度文字

grid on;                                                % 显示网格

ax2.FontSize = 16;                                      % 文字大小
ax2.FontName = 'simhei';                                % 文字字体 - 黑体
ax2.FontWeight = 'bold';                                % 文字字形
```

(8) PML 边界条件下的主循环程序(S8_Main_Loop_PML.m)

主循环程序是 FDTD 仿真程序的核心部分,主要完成对电磁场旋度方程、物质本构关系、电磁波源的更新迭代,实现对电磁波的时空推进。同时,刷新图形窗口以更新空间电磁场分布情况,并将图形写入 GIF 动态图片文件。

```
%% M 文件名称: S8_Main_Loop_PML.m
%% M 文件功能: 支持 PML 边界条件的主循环程序

for nt = 1:N_steps
    tic                                %一次循环所需时间计时开始
    %% Dx 更新公式
    %负 z 轴方向 PML 区域中的 Dx 更新程序
    Phi_ex_zn = b_ex_zn. * Phi_ex_zn + a_ex_zn. * (Hy(knD) - Hy(knD - 1));
    Dx(knD) = Dx(knD) - C_Dx_dzn. * (Hy(knD) - Hy(knD - 1)) - CD_dt * Phi_ex_zn;
    %正 z 轴方向 PML 区域中的 Dx 更新程序
    Phi_ex_zp = b_ex_zp. * Phi_ex_zp + a_ex_zp. * (Hy(kpD) - Hy(kpD - 1));
    Dx(kpD) = Dx(kpD) - C_Dx_dzp. * (Hy(kpD) - Hy(kpD - 1)) - CD_dt * Phi_ex_zp;
    %z 轴中间非 PML 区域的 Dx 更新程序
    Dx(kD) = Dx(kD) - CD_dt_dz * (Hy(kD) - Hy(kD - 1));

    %% 引入电场激励源
    Dx(ks_Dx) = Dx(ks_Dx) + CD_dt_dz * Hy_i(nt);

    %% 物质本构关系更新公式——介电常数
    Ex = Dx. / epsilon;

    %% 提取场量数据——电场振幅
    if mod(nt, n_T0d2) == 1;
        Ex_mag_sq_t = zeros(1, Nz + 1);
    end
    Ex_mag_sq_t = Ex_mag_sq_t + Ex. ^2 * 4/n_T0;

    if mod(nt, n_T0d2) == 0;
        Ex_mag = sqrt(Ex_mag_sq_t);
    end

    %% By 更新公式
    %负 z 轴方向 PML 区域中的 By 更新程序
    Phi_my_zn = b_my_zn. * Phi_my_zn + a_my_zn. * (Ex(knB + 1) - Ex(knB));
    By(knB) = By(knB) - C_By_dzn. * (Ex(knB + 1) - Ex(knB)) - CB_dt * Phi_my_zn;
    %正 z 轴方向 PML 区域中的 By 更新程序
```

```
Phi_my_zp = b_my_zp. * Phi_my_zp + a_my_zp. * (Ex(kpB + 1) − Ex(kpB));
By(kpB) = By(kpB) − C_By_dzp. * (Ex(kpB + 1) − Ex(kpB)) − CB_dt * Phi_my_zp;
% z 轴中间非 PML 区域的 By 更新程序
By(kB) = By(kB) − CB_dt_dz * (Ex(kB + 1) − Ex(kB));


% % 引入磁场激励源
By(ks_By) = By(ks_By) + CB_dt_dz * Ex_i(nt);


% % 物质本构关系式更新公式——磁导率
Hy = By. /mu;


% % 刷新电磁场空间分布图形
if mod(nt,10) == 1                          % 图形刷新间隔循环数
    ax1_curve_1.YData = Ex;                  % 更新电场空间波形
    drawnow
    ax2_curve_1.YData = Ex_mag;              % 更新电场振幅分布
    drawnow
end


% % 制作 GIF 动态图片文件
if nt == 1;
    frame1 = getframe(fig1);
    im1 = frame2im(frame1);
    [A1,map1] = rgb2ind(im1,256);
    imwrite(A1,map1,'D:\图 8.2.gif','gif',
    'LoopCount',Inf,'DelayTime',0.1);
elseif mod(nt,20) == 0                       % 动画制作间隔循环数
    frame1 = getframe(fig1);
    im1 = frame2im(frame1);
    [A1,map1] = rgb2ind(im1,256);
    imwrite(A1,map1,'D:\图 8.2.gif','gif',
    'WriteMode','append','DelayTime',0.1);
end


toc                                          % 显示一次循环所需时间
nt                                           % 显示当前已完成步数


end
```

(9) 仿真后处理(S9_Post_Processing. m)

仿真后处理,主要是在 FDTD 主循环程序运行结束后,对仿真结果数据和图形图片进行进一步处理、展示或保存等,并通过计算获得需要的其他物理参量信息。

```
%% M 文件名称:S9_Post_Processing.m
%% M 文件功能:仿真后处理
%% 输出图形窗口图片
figure(1)
set(gcf,'InvertHardcopy','off')              % 打印时不改变图形窗口底色背景
set(gcf,'PaperPositionMode','auto')          % 打印时不改变图形内各个对象的
                                             % 位置
print(gcf,'-dtiff','-r300','D:\图 8.2.tiff') % 设置图片格式、分辨率和保存路径
```

将上述 M 文件置于同一个文件夹后,运行主控程序,即可获得仿真案例 1 的仿真结果。图 8.2 展示了镀有增透膜时空气玻璃分界面透反射特性仿真结果。可以看到镀上增透膜之后,电磁波的电场振幅反射率仅为 2.2%。与理论零值的差别主要来自:上述程序中增透膜厚度取为整数倍的 Δz,而不是严格的实际厚度 $\lambda_1/4$,以及材料分界面的数值仿真误差等其他来源。若将增透膜材料设置为空气,重新仿真,可以获得不镀增透膜时空气玻璃分界面透反射特性仿真结果,如图 8.3 所示。可以看到,不镀增透膜时电磁波的电场振幅反射率高达 20%,从而验证了四分之一波长匹配层的增透作用。

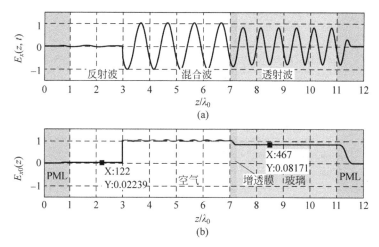

图 8.2 镀增透膜时空气玻璃分界面透反射特性仿真结果
(a) 电场时域波形;(b) 电场振幅分布

8.2.2 二维仿真案例:负折射率平板透镜的亚波长成像特性

1968 年,苏联物理学家维西拉格(Veselago)提出了一种同时具有负的

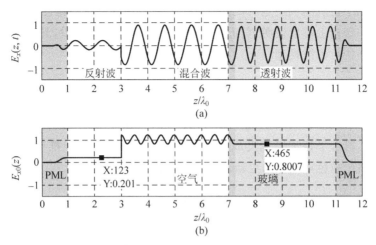

图 8.3　不镀增透膜时空气玻璃分界面透反射特性仿真结果

(a) 电场时域波形；(b) 电场振幅分布

介电常数和负的磁导率假想的物质。这种物质和传统的媒质一样支持电磁波的传播，但电场强度 **E**、磁场强度 **H** 和波矢量 **k** 三者构成的矢量组遵守左手定则，由此波矢 **k** 和坡印廷矢量 **S** 的传播方向也是反平行的。Veselago 把这种物质称为左手材料(left-handed material，LHM)，而把普通的电介质称为右手材料(right-handed material，RHM)。Veselago 还指出负折射率材料具有一些奇特的物理性质，包括反多普勒效应、反切伦科夫辐射、反辐射光压等。不过，由于自然界中没有天然存在介电常数和磁导率同时为负值的物质，因此该项研究并没有引起学术界的重视。20 世纪 90 年代末，英国物理学家彭德里(Pendry)首先对制备这种材料的可行性进行了理论研究，他提出可以利用金属线阵列获得负的介电常数，利用开口环共振器阵列获得负的磁导率，进而可以通过将周期远小于工作波长的金属线阵列和开口环共振器阵列组合起来得到负折射率材料。Pendry 的工作迈出了人工制备负折射率材料的第一步，但当时人们还不知道这种材料到底有什么实际应用。真正让负折射率材料引起科学界广泛重视的是 Pendry 于 2000 年提出的"完美透镜"的概念。Pendry 声称，利用 ε 和 μ 同时为 -1 的负折射率材料平板，不仅可以对传播场成像，而且可以突破瑞利衍射极限对倏逝场成像。这种负折射率材料的亚波长成像特性对近场光学的影响将是革命性的，在高密度光存储等领域具有广泛而重要的应用。在 Pendry 提出完美透镜概念后不久，美国加州大学圣迭戈分校的史密斯(Smith)等采用 Pendry 提出的方案实际制备出了人工负折射率材料，并且通过微波实验证明了负折射现象。人工负折射率材料的成功制备掀起了学术界对负折射率材料研究的热潮。

第二个仿真案例正是对负折射率平板透镜亚波长成像特性的 FDTD 仿真验证。理论上可以证明,负折射率材料必须是强色散物质,其电磁特性可以使用洛伦兹色散模型

$$n(\omega) = \varepsilon_r(\omega) = \mu_r(\omega) = 1 + \frac{\omega_p^2}{\omega_0^2 + 2j\delta_0\omega - \omega^2} \tag{8.3}$$

来描述。当模型参量满足 $\delta_0 = 0$,$\omega_p = \sqrt{2}\omega_0$,则在 $\omega = \omega_p$ 频率处有 $n = \varepsilon_r = \mu_r = -1$,符合平板透镜完美成像的苛刻条件。下面进一步推导式(8.3)所代表的洛伦兹色散模型的更新公式。首先将式(8.3)改写为

$$\varepsilon_r(\omega) = \mu_r(\omega) = 1 + \frac{\bar{\omega}_p^2}{\bar{\omega}_0^2 + 2\bar{\delta}_0(j\bar{\omega}) + (j\bar{\omega})^2} \tag{8.4}$$

式中,$\bar{\omega} = \omega\Delta t$,$\bar{\omega}_p = \omega_p\Delta t$,$\bar{\omega}_0 = \omega_0\Delta t$,以及 $\bar{\delta}_0 = \delta_0\Delta t$。根据第 6 章中模拟洛伦兹色散模型的 BT 算法,定义辅助参量 $\boldsymbol{SE}$ 和 $\boldsymbol{SH}$,则式(8.4)对应的电场和磁场的物质本构关系更新公式为

$$\boldsymbol{E}^n = (\boldsymbol{D}^n/\varepsilon_0 - 2C_1\boldsymbol{E}^{n-1} - C_1\boldsymbol{E}^{n-2} + C_2\boldsymbol{SE}^{n-1} +$$
$$C_3\boldsymbol{SE}^{n-2})/(1 + C_1) \tag{8.5}$$

$$\boldsymbol{SE}^n = C_1\boldsymbol{E}^n + 2C_1\boldsymbol{E}^{n-1} + C_1\boldsymbol{E}^{n-2} - C_2\boldsymbol{SE}^{n-1} - C_3\boldsymbol{SE}^{n-2} \tag{8.6}$$

$$\boldsymbol{H}^{n+\frac{1}{2}} = (\boldsymbol{B}^{n+\frac{1}{2}}/\mu_0 - 2C_1\boldsymbol{H}^{n-\frac{1}{2}} - C_1\boldsymbol{H}^{n-\frac{3}{2}} + C_2\boldsymbol{SH}^{n-\frac{1}{2}} +$$
$$C_3\boldsymbol{SH}^{n-\frac{3}{2}})/(1 + C_1) \tag{8.7}$$

$$\boldsymbol{SH}^{n+\frac{1}{2}} = C_1\boldsymbol{H}^{n+\frac{1}{2}} + 2C_1\boldsymbol{H}^{n-\frac{1}{2}} + C_1\boldsymbol{H}^{n-\frac{3}{2}} - C_2\boldsymbol{SH}^{n-\frac{1}{2}} - C_3\boldsymbol{SH}^{n-\frac{3}{2}}$$
$$\tag{8.8}$$

式中,$C_1 = \bar{\omega}_p^2/(\bar{\omega}_0^2 + 4\bar{\delta}_0 + 4)$,$C_2 = 2(\bar{\omega}_0^2 - 4)/(\bar{\omega}_0^2 + 4\bar{\delta}_0 + 4)$,$C_3 = (\bar{\omega}_0^2 - 4\bar{\delta}_0 + 4)/(\bar{\omega}_0^2 + 4\bar{\delta}_0 + 4)$。

该仿真案例的计算机仿真实验方案如图 8.4 所示,线光源位于平板前中心位置,并且离开平板前表面的距离为一半的板厚度,光频率取 $f_0 = 1.5 \times 10^{14}$ Hz,空间网格的大小为 $\Delta x = \Delta z = \lambda_0/40 \approx 50$nm,时间步长为 $\Delta t = \Delta x/(2c) \approx 8.3 \times 10^{-17}$ s。计算区域总尺寸为 $12\lambda_0 \times 5\lambda_0$,计算区域的四周被厚度为 20 层的完全匹配层包围。负折射率平板的厚度为 $d = \lambda_0 = 40\Delta x$,长度为 $L = 12\lambda_0 = 480\Delta x$,材料的洛伦兹色散模型参数采用完美成像条件:$\omega = \omega_p = \sqrt{2}\omega_0$ 且 $\delta_0 = 0$。下面将按模块功能分类分别给出完整的 MATLAB 程序代码。

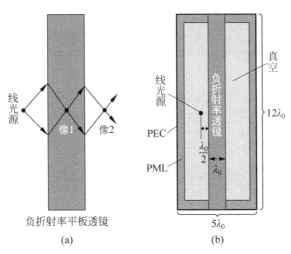

图 8.4　负折射率平板透镜亚波长成像示意图及其 FDTD 仿真方案

(1) 主控程序(S1_Main_Control_Program. m)

```
%% 仿真案例 2——负折射率平板透镜亚波长成像
%% FDTD 仿真模式——二维 TE 波(Dy,Bx,Bz)

%% M 文件名称: S1_Main_Control_Program.m
%% M 文件功能: 主控程序

%% 初始化 MATLAB 桌面
clear;                          % 清除 MATLAB 内存空间
close all;                      % 关闭所有图形窗口
% clc;                          % 清除命令窗口内文字

%% 引入常用电磁常量
c_0 = 299792458;                % 自由空间(真空)中的光速
mu_0 = 4 * pi * 1e - 7;         % 自由空间(真空)的磁导率
epsilon_0 = 1/(c_0^2 * mu_0);   % 自由空间(真空)的介电常数
Z_0 = sqrt(mu_0/epsilon_0);     % 自由空间(真空)的特征阻抗

%% 设置电磁波源初始参数
f_0 = 1.5e14;                   % 真空中频率
lambda_0 = c_0/f_0;             % 真空中波长
T_0 = 1/f_0;                    % 真空中周期
omega_0 = 2 * pi * f_0;         % 真空中角频率

%% 时空离散参数设置
```

```
% 空间离散参数设置
N_lambda = 40;                % 一个波长内的离散网格数
dx = lambda_0/N_lambda;       % 沿 x 轴方向的空间网格边长
dz = dx;                      % 沿 z 轴方向的空间网格边长

Lx = 5 * lambda_0;            % x 轴方向的物理长度
Nx = round(Lx/dx);           % x 轴方向的离散网格数
Nx_c = round(Nx/2);          % x 轴方向中心位置网格编号

Lz = 12 * lambda_0;           % z 轴方向的物理长度
Nz = round(Lz/dz);           % z 轴方向的离散网格数
Nz_c = round(Nz/2);          % z 轴方向中心位置网格编号

% 时间离散参数设置
n_CFL = 2;                    % CFL 稳定性条件
dt = dx/c_0/n_CFL;           % 时间步长

N_steps = 1580;               % 仿真步数

n_T0 = round(n_CFL * N_lambda);       % 一个光波周期内的时间步数
n_T0d2 = round(n_T0/2);               % 半个光波周期内的时间步数

% % 设置电磁波源
S2_Setting_Sources;

% % 设置仿真材料
S3_Setting_Materials;

% % 设置 PML 边界条件
% PML 区域开关控制
flag_PML_xn = 'on';          % 负 x 轴方向 PML:'on' 开;'off'关(即为 PEC 边界条件)
flag_PML_xp = 'on';          % 正 x 轴方向 PML:'on' 开;'off'关(即为 PEC 边界条件)

flag_PML_zn = 'on';          % 负 z 轴方向 PML:'on' 开;'off'关(即为 PEC 边界条件)
flag_PML_zp = 'on';          % 正 z 轴方向 PML:'on' 开;'off'关(即为 PEC 边界条件)

% 设置 x 轴负方向的 PML 参数
n_pml_xn = 20;               % x 轴负方向 PML 层数(不管 PML 是否开启都要设置)
eps_r_pml_xn = 1;            % x 轴负方向 PML 区域背景材料相对介电常数
mu_r_pml_xn = 1;             % x 轴负方向 PML 区域背景材料相对磁导率

% 设置 x 轴正方向的 PML 参数
n_pml_xp = 20;               % x 轴正方向 PML 层数(不管 PML 是否开启都要设置)
eps_r_pml_xp = 1;            % x 轴正方向 PML 区域背景材料相对介电常数
```

```
mu_r_pml_xp = 1;                % x 轴正方向 PML 区域背景材料相对磁导率

% 设置 z 轴负方向的 PML 参数
n_pml_zn = 20;                  % z 轴负方向 PML 层数(不管 PML 是否开启都要设置)
eps_r_pml_zn = 1;              % z 轴负方向 PML 区域背景材料相对介电常数
mu_r_pml_zn = 1;              % z 轴负方向 PML 区域背景材料相对磁导率

% 设置 z 轴正方向的 PML 参数
n_pml_zp = 20;                  % z 轴正方向 PML 层数(不管 PML 是否开启都要设置)
eps_r_pml_zp = 1;              % z 轴正方向 PML 区域背景材料相对介电常数
mu_r_pml_zp = 1;              % z 轴正方向 PML 区域背景材料相对磁导率

% 设置 PML 其他参数
S4_PML_Parameters;

% % 电磁场量初始化
Dy = zeros(Nx + 1, Nz + 1);    % 电场 y 分量初始化
Ey = Dy;
Ey_n1 = Dy;
Ey_n2 = Dy;
SEy = Dy;
SEy_n1 = Dy;
SEy_n2 = Dy;

Bx = zeros(Nx + 1, Nz);        % 磁场 x 分量初始化
Hx = Bx;
Hx_n1 = Bx;
Hx_n2 = Bx;
SHx = Bx;
SHx_n1 = Bx;
SHx_n2 = Bx;

Bz = zeros(Nx, Nz + 1);        % 磁场 z 分量初始化
Hz = Bz;
Hz_n1 = Bz;
Hz_n2 = Bz;
SHz = Bz;
SHz_n1 = Bz;
SHz_n2 = Bz;

% % 场量更新节点范围和更新方程系数
S5_Nodes_and_Coefficients;

% % 仿真准备工作
```

```
S6_Preparatory_Work;

%% 图形预绘制
S7_Preplotting_Figures;

%% 主循环程序
S8_Main_Loop_PML; % 支持 PML 边界条件的主循环程序

%% 仿真后处理
S9_Post_Processing;
```

（2）设置电磁波源（S2_Setting_Sources.m）

```
%% M 文件名称: S2_Setting_Sources.m
%% M 文件功能: 设置电磁波源

%% 设置电磁波源参数
% 设置线电流源空间位置
i_Jy = Nx_c - N_lambda;                       % 线电流源在 x 轴上的位置
k_Jy = Nz_c;                                  % 线电流源在 z 轴上的位置

% 设置线电流源时域波形
t = (1:N_steps) * dt;                         % 时间采样节点

Jy0 = 1;                                      % 线电流源振幅
Jy = Jy0 * sin(omega_0 * t)/(dx * dz)/(omega_0 * mu_0/4); % 入射波电场时域波形

% 设置线电流源渐升开启波形,抑制高频成分
ts = 2 * T_0;                                 % 设置时谐源开启时间
tsddt = round(ts/dt);                         % ts 与 dt 的比值
t_ts_J = 0:1/tsddt:1;                         % 电流开启时间段归一化
ws_J = t_ts_J - sin(2 * pi * t_ts_J)/(2 * pi); % 摆线运动开关函数
Jy(1:length(ws_J)) = Jy(1:length(ws_J)). * ws_J; % 电流渐升开启波形
```

（3）设置仿真材料（S3_Setting_Materials.m）

```
%% M 文件名称: S3_Setting_Materials.m
%% M 文件功能: 设置仿真材料

%% 设置平板透镜尺寸与空间位置
% 平板透镜厚度对应的网格数
thick_slab = N_lambda;
```

```
% 平板透镜在 x 轴上的节点编号分布范围
x_slab_left = Nx_c - round(thick_slab/2);
x_slab_right = Nx_c + round(thick_slab/2);
x_slab = x_slab_left:x_slab_right;

% 平板透镜在 z 轴上的节点编号分布范围
z_slab_down = 1;
z_slab_up = Nz;
z_slab = z_slab_down:z_slab_up;

%% 设置材料参数

% Lorentz 色散模型参数
wp = omega_0;                      % wp 参数
w0 = wp/sqrt(2);                   % 共振频率 w0
delta0 = 0;                        % 损耗参数 delta0

% 各参数均乘以 dt,方便推导更新公式
wpb = wp * dt;
w0b = w0 * dt;
delta0b = delta0 * dt;

%% 设置更新公式系数
% 定义各系数变量,预先设置背景材料为真空(或空气)
C1 = zeros(Nx,Nz);
C2 = zeros(Nx,Nz);
C3 = zeros(Nx,Nz);

% 在平板透镜内部区域,设置材料为 Lorentz 色散模型
C1(x_slab,z_slab) = wpb^2/(w0b^2 + 4 * delta0b + 4);
C2(x_slab,z_slab) = 2 * (w0b^2 - 4)/(w0b^2 + 4 * delta0b + 4);
C3(x_slab,z_slab) = (w0b^2 - 4 * delta0b + 4)/(w0b^2 + 4 * delta0b + 4);
```

（4）设置 PML 参数（S4_PML_Parameters.m）

```
%% M 文件名称: S4_PML_Parameters.m
%% M 文件功能: 设置 PML 参数

% 设置 PML 初始化参数
m_pml = 3;                         % 电导率和磁导率变化幂指数
alpha_max = 0.05;                  % alpha 参数的最大值

% 判断各边界是否需要设置 PML
```

```
if strcmp(flag_PML_xn,'on')           % x 轴负方向边界是否设置 PML
    sigma_factor_xn = 1;              % 设置 sigma_factor 参数
    kappa_max_xn = 7;                 % 设置 kappa_max 参数
else
    sigma_factor_xn = 0;              % 通过参数设置移去 x 轴负方向 PML
    kappa_max_xn = 1;                 % 通过参数设置移去 x 轴负方向 PML
end

if strcmp(flag_PML_xp,'on')           % x 轴正方向边界是否设置 PML
    sigma_factor_xp = 1;              % 设置 sigma_factor 参数
    kappa_max_xp = 7;                 % 设置 kappa_max 参数
else
    sigma_factor_xp = 0;              % 通过参数设置移去 x 轴正方向 PML
    kappa_max_xp = 1;                 % 通过参数设置移去 x 轴正方向 PML
end

if strcmp(flag_PML_zn,'on')           % z 轴负方向边界是否设置 PML
    sigma_factor_zn = 1;              % 设置 sigma_factor 参数
    kappa_max_zn = 7;                 % 设置 kappa_max 参数
else
    sigma_factor_zn = 0;              % 通过参数设置移去 z 轴负方向 PML
    kappa_max_zn = 1;                 % 通过参数设置移去 z 轴负方向 PML
end

if strcmp(flag_PML_zp,'on')           % z 轴正方向边界是否设置 PML
    sigma_factor_zp = 1;              % 设置 sigma_factor 参数
    kappa_max_zp = 7;                 % 设置 kappa_max 参数
else
    sigma_factor_zp = 0;              % 通过参数设置移去 z 轴正方向 PML
    kappa_max_zp = 1;                 % 通过参数设置移去 z 轴正方向 PML
end

% 计算电磁场节点离开 PML 内边界的距离
rho_e_xn = ((n_pml_xn - 0.75): - 1:0.25)/n_pml_xn;
rho_e_xp = (0.25:1:(n_pml_xp - 0.75))/n_pml_xp;
rho_m_xn = ((n_pml_xn - 0.25): - 1:0.75)/n_pml_xn;
rho_m_xp = (0.75:1:(n_pml_xp - 0.25))/n_pml_xp;

rho_e_zn = ((n_pml_zn - 0.75): - 1:0.25)/n_pml_zn;
rho_e_zp = (0.25:1:(n_pml_zp - 0.75))/n_pml_zp;
rho_m_zn = ((n_pml_zn - 0.25): - 1:0.75)/n_pml_zn;
rho_m_zp = (0.75:1:(n_pml_zp - 0.25))/n_pml_zp;

% 设置 sigma 参数
```

```
sigma_max_xn = sigma_factor_xn * (m_pml + 1)/(150 * pi * sqrt(eps_r_pml_xn * mu_
r_pml_xn) * dx);
sigma_max_xp = sigma_factor_xp * (m_pml + 1)/(150 * pi * sqrt(eps_r_pml_xp * mu_
r_pml_xp) * dx);
sigma_e_xn = sigma_max_xn * (rho_e_xn).^m_pml;
sigma_m_xn = mu_0/epsilon_0 * sigma_max_xn * (rho_m_xn).^m_pml;
sigma_e_xp = sigma_max_xp * (rho_e_xp).^m_pml;
sigma_m_xp = mu_0/epsilon_0 * sigma_max_xp * (rho_m_xp).^m_pml;

sigma_max_zn = sigma_factor_zn * (m_pml + 1)/(150 * pi * sqrt(eps_r_pml_zn * mu_
r_pml_zn) * dz);
sigma_max_zp = sigma_factor_zp * (m_pml + 1)/(150 * pi * sqrt(eps_r_pml_zp * mu_
r_pml_zp) * dz);
sigma_e_zn = sigma_max_zn * (rho_e_zn).^m_pml;
sigma_m_zn = mu_0/epsilon_0 * sigma_max_zn * (rho_m_zn).^m_pml;
sigma_e_zp = sigma_max_zp * (rho_e_zp).^m_pml;
sigma_m_zp = mu_0/epsilon_0 * sigma_max_zp * (rho_m_zp).^m_pml;

% 设置 kappa 参数
kappa_e_xn = 1 + (kappa_max_xn - 1) * rho_e_xn.^m_pml;
kappa_e_xp = 1 + (kappa_max_xp - 1) * rho_e_xp.^m_pml;
kappa_m_xn = 1 + (kappa_max_xn - 1) * rho_m_xn.^m_pml;
kappa_m_xp = 1 + (kappa_max_xp - 1) * rho_m_xp.^m_pml;

kappa_e_zn = 1 + (kappa_max_zn - 1) * rho_e_zn.^m_pml;
kappa_e_zp = 1 + (kappa_max_zp - 1) * rho_e_zp.^m_pml;
kappa_m_zn = 1 + (kappa_max_zn - 1) * rho_m_zn.^m_pml;
kappa_m_zp = 1 + (kappa_max_zp - 1) * rho_m_zp.^m_pml;

% 设置 alpha 参数
alpha_e_xn = alpha_max * (1 - rho_e_xn);
alpha_e_xp = alpha_max * (1 - rho_e_xp);
alpha_m_xn = mu_0/epsilon_0 * alpha_max * (1 - rho_m_xn);
alpha_m_xp = mu_0/epsilon_0 * alpha_max * (1 - rho_m_xp);

alpha_e_zn = alpha_max * (1 - rho_e_zn);
alpha_e_zp = alpha_max * (1 - rho_e_zp);
alpha_m_zn = mu_0/epsilon_0 * alpha_max * (1 - rho_m_zn);
alpha_m_zp = mu_0/epsilon_0 * alpha_max * (1 - rho_m_zp);

% 设置向量形式 b 参数
b_e_xn_v = exp( - (sigma_e_xn./kappa_e_xn + alpha_e_xn) * dt/epsilon_0);
```

```
b_e_xp_v = exp( - (sigma_e_xp./kappa_e_xp + alpha_e_xp) * dt/epsilon_0);
b_m_xn_v = exp( - (sigma_m_xn./kappa_m_xn + alpha_m_xn) * dt/mu_0);
b_m_xp_v = exp( - (sigma_m_xp./kappa_m_xp + alpha_m_xp) * dt/mu_0);

b_e_zn_v = exp( - (sigma_e_zn./kappa_e_zn + alpha_e_zn) * dt/epsilon_0);
b_e_zp_v = exp( - (sigma_e_zp./kappa_e_zp + alpha_e_zp) * dt/epsilon_0);
b_m_zn_v = exp( - (sigma_m_zn./kappa_m_zn + alpha_m_zn) * dt/mu_0);
b_m_zp_v = exp( - (sigma_m_zp./kappa_m_zp + alpha_m_zp) * dt/mu_0);

% 设置向量形式 a 参数
a_e_xn_v = sigma_e_xn. * (b_e_xn_v - 1)./(dz * kappa_e_xn. * (sigma_e_xn +
alpha_e_xn. * kappa_e_xn));
a_e_xp_v = sigma_e_xp. * (b_e_xp_v - 1)./(dz * kappa_e_xp. * (sigma_e_xp +
alpha_e_xp. * kappa_e_xp));
a_m_xn_v = sigma_m_xn. * (b_m_xn_v - 1)./(dz * kappa_m_xn. * (sigma_m_xn +
alpha_m_xn. * kappa_m_xn));
a_m_xp_v = sigma_m_xp. * (b_m_xp_v - 1)./(dz * kappa_m_xp. * (sigma_m_xp +
alpha_m_xp. * kappa_m_xp));

a_e_zn_v = sigma_e_zn. * (b_e_zn_v - 1)./(dz * kappa_e_zn. * (sigma_e_zn +
alpha_e_zn. * kappa_e_zn));
a_e_zp_v = sigma_e_zp. * (b_e_zp_v - 1)./(dz * kappa_e_zp. * (sigma_e_zp +
alpha_e_zp. * kappa_e_zp));
a_m_zn_v = sigma_m_zn. * (b_m_zn_v - 1)./(dz * kappa_m_zn. * (sigma_m_zn +
alpha_m_zn. * kappa_m_zn));
a_m_zp_v = sigma_m_zp. * (b_m_zp_v - 1)./(dz * kappa_m_zp. * (sigma_m_zp +
alpha_m_zp. * kappa_m_zp));
```

（5）场量更新节点范围和更新方程系数（S5_Nodes_and_Coefficients.m）

```
% % M 文件名称: S5_Nodes_and_Coefficients.m
% % M 文件功能: 场量更新节点范围和更新方程系数

% % 设置场量更新节点编号范围和更新公式系数
% 公用编号范围 1
i1 = 1:Nx;
k1 = 1:Nz;
% 公用编号范围 2
i2 = 2:Nx;
k2 = 2:Nz;

% 公用更新公式系数
CD_dt = dt;
```

```
CD_dt_dx = CD_dt/dx;
CD_dt_dz = CD_dt/dz;

CB_dt = dt;
CB_dt_dx = CB_dt/dx;
CB_dt_dz = CB_dt/dz;

%% PML 区域内部场量节点编号范围
% 电场分量更新节点分区编号范围
inD = 2:(n_pml_xn + 1);                % 负 x 轴方向 PML 区域电场分量节点编号范围
ipD = (Nx - n_pml_xp + 1):Nx;          % 正 x 轴方向 PML 区域电场分量节点编号范围
iD = (n_pml_xn + 2):(Nx - n_pml_xp);   % x 轴中间非 PML 区域电场分量节点编号范围

knD = 2:(n_pml_zn + 1);                % 负 z 轴方向 PML 区域电场分量节点编号范围
kpD = (Nz - n_pml_zp + 1):Nz;          % 正 z 轴方向 PML 区域电场分量节点编号范围
kD = (n_pml_zn + 2):(Nz - n_pml_zp);   % z 轴中间非 PML 区域电场分量节点编号范围

% 磁场分量更新节点分区编号范围
inB = 1:n_pml_xn;                      % 负 x 轴方向 PML 区域磁场分量节点编号范围
ipB = (Nx - n_pml_xp + 1):Nx;          % 正 x 轴方向 PML 区域磁场分量节点编号范围
iB = (n_pml_xn + 1):(Nx - n_pml_xp);   % x 轴中间非 PML 区域磁场分量节点编号范围

knB = 1:n_pml_zn;                      % 负 z 轴方向 PML 区域磁场分量节点编号范围
kpB = (Nz - n_pml_zp + 1):Nz;          % 正 z 轴方向 PML 区域磁场分量节点编号范围
kB = (n_pml_zn + 1):(Nz - n_pml_zp);   % z 轴中间非 PML 区域磁场分量节点编号范围

%% PML 区域内部场量更新公式系数
% Dy 更新公式系数
C_Dy_dzn_v = CD_dt_dz./kappa_e_zn;
C_Dy_dzp_v = CD_dt_dz./kappa_e_zp;

C_Dy_dxn_v = CD_dt_dx./kappa_e_xn;
C_Dy_dxp_v = CD_dt_dx./kappa_e_xp;

Phi_ey_zn = zeros(Nx - 1, n_pml_zn);
b_ey_zn = Phi_ey_zn;
a_ey_zn = Phi_ey_zn;
C_Dy_dzn = Phi_ey_zn;

Phi_ey_zp = zeros(Nx - 1, n_pml_zp);
b_ey_zp = Phi_ey_zp;
a_ey_zp = Phi_ey_zp;
C_Dy_dzp = Phi_ey_zp;
```

```
temp = ones(Nx - 1,1);
for k = 1:n_pml_zn
    b_ey_zn(:,k) = b_e_zn_v(k) * temp;
    a_ey_zn(:,k) = a_e_zn_v(k) * temp;
    C_Dy_dzn(:,k) = C_Dy_dzn_v(k) * temp;
end
for k = 1:n_pml_zp
    b_ey_zp(:,k) = b_e_zp_v(k) * temp;
    a_ey_zp(:,k) = a_e_zp_v(k) * temp;
    C_Dy_dzp(:,k) = C_Dy_dzp_v(k) * temp;
end

Phi_ey_xn = zeros(n_pml_xn,Nz - 1);
b_ey_xn = Phi_ey_xn;
a_ey_xn = Phi_ey_xn;
C_Dy_dxn = Phi_ey_xn;

Phi_ey_xp = zeros(n_pml_xp,Nz - 1);
b_ey_xp = Phi_ey_xp;
a_ey_xp = Phi_ey_xp;
C_Dy_dxp = Phi_ey_xp;

temp = ones(1,Nz - 1);
for i = 1:n_pml_xn
    b_ey_xn(i,:) = b_e_xn_v(i) * temp;
    a_ey_xn(i,:) = a_e_xn_v(i) * temp;
    C_Dy_dxn(i,:) = C_Dy_dxn_v(i) * temp;
end
for i = 1:n_pml_xp
    b_ey_xp(i,:) = b_e_xp_v(i) * temp;
    a_ey_xp(i,:) = a_e_xp_v(i) * temp;
    C_Dy_dxp(i,:) = C_Dy_dxp_v(i) * temp;
end

% Bx 更新公式系数
C_Bx_dzn_v = CB_dt_dz./kappa_m_zn;
C_Bx_dzp_v = CB_dt_dz./kappa_m_zp;

Phi_mx_zn = zeros(Nx - 1,n_pml_zn);
b_mx_zn = Phi_mx_zn;
a_mx_zn = Phi_mx_zn;
C_Bx_dzn = Phi_mx_zn;

Phi_mx_zp = zeros(Nx - 1,n_pml_zp);
```

```
b_mx_zp = Phi_mx_zp;
a_mx_zp = Phi_mx_zp;
C_Bx_dzp = Phi_mx_zp;


temp = ones(Nx - 1,1);
for k = 1:n_pml_zn
    b_mx_zn(:,k) = b_m_zn_v(k) * temp;
    a_mx_zn(:,k) = a_m_zn_v(k) * temp;
    C_Bx_dzn(:,k) = C_Bx_dzn_v(k) * temp;
end
for k = 1:n_pml_zp
    b_mx_zp(:,k) = b_m_zp_v(k) * temp;
    a_mx_zp(:,k) = a_m_zp_v(k) * temp;
    C_Bx_dzp(:,k) = C_Bx_dzp_v(k) * temp;
end


% Bz 更新公式系数
C_Bz_dxn_v = CB_dt_dx./kappa_m_xn;
C_Bz_dxp_v = CB_dt_dx./kappa_m_xp;

Phi_mz_xn = zeros(n_pml_xn,Nz - 1);
b_mz_xn = Phi_mz_xn;
a_mz_xn = Phi_mz_xn;
C_Bz_dxn = Phi_mz_xn;


Phi_mz_xp = zeros(n_pml_xp,Nz - 1);
b_mz_xp = Phi_mz_xp;
a_mz_xp = Phi_mz_xp;
C_Bz_dxp = Phi_mz_xp;


temp = ones(1,Nz - 1);
for i = 1:n_pml_xn
    b_mz_xn(i,:) = b_m_xn_v(i) * temp;
    a_mz_xn(i,:) = a_m_xn_v(i) * temp;
    C_Bz_dxn(i,:) = C_Bz_dxn_v(i) * temp;
end
for i = 1:n_pml_xp
    b_mz_xp(i,:) = b_m_xp_v(i) * temp;
    a_mz_xp(i,:) = a_m_xp_v(i) * temp;
    C_Bz_dxp(i,:) = C_Bz_dxp_v(i) * temp;
end
clear('temp');        % 删除已无用的辅助变量,释放内存空间
```

(6) 仿真准备工作（S6_Preparatory_Work. m）

```
%% M 文件名称：S6_Preparatory_Work.m
%% M 文件功能：仿真准备工作

%% 电场 y 分量的振幅初始化
Ey_mag = zeros(Nx + 1, Nz + 1);

%% 导入数据
% 预留备用

%% 解析解计算
% 预留备用
```

(7) 图形预绘制（S7_Preplotting_Figures. m）

```
%% M 文件名称：S7_Preplotting_Figures.m
%% M 文件功能：图形预绘制

%% 预先绘制图形窗口
% 画图区域
range_x = 1:(Nx + 1);                                % x 轴显示范围
range_z = 1:(Nz + 1);                                % z 轴显示范围

max_scale = 1.25;                                    % 色标范围与最大数值比例
ratio_z = 0.005;                                     % 数据轴与坐标轴数值显示比例
view_angles = [0,90];                                % 三维图观察角度

% 图形窗口 1 设置
fig1 = figure(1);
% get(fig1,'Position')                               % 获取当前图形窗口的位置和尺寸
set(fig1,'Position',[101.8,251.4,702.4,484.8]);      % 图形窗口位置和尺寸
set(fig1,'Color','w');                               % 图形窗口背景颜色

% 子图 1——电场 Ey 的 XOZ 平面分布
subplot(1,2,1)
ax1 = gca;                                           % 抓取图形 1 句柄

ax1_surf1 = mesh(Ey(range_x,range_z)');              % 画三维图
set(ax1_surf1,'FaceColor','interp','LineStyle','none','FaceAlpha',1);

ax1_surf1_max = max_scale * Jy0;                     % 数据轴显示范围
```

```matlab
title('\rm\bf(a)\it\bfE_y\rm\bf(\it\bfx,z,t\rm\bf)');
xlabel('z\rm\bf/\it\bf\lambda\rm\bf_{0}');
ylabel('x\rm\bf/\it\bf\lambda\rm\bf_{0}');
axis([1,length(range_x),1,length(range_z), - ax1_surf1_max,ax1_surf1_max]);

box on;
daspect([1 1 ratio_z]);
view(view_angles);

colorbar;
caxis([ - ax1_surf1_max,ax1_surf1_max]);
colormap(jet(64 * 64));

set(gca,'Layer','top','GridLineStyle','none');

set(ax1,'LineWidth',1);                    % 坐标轴和图框线宽
ax1.XTick = [1,N_lambda:N_lambda:Nx];      % x 轴刻度位置
ax1.XTickLabel = [0,1:1:Nx/N_lambda];      % x 轴刻度文字

ax1.YTick = [1,N_lambda:N_lambda:Nz];      % z 轴刻度位置
ax1.YTickLabel = [0,1:1:Nz/N_lambda];      % z 轴刻度文字

grid on;                                   % 显示网格

ax1.FontSize = 16;                         % 文字大小
ax1.FontName = 'simhei';                   % 文字字体 - 黑体
ax1.FontWeight = 'bold';                   % 文字字形

% 子图 2——电场 E_y 振幅的 XOZ 平面分布
subplot(1,2,2)
ax2 = gca;                                 % 抓取图形 2 句柄

ax2_surf1 = mesh(Ey_mag(range_x,range_z)');    % 画三维图
set(ax2_surf1,'FaceColor','interp','LineStyle','none','FaceAlpha',1);

ax2_surf1_max = max_scale * Jy0;

title('\rm\bf(b)\it\bfE_{y\rm\bf0}\rm\bf(\it\bfx,z\rm\bf)');
xlabel('z\rm\bf/\it\bf\lambda\rm\bf_{0}');
ylabel('x\rm\bf/\it\bf\lambda\rm\bf_{0}');
axis([1,length(range_x),1,length(range_z), - ax2_surf1_max,ax2_surf1_max]);

box on;
daspect([1 1 ratio_z]);
```

```
view(view_angles);

colorbar;
caxis([ - ax2_surf1_max, ax2_surf1_max]);
colormap(jet(64 * 64));

set(gca, 'Layer', 'top', 'GridLineStyle', 'none');

set(ax2, 'LineWidth', 1);                          % 坐标轴和图框线宽
ax2.XTick = [1, N_lambda:N_lambda:Nx];             % x 轴刻度位置
ax2.XTickLabel = [0, 1:1:Nx/N_lambda];             % x 轴刻度文字

ax2.YTick = [1, N_lambda:N_lambda:Nz];             % z 轴刻度位置
ax2.YTickLabel = [0, 1:1:Nz/N_lambda];             % z 轴刻度文字

grid on;                                           % 显示网格

ax2.FontSize = 16;                                 % 文字大小
ax2.FontName = 'simhei';                           % 文字字体 - 黑体
ax2.FontWeight = 'bold';                           % 文字字形
```

(8) PML 边界条件下的主循环程序(S8_Main_Loop_PML.m)

```
% % M 文件名称：S8_Main_Loop_PML.m
% % M 文件功能：支持 PML 边界条件的主循环程序

for nt = 1:N_steps
    tic        % 一次循环所需时间计时开始

    % % Dy 更新公式
    % 负 z 轴方向 PML 区域中的 Dy 更新程序
Phi_ey_zn = b_ey_zn. * Phi_ey_zn + a_ey_zn. * (Hx(i2, knD) - Hx(i2, knD - 1));
Dy(i2, knD) = Dy(i2, knD) + C_Dy_dzn. * (Hx(i2, knD) - Hx(i2, knD - 1)) + CD_dt *
Phi_ey_zn;
    % 正 z 轴方向 PML 区域中的 Dy 更新程序
Phi_ey_zp = b_ey_zp. * Phi_ey_zp + a_ey_zp. * (Hx(i2, kpD) - Hx(i2, kpD - 1));
Dy(i2, kpD) = Dy(i2, kpD) + C_Dy_dzp. * (Hx(i2, kpD) - Hx(i2, kpD - 1)) + CD_dt *
Phi_ey_zp;

    % z 轴中间非 PML 区域的 Dy 更新程序
Dy(i2, kD) = Dy(i2, kD) + CD_dt_dz * (Hx(i2, kD) - Hx(i2, kD - 1));
    % 负 x 轴方向 PML 区域中的 Dy 更新程序
Phi_ey_xn = b_ey_xn. * Phi_ey_xn + a_ey_xn. * (Hz(inD, k2) - Hz(inD - 1, k2));
```

```
Dy(inD,k2) = Dy(inD,k2) - C_Dy_dxn. * (Hz(inD,k2) - Hz(inD - 1,k2)) - CD_dt *
Phi_ey_xn;

    % 正 x 轴方向 PML 区域中的 Dy 更新程序
Phi_ey_xp = b_ey_xp. * Phi_ey_xp + a_ey_xp. * (Hz(ipD,k2) - Hz(ipD - 1,k2));
Dy(ipD,k2) = Dy(ipD,k2) - C_Dy_dxp. * (Hz(ipD,k2) - Hz(ipD - 1,k2)) - CD_dt *
Phi_ey_xp;
    % x 轴中间非 PML 区域中的 Dy 更新程序
    Dy(iD,k2) = Dy(iD,k2) - CD_dt_dx * (Hz(iD,k2) - Hz(iD - 1,k2));

    % % 引入电场激励源
    Dy(i_Jy,k_Jy) = Dy(i_Jy,k_Jy) - dt * Jy(nt);

    % % 物质本构关系更新公式——介电常数
Ey(i1,k1) = (Dy(i1,k1)/epsilon_0 - 2 * C1. * Ey_n1(i1,k1) - C1. * Ey_n2(i1,k1) +
C2. * SEy_n1(i1,k1) + C3. * SEy_n2(i1,k1))./(1 + C1);
SEy = C1. * Ey(i1,k1) + 2 * C1. * Ey_n1(i1,k1) + C1. * Ey_n2(i1,k1) - C2. * SEy_
n1(i1,k1) - C3. * SEy_n2(i1,k1);
    Ey_n2 = Ey_n1;
    Ey_n1 = Ey;
    SEy_n2 = SEy_n1;
    SEy_n1 = SEy;

    % % 提取场量数据——电场振幅
    if mod(nt,n_T0d2) == 1;
        Ey_mag_sq_t = zeros(Nx + 1,Nz + 1);
    end
    Ey_mag_sq_t = Ey_mag_sq_t + Ey.^2 * 4/n_T0;

    if mod(nt,n_T0d2) == 0;
        Ey_mag = sqrt(Ey_mag_sq_t);
    end

    % % Bx 更新公式
    % 负 z 轴方向 PML 区域中的 Bx 更新程序
Phi_mx_zn = b_mx_zn. * Phi_mx_zn + a_mx_zn. * (Ey(i2,knB + 1) - Ey(i2,knB));
Bx(i2,knB) = Bx(i2,knB) + C_Bx_dzn. * (Ey(i2,knB + 1) - Ey(i2,knB)) + CB_dt *
Phi_mx_zn;
    % 负 z 轴方向 PML 区域中的 Bx 更新程序
Phi_mx_zp = b_mx_zp. * Phi_mx_zp + a_mx_zp. * (Ey(i2,kpB + 1) - Ey(i2,kpB));
Bx(i2,kpB) = Bx(i2,kpB) + C_Bx_dzp. * (Ey(i2,kpB + 1) - Ey(i2,kpB)) + CB_dt *
Phi_mx_zp;
    % z 轴中间非 PML 区域的 Bx 更新程序
    Bx(i2,kB) = Bx(i2,kB) + CB_dt_dz * (Ey(i2,kB + 1) - Ey(i2,kB));

    % % Bz 更新公式
    % 负 x 轴方向 PML 区域中的 Bz 更新程序
Phi_mz_xn = b_mz_xn. * Phi_mz_xn + a_mz_xn. * (Ey(inB + 1,k2) - Ey(inB,k2));
```

```
Bz(inB,k2) = Bz(inB,k2) - C_Bz_dxn. * (Ey(inB + 1,k2) - Ey(inB,k2)) - CB_dt *
Phi_mz_xn;
    % 正 x 轴方向 PML 区域中的 Bz 更新程序

Phi_mz_xp = b_mz_xp. * Phi_mz_xp + a_mz_xp. * (Ey(ipB + 1,k2) - Ey(ipB,k2));
Bz(ipB,k2) = Bz(ipB,k2) - C_Bz_dxp. * (Ey(ipB + 1,k2) - Ey(ipB,k2)) - CB_dt *
Phi_mz_xp;
    % x 轴中间非 PML 区域中的 Bz 更新程序
    Bz(iB,k2) = Bz(iB,k2) - CB_dt_dx * (Ey(iB + 1,k2) - Ey(iB,k2));

    % % 物质本构关系更新公式——磁导率
    Hx(i1,k1) = (Bx(i1,k1)/mu_0 - 2 * C1. * Hx_n1(i1,k1) - C1. * Hx_n2(i1,k1)
        + C2. * SHx_n1(i1,k1) + C3. * SHx_n2(i1,k1))./(1 + C1);

SHx = C1. * Hx(i1,k1) + 2 * C1. * Hx_n1(i1,k1) + C1. * Hx_n2(i1,k1) - C2. * SHx_
n1(i1,k1) - C3. * SHx_n2(i1,k1);
    Hx_n2 = Hx_n1;
    Hx_n1 = Hx;
    SHx_n2 = SHx_n1;
    SHx_n1 = SHx;

Hz(i1,k1) - (Bz(i1,k1)/mu_0 - 2 * C1. * Hz_n1(i1,k1) - C1. * Hz_n2(i1,k1) + C2.
* SHz_n1(i1,k1) + C3. * SHz_n2(i1,k1))./(1 + C1);

SHz = C1. * Hz(i1,k1) + 2 * C1. * Hz_n1(i1,k1) + C1. * Hz_n2(i1,k1) - C2. * SHz_
n1(i1,k1) - C3. * SHz_n2(i1,k1);
    Hz_n2 = Hz_n1;
    Hz_n1 = Hz;
    SHz_n2 = SHz_n1;
    SHz_n1 = SHz;

    % % 更新电磁场空间分布图形
    if mod(nt,10) == 1 % 图形刷新间隔循环数
        ax1_surf1.ZData = Ey(range_x,range_z)';
        set(ax1,'Layer','top','GridLineStyle','none');
        drawnow
        ax2_surf1.ZData = Ey_mag(range_x,range_z)';
        set(ax2,'Layer','top','GridLineStyle','none');
        drawnow
    end

    % % 制作 GIF 动态图片
    frame1 = getframe(fig1);
    im1 = frame2im(frame1);
    [A1,map1] = rgb2ind(im1,256);
    if nt == 1;
        imwrite(A1,map1,'D:\图 8.5.gif','gif','LoopCount',Inf,'DelayTime',0.1);
    else
        if mod(nt,20) == 0      % 动画制作间隔循环数
```

```
        imwrite(A1,map1,'D:\图 8.5.gif','gif',...
        'WriteMode','append','DelayTime',0.1);
    end
  end

  toc % 显示一次循环所需时间
  nt % 显示当前已完成步数

end
```

（9）仿真后处理（S9_Post_Processing. m）

```
% % M 文件名称:S9_Post_Processing.m
% % M 文件功能:仿真后处理

% % 输出图形窗口图片
figure(1)
set(gcf,'InvertHardcopy','off')         % 打印时不改变图形窗口底色背景
set(gcf,'PaperPositionMode','auto')      % 打印时不改变图形内各个对象的
                                         % 位置
print(gcf,'-dtiff','-r300','D:\图 8.5.tiff')  % 设置图片格式、分辨率和保存路径
```

　　图 8.5 给出以上程序运行到第 1580 步时电场 E_y 的瞬时值和振幅空间分布的仿真结果。可以看到平板透镜内部和外部各有一个宽度约为 0.5 个波长量级的像,从而实现了对负折射率平板透镜亚波长成像特性的验证。

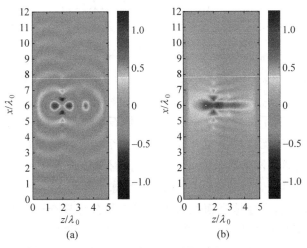

图 8.5　负折射率平板透镜亚波长成像仿真结果

(a) $E_y(x,z,t)$；(b) $E_{y0}(x,z)$

8.2.3   三维仿真案例：高斯光束入射玻璃内气泡的散反射特性

玻璃缺陷的产生是由于光学元器件在生产之前，生产材料纯度不高以及生产工艺技术不成熟，导致玻璃内部出现许多细小气泡、杂质粒子以及微型裂痕。这些缺陷看似细微，但是实际上都会对玻璃的光学性能产生一定的影响。例如，由于玻璃内微气泡缺陷的存在，会产生吸收光束能量的现象，吸收的这部分能量主要以热能的形式散失，而这部分热能可能会使光学元器件发生微小的形变。由于微气泡缺陷对光束散射、衍射以及折射，使得光束的强度分布不均匀，会使局部光场能量过高。当该区域的光束能量超过光学元器件的损伤阈值时就会使光学元器件产生损伤，影响光学元器件的使用寿命。

最后一个案例是三维 FDTD 仿真案例，实现对熔石英玻璃内基模高斯光束入射球形气泡散反射特性的数值仿真研究。仿真实验方案设计如图 8.6 所示。激光光源为 x 偏振单色高斯光束，激光波长为 $\lambda_0 = 1053\mathrm{nm}$，束腰半径为 $w_0 = 1.5\lambda_0$，最大光场振幅取 $E_0 = 1\mathrm{V/m}$。对于基模高斯光束，沿 x 轴方向偏振的电场 $\boldsymbol{E}(r,z,t)$ 的时域表达式为

$$\boldsymbol{E}(r,z,t) = \boldsymbol{e}_x E_0 \frac{w_0}{w(z)} \exp\left(-\frac{r^2}{w^2(z)}\right) \cdot$$

$$\sin\left[\omega t - k\left(z - z_0 + \frac{r^2}{2R(z)}\right) + \varphi(z)\right] \quad (8.9)$$

式中，E_0 是束腰中心点的电场最大振幅，w_0 是束腰半径，r 是离开光轴的径向距离，$w(z) = w_0 \sqrt{1 + (z - z_0)^2/z_{\mathrm{R}}^2}$ 是光束半径，其中 $z_{\mathrm{R}} = \pi w_0^2/\lambda$ 是瑞利距离，$R(z) = (z - z_0)\{1 + [z_{\mathrm{R}}/(z - z_0)]^2\}$ 是波前曲率半径，$\varphi(z) = \arctan[(z - z_0)/z_{\mathrm{R}}]$ 是古伊(Gouy)相位。整个计算空间是边长为 $10\lambda_0$ 的三维立方体，充满了折射率为 $n = 1.47$ 的熔石英玻璃，六个边界面处设置厚度为 λ_0 的完全匹配层以模拟开放空间。一个波长内的空间离散网格数为 $N_\lambda = 20$，空间离散网格边长为 $\mathrm{d}s = \lambda_0/N_\lambda$，时间步长为 $\mathrm{d}t = \mathrm{d}s/(2c)$。球形空气泡位于三维立方计算空间的中心位置，球半径为 $R = 2\lambda_0$。为了提高对球体的建模精度，在球体表面处采用网格三等分计算介电常数的算法。高斯光束由高斯分布面电流激发产生，且位于靠近计算区域的左 PML 区域，其中面电流激发的左行光束被 PML 吸收，右行波用于本案例的仿真之用。

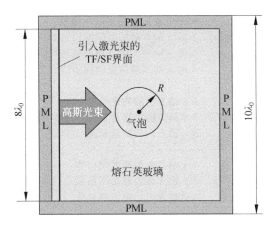

图 8.6 高斯光束入射介质球散反射特性 FDTD 仿真方案

本 FDTD 仿真案例的完整 MATLAB 程序代码如下所示：

（1）主控程序（S1_Main_Control_Program.m）

```
%% 仿真案例 3——熔石英玻璃内高斯光束入射球形气泡散反射特性
%% FDTD 仿真模式——三维 FDTD 仿真

%% M 文件名称：S1_Main_Control_Program.m
%% M 文件功能：主控程序

%% 初始化 MATLAB 桌面
clear;                          % 清除 MATLAB 内存空间
close all;                      % 关闭所有图形窗口
% clc;                          % 清除命令窗口内文字

%% 引入常用电磁常量
c_0 = 299792458;                % 自由空间(真空)中的光速
mu_0 = 4 * pi * 1e - 7;         % 自由空间(真空)的磁导率
epsilon_0 = 1/(c_0^2 * mu_0);   % 自由空间(真空)的介电常数
Z_0 = sqrt(mu_0/epsilon_0);     % 自由空间(真空)的特征阻抗

%% 设置电磁波源初始参数
lambda_0 = 1053e - 9;           % 真空中波长
f_0 = c_0/lambda_0;             % 真空中频率
T_0 = 1/f_0;                    % 真空中周期
omega_0 = 2 * pi * f_0;         % 真空中角频率

%% 时空离散参数设置
% 空间离散参数设置
```

```
N_lambda = 20;              % 一个波长内的离散网格数
dx = lambda_0/N_lambda;     % 沿 x 轴方向的空间网格边长
dy = dx;                    % 沿 y 轴方向的空间网格边长
dz = dx;                    % 沿 z 轴方向的空间网格边长

Lx = 10 * lambda_0;         % x 轴方向的物理长度
Ly = 10 * lambda_0;         % y 轴方向的物理长度
Lz = 10 * lambda_0;         % z 轴方向的物理长度

Nx = round(Lx/dx);         % x 轴方向的离散网格数
Ny = round(Ly/dy);         % y 轴方向的离散网格数
Nz = round(Lz/dz);         % z 轴方向的离散网格数

% 时间离散参数设置
n_CFL = 2;                  % CFL 稳定性条件
dt = dx/c_0/n_CFL;          % 时间步长

N_steps = 1500;             % 仿真步数

n_T0 = round(n_CFL * N_lambda);      % 一个光波周期内的时间步数
n_T0d2 = round(n_T0/2);     % 半个光波周期内的时间步数

% % 设置电磁波源
S2_Setting_Sources;

% % 设置仿真材料
S3_Setting_Materials;

% % 设置 PML 边界条件

% PML 区域开关控制
flag_PML_xn = 'on';         % 负 x 轴方向 PML:'on' 开;'off'关(即为 PEC 边界条件)
flag_PML_xp = 'on';         % 正 x 轴方向 PML:'on' 开;'off'关(即为 PEC 边界条件)

flag_PML_yn = 'on';         % 负 y 轴方向 PML:'on' 开;'off'关(即为 PEC 边界条件)
flag_PML_yp = 'on';         % 正 y 轴方向 PML:'on' 开;'off'关(即为 PEC 边界条件)

flag_PML_zn = 'on';         % 负 z 轴方向 PML:'on' 开;'off'关(即为 PEC 边界条件)
flag_PML_zp = 'on';         % 正 z 轴方向 PML:'on' 开;'off'关(即为 PEC 边界条件)

% 设置 x 轴负方向的 PML 参数
n_pml_xn = 20;              % x 轴负方向 PML 层数(不管 PML 是否开启都要设置)
eps_r_pml_xn = 1;          % x 轴负方向 PML 区域背景材料相对介电常数
mu_r_pml_xn = 1;           % x 轴负方向 PML 区域背景材料相对磁导率
```

```
% 设置 x 轴正方向的 PML 参数
n_pml_xp = 20;              % x 轴正方向 PML 层数(不管 PML 是否开启都要设置)
eps_r_pml_xp = 1;          % x 轴正方向 PML 区域背景材料相对介电常数
mu_r_pml_xp = 1;           % x 轴正方向 PML 区域背景材料相对磁导率

% 设置 y 轴负方向的 PML 参数
n_pml_yn = 20;             % y 轴负方向 PML 层数(不管 PML 是否开启都要设置)
eps_r_pml_yn = 1;          % y 轴负方向 PML 区域背景材料相对介电常数
mu_r_pml_yn = 1;           % y 轴负方向 PML 区域背景材料相对磁导率

% 设置 y 轴正方向的 PML 参数
n_pml_yp = 20;             % y 轴正方向 PML 层数(不管 PML 是否开启都要设置)
eps_r_pml_yp = 1;          % y 轴正方向 PML 区域背景材料相对介电常数
mu_r_pml_yp = 1;           % y 轴正方向 PML 区域背景材料相对磁导率

% 设置 z 轴负方向的 PML 参数
n_pml_zn = 20;             % z 轴负方向 PML 层数(不管 PML 是否开启都要设置)
eps_r_pml_zn = 1;          % z 轴负方向 PML 区域背景材料相对介电常数
mu_r_pml_zn = 1;           % z 轴负方向 PML 区域背景材料相对磁导率

% 设置 z 轴正方向的 PML 参数
n_pml_zp = 20;             % z 轴正方向 PML 层数(不管 PML 是否开启都要设置)
eps_r_pml_zp = 1;          % z 轴正方向 PML 区域背景材料相对介电常数
mu_r_pml_zp = 1;           % z 轴正方向 PML 区域背景材料相对磁导率

% 设置 PML 其他参数
S4_PML_Parameters;

% % 电磁场量初始化
Dx = zeros(Nx, Ny + 1, Nz + 1);      % 电场 x 分量初始化
Ex = Dx;
Dy = zeros(Nx + 1, Ny, Nz + 1);      % 电场 y 分量初始化
Ey = Dy;
Dz = zeros(Nx + 1, Ny + 1, Nz);      % 电场 z 分量初始化
Ez = Dz;

Bx = zeros(Nx + 1, Ny, Nz);          % 磁场 x 分量初始化
Hx = Bx;
By = zeros(Nx, Ny + 1, Nz);          % 磁场 y 分量初始化
Hy = By;
Bz = zeros(Nx, Ny, Nz + 1);          % 磁场 z 分量初始化
Hz = Bz;

% % 场量更新节点范围和更新方程系数
```

```
S5_Nodes_and_Coefficients;

%% 仿真准备工作
S6_Preparatory_Work;

%% 图形预绘制
S7_Preplotting_Figures;

%% 主循环程序
S8_Main_Loop_PML;          % 支持 PML 边界条件的主循环程序

%% 仿真后处理
S9_Post_Processing;
```

（2）设置电磁波源（S2_Setting_Sources.m）

```
%% M 文件名称: S2_Setting_Sources.m
%% M 文件功能: 设置电磁波源

%% 设置电磁波源参数

% 设置电磁波源时域波形
t = (0.5:1:N_steps) * dt;              % 入射波时间采样节点
wf_Jx_i = 2 * sin(omega_0 * t)/Z_0/dz;  % 面电流时域波形

% 设置电磁波源渐升开启波形
ts = 5 * T_0;                          % 设置时谐源开启时间
tsddt = round(ts/dt);                  % ts 与 dt 的比值
t_ts_Jx = 0:1/tsddt:1;                 % 面电流开启时间段归一化

ws_Jx = 10 * t_ts_Jx.^3 - 15 * t_ts_Jx.^4 + 6 * t_ts_Jx.^5;
                                       % 3-4-5 多项式开关函数
wf_Jx_i(1:length(ws_Jx)) = wf_Jx_i(1:length(ws_Jx)). * ws_Jx;
                                       % 电流渐升开启波形

% 设置电磁波源空间位置
i_Jx = 1:Nx;                           % 高斯分布面电流在 x 轴上的分布范围
j_Jx = 1:(Ny + 1);                     % 高斯分布面电流在 y 轴上的分布范围
k_Jx = 21;                             % 高斯分布面电流在 z 轴上的位置

%% 高斯光束参数设置
E0 = 1;                                % 高斯光束的束腰中心点电场振幅
```

```
w0 = 1.5 * lambda_0;                                    %高斯光束束腰半径

[I_Jx,J_Jx] = ndgrid((i_Jx - Nx/2) * dx,(j_Jx - Ny/2) * dy);
Jx_i_mag = E0 * exp( - (I_Jx.^2 + J_Jx.^2)/w0^2);       %高斯分布面电流振幅分布

%删除已无用的辅助变量,释放内存空间
clear('I_Jx','J_Jx');
```

(3) 设置仿真材料(S3_Setting_Materials.m)

```
% % M文件名称: S3_Setting_Materials.m
% % M文件功能: 设置仿真材料

% % 设置背景材料为真空
n_fsg = 1.47;                    %熔石英玻璃(fused silica glass,简称 fsg)的折射率
epsilon_r_fsg = n_fsg^2;         %熔石英玻璃的相对介电常数
epsilon_x = epsilon_r_fs * ones(Nx,Ny,Nz) * epsilon_0;  %介电常数 x 方向的值
                                                         %(对应于 Dx)
epsilon_y = epsilon_r_fs * ones(Nx,Ny,Nz) * epsilon_0;  %介电常数 y 方向的值
                                                         %(对应于 Dy)
epsilon_z = epsilon_r_fs * ones(Nx,Ny,Nz) * epsilon_0;  %介电常数 z 方向的值
                                                         %(对应于 Dz)


% % 设置气泡的材料参数、半径和空间位置
n_bub = 1;                       %气泡(bubble)的折射率
epsilon_r_bub = n_bub^2;         %球形气泡的相对介电常数

R_fsg = 2 * lambda_0;            %玻璃球的半径
NR = round(R_fsg/dx);            %半径长度对应的网格数

%设置介质球球心(sphere center,简称 sc)的位置
Nx_sc = round(Nx/2);             %球放于计算区域中间
Ny_sc = round(Ny/2);
Nz_sc = round(Nz/2);

% % 设置对应于 Dx 的 epsilon_x
for i = 1:Nx;
    for j = 1:Ny;
        for k = 1:Nz;
            for kk = -1:1:1;
                for jj = -1:1:1;
                    x_distance = (Nx_sc - i - 0.5);
                    y_distance = (Ny_sc - j) + 1/3 * jj;
```

```
                              z_distance = (Nz_sc − k) + 1/3 * kk;
distance = sqrt(x_distance.^2 + y_distance.^2 + z_distance.^2);
                       if distance <= NR
epsilon_x(i, j, k) = epsilon_x(i, j, k) + 1/9 * epsilon_0 * (epsilon_r_bub −
epsilon_r_fsg);
                              end
                          end
                      end
                  end
              end
end

% % 设置对应于 Dy 的 epsilon_y
for j = 1:Ny;
    for i = 1:Nx;
        for k = 1:Nz;
            for kk = −1:1:1;
                for ii = −1:1:1;
                    x_distance = (Nx_sc − i) + 1/3 * ii;
                    y_distance = (Ny_sc − j − 0.5);
                    z_distance = (Nz_sc − k) + 1/3 * kk;
distance = sqrt(x_distance.^2 + y_distance.^2 + z_distance.^2);
                    if distance <= NR
epsilon_y(i, j, k) = epsilon_y(i, j, k) + 1/9 * epsilon_0 * (epsilon_r_bub −
epsilon_r_fsg);
                    end
                end
            end
        end
    end
end

% % 设置对应于 Dz 的 epsilon_z
for k = 1:Nz;
    for i = 1:Nx;
        for j = 1:Ny;
            for ii = −1:1:1;
                for jj = −1:1:1;
                    x_distance = (Nx_sc − i) + 1/3 * ii;
                    y_distance = (Ny_sc − j) + 1/3 * jj;
                    z_distance = (Nz_sc − k − 0.5);
distance = sqrt(x_distance.^2 + y_distance.^2 + z_distance.^2);
                    if distance <= NR
```

```
epsilon_z(i,j,k) = epsilon_z(i,j,k) + 1/9 * epsilon_0 * (epsilon_r_bub -
epsilon_r_fsg);
                              end
                      end
                  end
          end
      end
end
```

(4) 设置 PML 参数(S4_PML_Parameters.m)

```
%% M 文件名称: S4_PML_Parameters.m
%% M 文件功能: 设置 PML 参数

%设置 PML 初始化参数
m_pml = 3;                      %电导率和磁导率变化幂指数
alpha_max = 0.05;               %alpha 参数的最大值

% 判断各边界是否需要设置 PML
if strcmp(flag_PML_xn,'on')     %x 轴负方向边界是否设置 PML
    sigma_factor_xn = 1;        % 设置 sigma_factor 参数
    kappa_max_xn = 7;           % 设置 kappa_max 参数
else
    sigma_factor_xn = 0;        % 通过参数设置移去 x 轴负方向 PML
    kappa_max_xn = 1;           % 通过参数设置移去 x 轴负方向 PML
end

if strcmp(flag_PML_xp,'on')     %x 轴正方向边界是否设置 PML
    sigma_factor_xp = 1;        % 设置 sigma_factor 参数
    kappa_max_xp = 7;           % 设置 kappa_max 参数
else
    sigma_factor_xp = 0;        % 通过参数设置移去 x 轴正方向 PML
    kappa_max_xp = 1;           % 通过参数设置移去 x 轴正方向 PML
end

if strcmp(flag_PML_yn,'on')     %y 轴负方向边界是否设置 PML
    sigma_factor_yn = 1;        % 设置 sigma_factor 参数
    kappa_max_yn = 7;           % 设置 kappa_max 参数
else
    sigma_factor_yn = 0;        % 通过参数设置移去 y 轴负方向 PML
    kappa_max_yn = 1;           % 通过参数设置移去 y 轴负方向 PML
end
```

```
if strcmp(flag_PML_yp,'on')          % y 轴正方向边界是否设置 PML
    sigma_factor_yp = 1;             % 设置 sigma_factor 参数
    kappa_max_yp = 7;                % 设置 kappa_max 参数
else
    sigma_factor_yp = 0;             % 通过参数设置移去 y 轴正方向 PML
    kappa_max_yp = 1;                % 通过参数设置移去 y 轴正方向 PML
end

if strcmp(flag_PML_zn,'on')          % z 轴负方向边界是否设置 PML
    sigma_factor_zn = 1;             % 设置 sigma_factor 参数
    kappa_max_zn = 7;                % 设置 kappa_max 参数
else
    sigma_factor_zn = 0;             % 通过参数设置移去 z 轴负方向 PML
    kappa_max_zn = 1;                % 通过参数设置移去 z 轴负方向 PML
end

if strcmp(flag_PML_zp,'on')          % z 轴正方向边界是否设置 PML
    sigma_factor_zp = 1;             % 设置 sigma_factor 参数
    kappa_max_zp = 7;                % 设置 kappa_max 参数
else
    sigma_factor_zp = 0;             % 通过参数设置移去 z 轴正方向 PML
    kappa_max_zp = 1;                % 通过参数设置移去 z 轴正方向 PML
end

% 计算电磁场节点离开 PML 内边界的距离
rho_e_xn = ((n_pml_xn - 0.75): -1:0.25)/n_pml_xn;
rho_e_xp = (0.25:1:(n_pml_xp - 0.75))/n_pml_xp;
rho_m_xn = ((n_pml_xn - 0.25): -1:0.75)/n_pml_xn;
rho_m_xp = (0.75:1:(n_pml_xp - 0.25))/n_pml_xp;

rho_e_yn = ((n_pml_yn - 0.75): -1:0.25)/n_pml_yn;
rho_e_yp = (0.25:1:(n_pml_yp - 0.75))/n_pml_yp;
rho_m_yn = ((n_pml_yn - 0.25): -1:0.75)/n_pml_yn;
rho_m_yp = (0.75:1:(n_pml_yp - 0.25))/n_pml_yp;

rho_e_zn = ((n_pml_zn - 0.75): -1:0.25)/n_pml_zn;
rho_e_zp = (0.25:1:(n_pml_zp - 0.75))/n_pml_zp;
rho_m_zn = ((n_pml_zn - 0.25): -1:0.75)/n_pml_zn;
rho_m_zp = (0.75:1:(n_pml_zp - 0.25))/n_pml_zp;

% 设置 sigma 参数
sigma_max_xn = sigma_factor_xn * (m_pml + 1)/(150 * pi * sqrt(eps_r_pml_xn * mu_
r_pml_xn) * dx);
```

```
sigma_max_xp = sigma_factor_xp * (m_pml + 1)/(150 * pi * sqrt(eps_r_pml_xp * mu_
r_pml_xp) * dx);
sigma_e_xn = sigma_max_xn * (rho_e_xn).^m_pml;
sigma_m_xn = mu_0/epsilon_0 * sigma_max_xn * (rho_m_xn).^m_pml;
sigma_e_xp = sigma_max_xp * (rho_e_xp).^m_pml;
sigma_m_xp = mu_0/epsilon_0 * sigma_max_xp * (rho_m_xp).^m_pml;

sigma_max_yn = sigma_factor_yn * (m_pml + 1)/(150 * pi * sqrt(eps_r_pml_yn * mu_
r_pml_yn) * dx);
sigma_max_yp = sigma_factor_yp * (m_pml + 1)/(150 * pi * sqrt(eps_r_pml_yp * mu_
r_pml_yp) * dx);
sigma_e_yn = sigma_max_yn * (rho_e_yn).^m_pml;
sigma_m_yn = mu_0/epsilon_0 * sigma_max_yn * (rho_m_yn).^m_pml;
sigma_e_yp = sigma_max_yp * (rho_e_yp).^m_pml;
sigma_m_yp = mu_0/epsilon_0 * sigma_max_yp * (rho_m_yp).^m_pml;

sigma_max_zn = sigma_factor_zn * (m_pml + 1)/(150 * pi * sqrt(eps_r_pml_zn * mu_
r_pml_zn) * dz);
sigma_max_zp = sigma_factor_zp * (m_pml + 1)/(150 * pi * sqrt(eps_r_pml_zp * mu_
r_pml_zp) * dz);
sigma_e_zn = sigma_max_zn * (rho_e_zn).^m_pml;
sigma_m_zn = mu_0/epsilon_0 * sigma_max_zn * (rho_m_zn).^m_pml;
sigma_e_zp = sigma_max_zp * (rho_e_zp).^m_pml;
sigma_m_zp = mu_0/epsilon_0 * sigma_max_zp * (rho_m_zp).^m_pml;

% 设置 kappa 参数
kappa_e_xn = 1 + (kappa_max_xn - 1) * rho_e_xn.^m_pml;
kappa_e_xp = 1 + (kappa_max_xp - 1) * rho_e_xp.^m_pml;
kappa_m_xn = 1 + (kappa_max_xn - 1) * rho_m_xn.^m_pml;
kappa_m_xp = 1 + (kappa_max_xp - 1) * rho_m_xp.^m_pml;

kappa_e_yn = 1 + (kappa_max_yn - 1) * rho_e_yn.^m_pml;
kappa_e_yp = 1 + (kappa_max_yp - 1) * rho_e_yp.^m_pml;
kappa_m_yn = 1 + (kappa_max_yn - 1) * rho_m_yn.^m_pml;
kappa_m_yp = 1 + (kappa_max_yp - 1) * rho_m_yp.^m_pml;

kappa_e_zn = 1 + (kappa_max_zn - 1) * rho_e_zn.^m_pml;
kappa_e_zp = 1 + (kappa_max_zp - 1) * rho_e_zp.^m_pml;
kappa_m_zn = 1 + (kappa_max_zn - 1) * rho_m_zn.^m_pml;
kappa_m_zp = 1 + (kappa_max_zp - 1) * rho_m_zp.^m_pml;
```

```
% 设置 alpha 参数
alpha_e_xn = alpha_max * (1 - rho_c_xn);
alpha_e_xp = alpha_max * (1 - rho_e_xp);
alpha_m_xn = mu_0/epsilon_0 * alpha_max * (1 - rho_m_xn);
alpha_m_xp = mu_0/epsilon_0 * alpha_max * (1 - rho_m_xp);

alpha_e_yn = alpha_max * (1 - rho_e_yn);
alpha_e_yp = alpha_max * (1 - rho_e_yp);
alpha_m_yn = mu_0/epsilon_0 * alpha_max * (1 - rho_m_yn);
alpha_m_yp = mu_0/epsilon_0 * alpha_max * (1 - rho_m_yp);

alpha_e_zn = alpha_max * (1 - rho_e_zn);
alpha_e_zp = alpha_max * (1 - rho_e_zp);
alpha_m_zn = mu_0/epsilon_0 * alpha_max * (1 - rho_m_zn);
alpha_m_zp = mu_0/epsilon_0 * alpha_max * (1 - rho_m_zp);

% 设置向量形式 b 参数
b_e_xn_v = exp( - (sigma_e_xn./kappa_e_xn + alpha_e_xn) * dt/epsilon_0);
b_e_xp_v = exp( - (sigma_e_xp./kappa_e_xp + alpha_e_xp) * dt/epsilon_0);
b_m_xn_v = exp( - (sigma_m_xn./kappa_m_xn + alpha_m_xn) * dt/mu_0);
b_m_xp_v = exp( - (sigma_m_xp./kappa_m_xp + alpha_m_xp) * dt/mu_0);

b_e_yn_v = exp( - (sigma_e_yn./kappa_e_yn + alpha_e_yn) * dt/epsilon_0);
b_e_yp_v = exp( - (sigma_e_yp./kappa_e_yp + alpha_e_yp) * dt/epsilon_0);
b_m_yn_v = exp( - (sigma_m_yn./kappa_m_yn + alpha_m_yn) * dt/mu_0);
b_m_yp_v = exp( - (sigma_m_yp./kappa_m_yp + alpha_m_yp) * dt/mu_0);

b_e_zn_v = exp( - (sigma_e_zn./kappa_e_zn + alpha_e_zn) * dt/epsilon_0);
b_e_zp_v = exp( - (sigma_e_zp./kappa_e_zp + alpha_e_zp) * dt/epsilon_0);
b_m_zn_v = exp( - (sigma_m_zn./kappa_m_zn + alpha_m_zn) * dt/mu_0);
b_m_zp_v = exp( - (sigma_m_zp./kappa_m_zp + alpha_m_zp) * dt/mu_0);

% 设置向量形式 a 参数
a_e_xn_v = sigma_e_xn. * (b_e_xn_v - 1)./(dz * kappa_e_xn. * (sigma_e_xn +
alpha_e_xn. * kappa_e_xn));
a_e_xp_v = sigma_e_xp. * (b_e_xp_v - 1)./(dz * kappa_e_xp. * (sigma_e_xp +
alpha_e_xp. * kappa_e_xp));
a_m_xn_v = sigma_m_xn. * (b_m_xn_v - 1)./(dz * kappa_m_xn. * (sigma_m_xn +
alpha_m_xn. * kappa_m_xn));
a_m_xp_v = sigma_m_xp. * (b_m_xp_v - 1)./(dz * kappa_m_xp. * (sigma_m_xp +
alpha_m_xp. * kappa_m_xp));

a_e_yn_v = sigma_e_yn. * (b_e_yn_v - 1)./(dz * kappa_e_yn. * (sigma_e_yn +
alpha_e_yn. * kappa_e_yn));
```

```
a_e_yp_v = sigma_e_yp. * (b_e_yp_v - 1)./(dz * kappa_e_yp. * (sigma_e_yp +
alpha_e_yp. * kappa_e_yp));
a_m_yn_v = sigma_m_yn. * (b_m_yn_v - 1)./(dz * kappa_m_yn. * (sigma_m_yn +
alpha_m_yn. * kappa_m_yn));
a_m_yp_v = sigma_m_yp. * (b_m_yp_v - 1)./(dz * kappa_m_yp. * (sigma_m_yp +
alpha_m_yp. * kappa_m_yp));

a_e_zn_v = sigma_e_zn. * (b_e_zn_v - 1)./(dz * kappa_e_zn. * (sigma_e_zn +
alpha_e_zn. * kappa_e_zn));
a_e_zp_v = sigma_e_zp. * (b_e_zp_v - 1)./(dz * kappa_e_zp. * (sigma_e_zp +
alpha_e_zp. * kappa_e_zp));
a_m_zn_v = sigma_m_zn. * (b_m_zn_v - 1)./(dz * kappa_m_zn. * (sigma_m_zn +
alpha_m_zn. * kappa_m_zn));
a_m_zp_v = sigma_m_zp. * (b_m_zp_v - 1)./(dz * kappa_m_zp. * (sigma_m_zp +
alpha_m_zp. * kappa_m_zp));
```

（5）场量更新节点范围和更新方程系数（S5_Nodes_and_Coefficients.m）

```
% % M 文件名称: S5_Nodes_and_Coefficients.m
% % M 文件功能: 场量更新节点范围和更新方程系数

% % 设置场量更新节点编号范围和更新公式系数
% 公用编号范围 1
i1 = 1:Nx;
j1 = 1:Ny;
k1 = 1:Nz;
% 公用编号范围 2
i2 = 2:Nx;
j2 = 2:Ny;
k2 = 2:Nz;

% 公用更新公式系数
CD_dt = dt;
CD_dt_dx = CD_dt/dx;
CD_dt_dy = CD_dt/dy;
CD_dt_dz = CD_dt/dz;

CB_dt = dt;
CB_dt_dx = CB_dt/dx;
CB_dt_dy = CB_dt/dy;
CB_dt_dz = CB_dt/dz;

% % PML 区域内部场量节点编号范围
```

```
%电场分量更新节点分区编号范围
inD = 2:(n_pml_xn + 1);                %负 x 轴方向 PML 区域电场分量节点编号范围
ipD = (Nx - n_pml_xp + 1):Nx;          %正 x 轴方向 PML 区域电场分量节点编号范围
iD = (n_pml_xn + 2):(Nx - n_pml_xp);   %x 轴中间非 PML 区域电场分量节点编号范围

jnD = 2:(n_pml_yn + 1);                %负 y 轴方向 PML 区域电场分量节点编号范围
jpD = (Ny - n_pml_yp + 1):Ny;          %正 y 轴方向 PML 区域电场分量节点编号范围
jD = (n_pml_yn + 2):(Ny - n_pml_yp);   %y 轴中间非 PML 区域电场分量节点编号范围

knD = 2:(n_pml_zn + 1);                %负 z 轴方向 PML 区域电场分量节点编号范围
kpD = (Nz - n_pml_zp + 1):Nz;          %正 z 轴方向 PML 区域电场分量节点编号范围
kD = (n_pml_zn + 2):(Nz - n_pml_zp);   %z 轴中间非 PML 区域电场分量节点编号范围

%磁场分量更新节点分区编号范围
inB = 1:n_pml_xn;                      %负 x 轴方向 PML 区域磁场分量节点编号范围
ipB = (Nx - n_pml_xp + 1):Nx;          %正 x 轴方向 PML 区域磁场分量节点编号范围
iB = (n_pml_xn + 1):(Nx - n_pml_xp);   %x 轴中间非 PML 区域磁场分量节点编号范围

jnB = 1:n_pml_yn;                      %负 y 轴方向 PML 区域磁场分量节点编号范围
jpB = (Ny - n_pml_yp + 1):Ny;          %正 y 轴方向 PML 区域磁场分量节点编号范围
jB = (n_pml_yn + 1):(Ny - n_pml_yp);   %y 轴中间非 PML 区域磁场分量节点编号范围

knB = 1:n_pml_zn;                      %负 z 轴方向 PML 区域磁场分量节点编号范围
kpB = (Nz - n_pml_zp + 1):Nz;          %正 z 轴方向 PML 区域磁场分量节点编号范围
kB = (n_pml_zn + 1):(Nz - n_pml_zp);   %z 轴中间非 PML 区域磁场分量节点编号范围

% % PML 区域内部场量更新公式系数
%Dx 更新公式系数
C_Dx_dyn_v = CD_dt_dy./kappa_e_yn;
C_Dx_dyp_v = CD_dt_dy./kappa_e_yp;

C_Dx_dzn_v = CD_dt_dz./kappa_e_zn;
C_Dx_dzp_v = CD_dt_dz./kappa_e_zp;

Phi_ex_yn = zeros(Nx,n_pml_yn,Nz - 1);
b_ex_yn = Phi_ex_yn;
a_ex_yn = Phi_ex_yn;
C_Dx_dyn = Phi_ex_yn;

Phi_ex_yp = zeros(Nx,n_pml_yn,Nz - 1);
b_ex_yp = Phi_ex_yp;
a_ex_yp = Phi_ex_yp;
C_Dx_dyp = Phi_ex_yp;
```

```
temp = ones(Nx, 1, Nz − 1);
for j = 1:n_pml_yn
    b_ex_yn(:, j, :) = b_e_yn_v(j) * temp;
    a_ex_yn(:, j, :) = a_e_yn_v(j) * temp;
    C_Dx_dyn(:, j, :) = C_Dx_dyn_v(j) * temp;
end
for j = 1:n_pml_yp
    b_ex_yp(:, j, :) = b_e_yp_v(j) * temp;
    a_ex_yp(:, j, :) = a_e_yp_v(j) * temp;
    C_Dx_dyp(:, j, :) = C_Dx_dyp_v(j) * temp;
end

Phi_ex_zn = zeros(Nx, Ny − 1, n_pml_zn);
b_ex_zn = Phi_ex_zn;
a_ex_zn = Phi_ex_zn;
C_Dx_dzn = Phi_ex_zn;

Phi_ex_zp = zeros(Nx, Ny − 1, n_pml_zp);
b_ex_zp = Phi_ex_zp;
a_ex_zp = Phi_ex_zp;
C_Dx_dzp = Phi_ex_zp;

temp = ones(Nx, Ny − 1, 1);
for k = 1:n_pml_zn
    b_ex_zn(:, :, k) = b_e_zn_v(k) * temp;
    a_ex_zn(:, :, k) = a_e_zn_v(k) * temp;
    C_Dx_dzn(:, :, k) = C_Dx_dzn_v(k) * temp;
end
for k = 1:n_pml_zp
    b_ex_zp(:, :, k) = b_e_zp_v(k) * temp;
    a_ex_zp(:, :, k) = a_e_zp_v(k) * temp;
    C_Dx_dzp(:, :, k) = C_Dx_dzp_v(k) * temp;
end

% Dy 更新公式系数
C_Dy_dzn_v = CD_dt_dz. /kappa_e_zn;
C_Dy_dzp_v = CD_dt_dz. /kappa_e_zp;

C_Dy_dxn_v = CD_dt_dx. /kappa_e_xn;
C_Dy_dxp_v = CD_dt_dx. /kappa_e_xp;

Phi_ey_zn = zeros(Nx − 1, Ny, n_pml_zn);
b_ey_zn = Phi_ey_zn;
a_ey_zn = Phi_ey_zn;
```

```
C_Dy_dzn = Phi_ey_zn;

Phi_ey_zp = zeros(Nx − 1, Ny, n_pml_zp);
b_ey_zp = Phi_ey_zp;
a_ey_zp = Phi_ey_zp;
C_Dy_dzp = Phi_ey_zp;

temp = ones(Nx − 1, Ny, 1);
for k = 1:n_pml_zn
    b_ey_zn(:, :, k) = b_e_zn_v(k) * temp;
    a_ey_zn(:, :, k) = a_e_zn_v(k) * temp;
    C_Dy_dzn(:, :, k) = C_Dy_dzn_v(k) * temp;
end
for k = 1:n_pml_zp
    b_ey_zp(:, :, k) = b_e_zp_v(k) * temp;
    a_ey_zp(:, :, k) = a_e_zp_v(k) * temp;
    C_Dy_dzp(:, :, k) = C_Dy_dzp_v(k) * temp;
end

Phi_ey_xn = zeros(n_pml_xn, Ny, Nz − 1);
b_ey_xn = Phi_ey_xn;
a_ey_xn = Phi_ey_xn;
C_Dy_dxn = Phi_ey_xn;

Phi_ey_xp = zeros(n_pml_xp, Ny, Nz − 1);
b_ey_xp = Phi_ey_xp;
a_ey_xp = Phi_ey_xp;
C_Dy_dxp = Phi_ey_xp;

temp = ones(1, Ny, Nz − 1);
for i = 1:n_pml_xn
    b_ey_xn(i, :, :) = b_e_xn_v(i) * temp;
    a_ey_xn(i, :, :) = a_e_xn_v(i) * temp;
    C_Dy_dxn(i, :, :) = C_Dy_dxn_v(i) * temp;
end
for i = 1:n_pml_xp
    b_ey_xp(i, :, :) = b_e_xp_v(i) * temp;
    a_ey_xp(i, :, :) = a_e_xp_v(i) * temp;
    C_Dy_dxp(i, :, :) = C_Dy_dxp_v(i) * temp;
end

% Dz 更新公式系数
C_Dz_dxn_v = CD_dt_dx ./ kappa_e_xn;
C_Dz_dxp_v = CD_dt_dx ./ kappa_e_xp;
```

```
C_Dz_dyn_v = CD_dt_dy./kappa_e_yn;
C_Dz_dyp_v = CD_dt_dy./kappa_e_yp;

Phi_ez_xn = zeros(n_pml_xn, Ny - 1, Nz);
b_ez_xn = Phi_ez_xn;
a_ez_xn = Phi_ez_xn;
C_Dz_dxn = Phi_ez_xn;

Phi_ez_xp = zeros(n_pml_xp, Ny - 1, Nz);
b_ez_xp = Phi_ez_xp;
a_ez_xp = Phi_ez_xp;
C_Dz_dxp = Phi_ez_xp;

temp = ones(1, Ny - 1, Nz);
for i = 1:n_pml_xn
    b_ez_xn(i, :, :) = b_e_xn_v(i) * temp;
    a_ez_xn(i, :, :) = a_e_xn_v(i) * temp;
    C_Dz_dxn(i, :, :) = C_Dz_dxn_v(i) * temp;
end
for i = 1:n_pml_xp
    b_ez_xp(i, :, :) = b_e_xp_v(i) * temp;
    a_ez_xp(i, :, :) = a_e_xp_v(i) * temp;
    C_Dz_dxp(i, :, :) = C_Dz_dxp_v(i) * temp;
end

Phi_ez_yn = zeros(Nx - 1, n_pml_yn, Nz);
b_ez_yn = Phi_ez_yn;
a_ez_yn = Phi_ez_yn;
C_Dz_dyn = Phi_ez_yn;

Phi_ez_yp = zeros(Nx - 1, n_pml_yp, Nz);
b_ez_yp = Phi_ez_yp;
a_ez_yp = Phi_ez_yp;
C_Dz_dyp = Phi_ez_yp;

temp = ones(Nx - 1, 1, Nz);
for j = 1:n_pml_yn
    b_ez_yn(:, j, :) = b_e_yn_v(j) * temp;
    a_ez_yn(:, j, :) = a_e_yn_v(j) * temp;
    C_Dz_dyn(:, j, :) = C_Dz_dyn_v(j) * temp;
end
for j = 1:n_pml_yp
    b_ez_yp(:, j, :) = b_e_yp_v(j) * temp;
    a_ez_yp(:, j, :) = a_e_yp_v(j) * temp;
```

```
        C_Dz_dyp(:,j,:) = C_Dz_dyp_v(j) * temp;
end

% Bx 更新公式系数
C_Bx_dzn_v = CB_dt_dz. /kappa_m_zn;
C_Bx_dzp_v = CB_dt_dz. /kappa_m_zp;

C_Bx_dyn_v = CB_dt_dy. /kappa_m_yn;
C_Bx_dyp_v = CB_dt_dy. /kappa_m_yp;

Phi_mx_zn = zeros(Nx - 1,Ny,n_pml_zn);
b_mx_zn = Phi_mx_zn;
a_mx_zn = Phi_mx_zn;
C_Bx_dzn = Phi_mx_zn;

Phi_mx_zp = zeros(Nx - 1,Ny,n_pml_zp);
b_mx_zp = Phi_mx_zp;
a_mx_zp = Phi_mx_zp;
C_Bx_dzp = Phi_mx_zp;

temp = ones(Nx - 1,Ny,1);
for k = 1:n_pml_zn
    b_mx_zn(:,:,k) = b_m_zn_v(k) * temp;
    a_mx_zn(:,:,k) = a_m_zn_v(k) * temp;
    C_Bx_dzn(:,:,k) = C_Bx_dzn_v(k) * temp;
end
for k = 1:n_pml_zp
    b_mx_zp(:,:,k) = b_m_zp_v(k) * temp;
    a_mx_zp(:,:,k) = a_m_zp_v(k) * temp;
    C_Bx_dzp(:,:,k) = C_Bx_dzp_v(k) * temp;
end

Phi_mx_yn = zeros(Nx - 1,n_pml_yn,Nz);
b_mx_yn = Phi_mx_yn;
a_mx_yn = Phi_mx_yn;
C_Bx_dyn = Phi_mx_yn;

Phi_mx_yp = zeros(Nx - 1,n_pml_yp,Nz);
b_mx_yp = Phi_mx_yp;
a_mx_yp = Phi_mx_yp;
C_Bx_dyp = Phi_mx_yp;

temp = ones(Nx - 1,1,Nz);
for j = 1:n_pml_yn
```

```matlab
        b_mx_yn(:,j,:) = b_m_yn_v(j) * temp;
        a_mx_yn(:,j,:) = a_m_yn_v(j) * temp;
        C_Bx_dyn(:,j,:) = C_Bx_dyn_v(j) * temp;
end
for j = 1:n_pml_yp
        b_mx_yp(:,j,:) = b_m_yp_v(j) * temp;
        a_mx_yp(:,j,:) = a_m_yp_v(j) * temp;
        C_Bx_dyp(:,j,:) = C_Bx_dyp_v(j) * temp;
end

% By 更新公式系数
C_By_dxn_v = CB_dt_dx. /kappa_m_xn;
C_By_dxp_v = CB_dt_dx. /kappa_m_xp;

C_By_dzn_v = CB_dt_dz. /kappa_m_zn;
C_By_dzp_v = CB_dt_dz. /kappa_m_zp;

Phi_my_xn = zeros(n_pml_xn,Ny-1,Nz);
b_my_xn = Phi_my_xn;
a_my_xn = Phi_my_xn;
C_By_dxn = Phi_my_xn;

Phi_my_xp = zeros(n_pml_xp,Ny-1,Nz);
b_my_xp = Phi_my_xp;
a_my_xp = Phi_my_xp;
C_By_dxp = Phi_my_xp;

temp = ones(1,Ny-1,Nz);
for i = 1:n_pml_xn
        b_my_xn(i,:,:) = b_m_xn_v(i) * temp;
        a_my_xn(i,:,:) = a_m_xn_v(i) * temp;
        C_By_dxn(i,:,:) = C_By_dxn_v(i) * temp;
end
for i = 1:n_pml_xp
        b_my_xp(i,:,:) = b_m_xp_v(i) * temp;
        a_my_xp(i,:,:) = a_m_xp_v(i) * temp;
        C_By_dxp(i,:,:) = C_By_dxp_v(i) * temp;
end

Phi_my_zn = zeros(Nx,Ny-1,n_pml_zn);
b_my_zn = Phi_my_zn;
a_my_zn = Phi_my_zn;
C_By_dzn = Phi_my_zn;
```

```
Phi_my_zp = zeros(Nx, Ny - 1, n_pml_zp);
b_my_zp = Phi_my_zp;
a_my_zp = Phi_my_zp;
C_By_dzp = Phi_my_zp;

temp = ones(Nx, Ny - 1, 1);
for k = 1:n_pml_zn
    b_my_zn(:, :, k) = b_m_zn_v(k) * temp;
    a_my_zn(:, :, k) = a_m_zn_v(k) * temp;
    C_By_dzn(:, :, k) = C_By_dzn_v(k) * temp;
end
for k = 1:n_pml_zp
    b_my_zp(:, :, k) = b_m_zp_v(k) * temp;
    a_my_zp(:, :, k) = a_m_zp_v(k) * temp;
    C_By_dzp(:, :, k) = C_By_dzp_v(k) * temp;
end

% Bz 更新公式系数
C_Bz_dyn_v = CB_dt_dy ./ kappa_m_yn;
C_Bz_dyp_v = CB_dt_dy ./ kappa_m_yp;

C_Bz_dxn_v = CB_dt_dx ./ kappa_m_xn;
C_Bz_dxp_v = CB_dt_dx ./ kappa_m_xp;

Phi_mz_yn = zeros(Nx, n_pml_yn, Nz - 1);
b_mz_yn = Phi_mz_yn;
a_mz_yn = Phi_mz_yn;
C_Bz_dyn = Phi_mz_yn;

Phi_mz_yp = zeros(Nx, n_pml_yp, Nz - 1);
b_mz_yp = Phi_mz_yp;
a_mz_yp = Phi_mz_yp;
C_Bz_dyp = Phi_mz_yp;

temp = ones(Nx, 1, Nz - 1);
for j = 1:n_pml_yn
    b_mz_yn(:, j, :) = b_m_yn_v(j) * temp;
    a_mz_yn(:, j, :) = a_m_yn_v(j) * temp;
    C_Bz_dyn(:, j, :) = C_Bz_dyn_v(j) * temp;
end
for j = 1:n_pml_yp
    b_mz_yp(:, j, :) = b_m_yp_v(j) * temp;
    a_mz_yp(:, j, :) = a_m_yp_v(j) * temp;
    C_Bz_dyp(:, j, :) = C_Bz_dyp_v(j) * temp;
```

```
end

Phi_mz_xn = zeros(n_pml_xn,Ny,Nz - 1);
b_mz_xn = Phi_mz_xn;
a_mz_xn = Phi_mz_xn;
C_Bz_dxn = Phi_mz_xn;

Phi_mz_xp = zeros(n_pml_xp,Ny,Nz - 1);
b_mz_xp = Phi_mz_xp;
a_mz_xp = Phi_mz_xp;
C_Bz_dxp = Phi_mz_xp;

temp = ones(1,Ny,Nz - 1);
for i = 1:n_pml_xn
    b_mz_xn(i,:,:) = b_m_xn_v(i) * temp;
    a_mz_xn(i,:,:) = a_m_xn_v(i) * temp;
    C_Bz_dxn(i,:,:) = C_Bz_dxn_v(i) * temp;
end
for i = 1:n_pml_xp
    b_mz_xp(i,:,:) = b_m_xp_v(i) * temp;
    a_mz_xp(i,:,:) = a_m_xp_v(i) * temp;
    C_Bz_dxp(i,:,:) = C_Bz_dxp_v(i) * temp;
end

clear('temp');          % 删除已无用的辅助变量,释放内存空间
```

(6) 仿真准备工作（S6_Preparatory_Work.m）

```
% % M 文件名称: S6_Preparatory_Work.m
% % M 文件功能: 仿真准备工作

% % 电场振幅初始化
E_mag = zeros(Nx,Ny,Nz);

% % 导入数据
% 预留备用

% % 解析解计算
% 预留备用
```

(7) 图形预绘制（S7_Preplotting_Figures.m）

```
% % M 文件名称: S7_Preplotting_Figures.m
% % M 文件功能: 图形预绘制
```

```matlab
%% 预先绘制图形窗口

% 画图区域
range_x = (n_pml_xn + 1) : (Nx - n_pml_xp);    % x 轴节点显示范围
range_x_c = round(Nx/2);                       % x 轴中心节点编号

range_y = (n_pml_yn + 1) : (Ny - n_pml_yp);    % y 轴节点显示范围
range_y_c = round(Ny/2);                       % y 轴中心节点编号

range_z = (n_pml_zn + 1) : (Nz - n_pml_zp);    % z 轴节点显示范围
range_z_c = round(Nz/2);                       % z 轴中心节点编号

max_scale = 1.5;                               % 色标范围与最大数值比例
ratio_z = 0.025;                               % 数据轴与坐标轴数值显示比例
view_angles = [0,90];                          % 三维图观察角度

% 图形窗口 1 设置
fig1 = figure(1);
% get(fig1,'Position')                         % 获取当前图形窗口的位置和尺寸
set(fig1,'Position',[105,80,788,657]);         % 图形窗口位置和尺寸
set(fig1,'Color','w');                         % 图形窗口背景颜色

% 子图 1——电场 Ex 瞬时值的 XOZ 平面切片
subplot(2,2,1)
ax1 = gca;                                     % 抓取图形 1 句柄

ax1_surf1 = mesh(permute(Ex(range_x,range_y_c,range_z),[1 3 2]));
set(ax1_surf1,'FaceColor','interp','LineStyle','none','FaceAlpha',1);

ax1_surf1_max = max_scale * E0;                % 数据轴显示范围

title('\rm\bf(a)E_x(x,0,z,t)');
xlabel('z/\lambda_0'); ylabel('x/\lambda_0');

axis([1,length(range_z),1,length(range_x), - ax1_surf1_max,ax1_surf1_max]);

box on;
ax1.BoxStyle = 'full';
daspect([1 1 ratio_z]);
view(view_angles);

cb1 = colorbar;
cb1.Ticks = [ - max_scale, - max_scale/2,0,max_scale/2,max_scale];
```

```matlab
cb1.TickLabels = [ - max_scale, - max_scale/2,0,max_scale/2,max_scale];
caxis([ - ax1_surf1_max,ax1_surf1_max]);
colormap(jet(64 * 64));

set(gca,'Layer','top','GridLineStyle','none');
drawnow

set(ax1,'LineWidth',1);                          % 坐标轴和图框线宽
ax1.XTick = [1,N_lambda:N_lambda:Nz];            % z 轴刻度位置
ax1.XTickLabel = [0,1:1:Nz/N_lambda];            % z 轴刻度文字

ax1.YTick = [1,N_lambda:N_lambda:Nx];            % x 轴刻度位置
ax1.YTickLabel = [ - 4, - 3:1:4];                % x 轴刻度文字

grid on;                                         % 显示网格

ax1.FontSize = 12;                               % 文字大小
ax1.FontName = 'Courier new';                    % 文字字体
ax1.FontWeight = 'bold';                         % 文字字形

% 子图 2——电场 Ex 振幅的 XOZ 平面切片
subplot(2,2,2)
ax2 = gca; % 抓取图形 2 句柄

ax2_surf1 = mesh(permute(E_mag(range_x,range_y_c,range_z),[1 3 2]));
set(ax2_surf1,'FaceColor','interp','LineStyle','none','FaceAlpha',1);

ax2_surf1_max = max_scale * E0;

title('\rm\bf(b)E_0(x,0,z)');
xlabel('z/\lambda_0'); ylabel('x/\lambda_0');

axis([1,length(range_z),1,length(range_x), - ax2_surf1_max,ax2_surf1_
max]);

box on;
ax2.BoxStyle = 'full';
daspect([1 1 ratio_z]);
view(view_angles);

cb2 = colorbar;
cb2.Ticks = [ - max_scale, - max_scale/2,0,max_scale/2,max_scale];
cb2.TickLabels = [ - max_scale, - max_scale/2,0,max_scale/2,max_scale];
caxis([ - ax2_surf1_max,ax2_surf1_max]);
```

```
colormap(jet(64 * 64));

set(gca,'Layer','top','GridLineStyle','none');
drawnow

set(ax2,'LineWidth',1);                        % 坐标轴和图框线宽
ax2.XTick = [1,N_lambda:N_lambda:Nz];          % z 轴刻度位置
ax2.XTickLabel = [0,1:1:Nz/N_lambda];          % z 轴刻度文字

ax2.YTick = [1,N_lambda:N_lambda:Ny];          % x 轴刻度位置
ax2.YTickLabel = [-4, -3:1:4];                 % x 轴刻度文字

grid on;                                       % 显示网格

ax2.FontSize = 12;                             % 文字大小
ax2.FontName = 'Courier new';                  % 文字字体
ax2.FontWeight = 'bold';                       % 文字字形

% 子图 3——电场 Ex 瞬时值的 YOZ 平面切片
subplot(2,2,3)
ax3 = gca;                                     % 抓取图形 3 句柄

ax3_surf1 = mesh(permute(Ex(range_x_c,range_y,range_z),[2 3 1]));
set(ax3_surf1,'FaceColor','interp','LineStyle','none','FaceAlpha',1);

ax3_surf1_max = max_scale * E0;

title('\rm\bf(c)E_x(0,y,z,t)');
xlabel('z/\lambda_0'); ylabel('y/\lambda_0');

axis([1,length(range_z),1,length(range_y),-ax3_surf1_max,ax3_surf1_
max]);

box on;
ax3.BoxStyle = 'full';
daspect([1 1 ratio_z]);
view(view_angles);

cb3 = colorbar;
cb3.Ticks = [-max_scale,-max_scale/2,0,max_scale/2,max_scale];
cb3.TickLabels = [-max_scale,-max_scale/2,0,max_scale/2,max_scale];
caxis([-ax3_surf1_max,ax3_surf1_max]);
colormap(jet(64 * 64));
```

```
set(gca,'Layer','top','GridLineStyle','none');
drawnow

set(ax3,'LineWidth',1);                  % 坐标轴和图框线宽
ax3.XTick = [1,N_lambda:N_lambda:Nz];    % z 轴刻度位置
ax3.XTickLabel = [0,1:1:Nz/N_lambda];    % z 轴刻度文字

ax3.YTick = [1,N_lambda:N_lambda:Ny];    % y 轴刻度位置
ax3.YTickLabel = [-4,-3:1:4];            % y 轴刻度文字

grid on;                                 % 显示网格

ax3.FontSize = 12;                       % 文字大小
ax3.FontName = 'Courier new';            % 文字字体
ax3.FontWeight = 'bold';                 % 文字字形


% 子图 4——电场 Ex 振幅的 YOZ 平面切片

subplot(2,2,4)
ax4 = gca;

ax4_surf1 = mesh(permute(E_mag(range_x_c,range_y,range_z),[2 3 1]));
set(ax4_surf1,'FaceColor','interp','LineStyle','none','FaceAlpha',1);

ax4_surf1_max = max_scale * E0;

title('\rm\bf(d)E_0(0,y,z)');
xlabel('z/\lambda_0'); ylabel('y/\lambda_0');

axis([1,length(range_z),1,length(range_y),-ax4_surf1_max,ax4_surf1_
max]);


box on;
ax4.BoxStyle = 'full';
daspect([1 1 ratio_z]);
view(view_angles);

cb4 = colorbar;
cb4.Ticks = [-max_scale,-max_scale/2,0,max_scale/2,max_scale];
cb4.TickLabels = [-max_scale,-max_scale/2,0,max_scale/2,max_scale];
caxis([-ax4_surf1_max,ax4_surf1_max]);
colormap(jet(64*64));
```

```
set(gca,'Layer','top','GridLineStyle','none');
drawnow

set(ax4,'LineWidth',1);                     % 坐标轴和图框线宽
ax4.XTick = [1,N_lambda:N_lambda:Nz];       % z 轴刻度位置
ax4.XTickLabel = [0,1:1:Nz/N_lambda];       % z 轴刻度文字

ax4.YTick = [1,N_lambda:N_lambda:Ny];       % y 轴刻度位置
ax4.YTickLabel = [ - 4, - 3:1:4];           % y 轴刻度文字

grid on;                                    % 显示网格

ax4.FontSize = 12;                          % 文字大小
ax4.FontName = 'Courier new';               % 文字字体
ax4.FontWeight = 'bold';                    % 文字字形
```

（8）PML 边界条件下的主循环程序（S8_Main_Loop_PML.m）

```
% % M 文件名称：S8_Main_Loop_PML.m
% % M 文件功能：支持 PML 边界条件的主循环程序

for nt = 1:N_steps
    tic % 一次循环所需时间计时开始

    % % Dx 更新公式
    % 负 y 轴方向 PML 区域中的 Dx 更新程序

Phi_ex_yn = b_ex_yn. * Phi_ex_yn + a_ex_yn. * (Hz(:,jnD,k2) - Hz(:,jnD - 1,k2));

Dx(:,jnD,k2) = Dx(:,jnD,k2) + C_Dx_dyn. * (Hz(:,jnD,k2) - Hz(:,jnD - 1,k2)) +
CD_dt * Phi_ex_yn;
    % 正 y 轴方向 PML 区域中的 Dx 更新程序

Phi_ex_yp = b_ex_yp. * Phi_ex_yp + a_ex_yp. * (Hz(:,jpD,k2) - Hz(:,jpD - 1,k2));

Dx(:,jpD,k2) = Dx(:,jpD,k2) + C_Dx_dyp. * (Hz(:,jpD,k2) - Hz(:,jpD - 1,k2)) +
CD_dt * Phi_ex_yp;
    % y 轴中间非 PML 区域中的 Dx 更新程序
    Dx(:,jD,k2) = Dx(:,jD,k2) + CD_dt_dy * (Hz(:,jD,k2) - Hz(:,jD - 1,k2));

    % 负 z 轴方向 PML 区域中的 Dx 更新程序

Phi_ex_zn = b_ex_zn. * Phi_ex_zn + a_ex_zn. * (Hy(:,j2,knD) - Hy(:,j2,knD - 1));
```

Dx(:,j2,knD) = Dx(:,j2,knD) − C_Dx_dzn. * (Hy(:,j2,knD) − Hy(:,j2,knD−1)) −
CD_dt * Phi_ex_zn;
    % 正 z 轴方向 PML 区域中的 Dx 更新程序

Phi_ex_zp = b_ex_zp. * Phi_ex_zp + a_ex_zp. * (Hy(:,j2,kpD) − Hy(:,j2,kpD−1));

Dx(:,j2,kpD) = Dx(:,j2,kpD) − C_Dx_dzp. * (Hy(:,j2,kpD) − Hy(:,j2,kpD−1)) −
CD_dt * Phi_ex_zp;
    % z 轴中间非 PML 区域的 Dx 更新程序
    Dx(:,j2,kD) = Dx(:,j2,kD) − CD_dt_dz * (Hy(:,j2,kD) − Hy(:,j2,kD−1));

    % % Dy 更新公式
    % 负 z 轴方向 PML 区域中的 Dy 更新程序

Phi_ey_zn = b_ey_zn. * Phi_ey_zn + a_ey_zn. * (Hx(i2,:,knD) − Hx(i2,:,knD−1));

Dy(i2,:,knD) = Dy(i2,:,knD) + C_Dy_dzn. * (Hx(i2,:,knD) − Hx(i2,:,knD−1)) +
CD_dt * Phi_ey_zn;
    % 正 z 轴方向 PML 区域中的 Dy 更新程序

Phi_ey_zp = b_ey_zp. * Phi_ey_zp + a_ey_zp. * (Hx(i2,:,kpD) − Hx(i2,:,kpD−1));

Dy(i2,:,kpD) = Dy(i2,:,kpD) + C_Dy_dzp. * (Hx(i2,:,kpD) − Hx(i2,:,kpD−1)) +
CD_dt * Phi_ey_zp;
    % z 轴中间非 PML 区域的 Dy 更新程序
    Dy(i2,:,kD) = Dy(i2,:,kD) + CD_dt_dz * (Hx(i2,:,kD) − Hx(i2,:,kD−1));

    % 负 x 轴方向 PML 区域中的 Dy 更新程序

Phi_ey_xn = b_ey_xn. * Phi_ey_xn + a_ey_xn. * (Hz(inD,:,k2) − Hz(inD−1,:,k2));

Dy(inD,:,k2) = Dy(inD,:,k2) − C_Dy_dxn. * (Hz(inD,:,k2) − Hz(inD−1,:,k2)) −
CD_dt * Phi_ey_xn;
    % 正 x 轴方向 PML 区域中的 Dy 更新程序

Phi_ey_xp = b_ey_xp. * Phi_ey_xp + a_ey_xp. * (Hz(ipD,:,k2) − Hz(ipD−1,:,k2));

Dy(ipD,:,k2) = Dy(ipD,:,k2) − C_Dy_dxp. * (Hz(ipD,:,k2) − Hz(ipD−1,:,k2)) −
CD_dt * Phi_ey_xp;
    % x 轴中间非 PML 区域中的 Dy 更新程序
    Dy(iD,:,k2) = Dy(iD,:,k2) − CD_dt_dx * (Hz(iD,:,k2) − Hz(iD−1,:,k2));

    % % Dz 更新公式

```
% 负 x 轴方向 PML 区域中的 Dz 更新程序

Phi_ez_xn = b_ez_xn. * Phi_ez_xn + a_ez_xn. * (Hy(inD,j2,:) - Hy(inD -
1,j2,:));

Dz(inD,j2,:) = Dz(inD,j2,:) + C_Dz_dxn. * (Hy(inD,j2,:) - Hy(inD - 1,j2,:)) +
CD_dt * Phi_ez_xn;
    % 正 x 轴方向 PML 区域中的 Dz 更新程序

Phi_ez_xp = b_ez_xp. * Phi_ez_xp + a_ez_xp. * (Hy(ipD,j2,:) - Hy(ipD -
1,j2,:));

Dz(ipD,j2,:) = Dz(ipD,j2,:) + C_Dz_dxp. * (Hy(ipD,j2,:) - Hy(ipD - 1,j2,:)) +
CD_dt * Phi_ez_xp;
    % x 轴中间非 PML 区域中的 Dz 更新程序
    Dz(iD,j2,:) = Dz(iD,j2,:) + CD_dt_dx * (Hy(iD,j2,:) - Hy(iD - 1,j2,:));


    % 负 y 轴方向 PML 区域中的 Dz 更新程序

Phi_ez_yn = b_ez_yn. * Phi_ez_yn + a_ez_yn. * (Hx(i2,jnD,:) - Hx(i2,
jnD - 1,:));

Dz(i2,jnD,:) = Dz(i2,jnD,:) - C_Dz_dyn. * (Hx(i2,jnD,:) - Hx(i2,jnD - 1,:)) -
CD_dt * Phi_ez_yn;
    % 正 y 轴方向 PML 区域中的 Dz 更新程序

Phi_ez_yp = b_ez_yp. * Phi_ez_yp + a_ez_yp. * (Hx(i2,jpD,:) - Hx(i2,
jpD - 1,:));

Dz(i2,jpD,:) = Dz(i2,jpD,:) - C_Dz_dyp. * (Hx(i2,jpD,:) - Hx(i2,jpD - 1,:)) -
CD_dt * Phi_ez_yp;
    % y 轴中间非 PML 区域中的 Dz 更新程序
    Dz(i2,jD,:) = Dz(i2,jD,:) - CD_dt_dy * (Hx(i2,jD,:) - Hx(i2,jD - 1,:));


% % 引入电场激励源
    Dx(i_Jx,j_Jx,k_Jx) = Dx(i_Jx,j_Jx,k_Jx) + dt * Jx_i_mag * wf_Jx_i(nt);

% % 物质本构关系更新公式——介电常数
    Ex(:,j1,k1) = Dx(:,j1,k1)./epsilon_x;
    Ey(i1,:,k1) = Dy(i1,:,k1)./epsilon_y;
    Ez(i1,j1,:) = Dz(i1,j1,:)./epsilon_z;
```

%% 提取场量数据——电场振幅

```
E_sq = 1/16 * ((Ex(:,j1,k1) + Ex(:,j1 + 1,k1) + Ex(:,j1,k1 + 1) + Ex(:,j1 + 1,
k1 + 1)).^2 + ....
(Ey(i1,:,k1) + Ey(i1 + 1,:,k1) + Ey(i1,:,k1 + 1) + Ey(i1 + 1,:,k1 + 1)).^2 + ....
(Ez(i1,j1,:) + Ez(i1 + 1,j1,:) + Ez(i1,j1 + 1,:) + Ez(i1 + 1,j1 + 1,:)).^2);

    if mod(nt,n_T0d2) == 1;
        E_mag_sq_t = zeros(Nx,Ny,Nz);
    end
    E_mag_sq_t = E_mag_sq_t + E_sq * 4/n_T0;

    if mod(nt,n_T0d2) == 0;
        E_mag = sqrt(E_mag_sq_t);
    end
```

%% Bx 更新公式
% 负 z 轴方向 PML 区域中的 Bx 更新程序

```
Phi_mx_zn = b_mx_zn. * Phi_mx_zn + a_mx_zn. * (Ey(i2,:,knB + 1) − Ey(i2,:,knB));

Bx(i2,:,knB) = Bx(i2,:,knB) + C_Bx_dzn. * (Ey(i2,:,knB + 1) − Ey(i2,:,knB)) +
CB_dt * Phi_mx_zn;
    % 正 z 轴方向 PML 区域中的 Bx 更新程序

Phi_mx_zp = b_mx_zp. * Phi_mx_zp + a_mx_zp. * (Ey(i2,:,kpB + 1) − Ey(i2,:,kpB));

Bx(i2,:,kpB) = Bx(i2,:,kpB) + C_Bx_dzp. * (Ey(i2,:,kpB + 1) − Ey(i2,:,kpB)) +
CB_dt * Phi_mx_zp;
    % z 轴中间非 PML 区域的 Bx 更新程序
    Bx(i2,:,kB) = Bx(i2,:,kB) + CB_dt_dz * (Ey(i2,:,kB + 1) − Ey(i2,:,kB));

    % 负 y 轴方向 PML 区域中的 Bx 更新程序

Phi_mx_yn = b_mx_yn. * Phi_mx_yn + a_mx_yn. * (Ez(i2,jnB + 1,:) − Ez
(i2,jnB,:));

Bx(i2,jnB,:) = Bx(i2,jnB,:) − C_Bx_dyn. * (Ez(i2,jnB + 1,:) − Ez(i2,jnB,:)) −
CB_dt * Phi_mx_yn;
    % 正 y 轴方向 PML 区域中的 Bx 更新程序
```

```
Phi_mx_yp = b_mx_yp. * Phi_mx_yp + a_mx_yp. * (Ez(i2,jpB + 1,:) -
Ez(i2,jpB,:));

Bx(i2,jpB,:) = Bx(i2,jpB,:) - C_Bx_dyp. * (Ez(i2,jpB + 1,:) - Ez(i2,jpB,:)) -
CB_dt * Phi_mx_yp;
    % y轴中间非 PML 区域中的 Bx 更新程序
    Bx(i2,jB,:) = Bx(i2,jB,:) - CB_dt_dy * (Ez(i2,jB + 1,:) - Ez(i2,jB,:));

    % % By 更新公式
    % 负 x 轴方向 PML 区域中的 By 更新程序

Phi_my_xn = b_my_xn. * Phi_my_xn + a_my_xn. * (Ez(inB + 1,j2,:) -
Ez(inB,j2,:));

By(inB,j2,:) = By(inB,j2,:) + C_By_dxn. * (Ez(inB + 1,j2,:) - Ez(inB,j2,:)) +
CB_dt * Phi_my_xn;
    % 正 x 轴方向 PML 区域中的 By 更新程序

Phi_my_xp = b_my_xp. * Phi_my_xp + a_my_xp. * (Ez(ipB + 1,j2,:) -
Ez(ipB,j2,:));

By(ipB,j2,:) = By(ipB,j2,:) + C_By_dxp. * (Ez(ipB + 1,j2,:) - Ez(ipB,j2,:)) +
CB_dt * Phi_my_xp;
    % x轴中间非 PML 区域中的 By 更新程序
    By(iB,j2,:) = By(iB,j2,:) + CB_dt_dx * (Ez(iB + 1,j2,:) - Ez(iB,j2,:));

    % 负 z 轴方向 PML 区域中的 By 更新程序

Phi_my_zn = b_my_zn. * Phi_my_zn + a_my_zn. * (Ex(:,j2,knB + 1) - Ex(:,j2,knB));

By(:,j2,knB) = By(:,j2,knB) - C_By_dzn. * (Ex(:,j2,knB + 1) - Ex(:,j2,knB)) -
CB_dt * Phi_my_zn;
    % 正 z 轴方向 PML 区域中的 By 更新程序

Phi_my_zp = b_my_zp. * Phi_my_zp + a_my_zp. * (Ex(:,j2,kpB + 1) - Ex(:,j2,kpB));

By(:,j2,kpB) = By(:,j2,kpB) - C_By_dzp. * (Ex(:,j2,kpB + 1) - Ex(:,j2,kpB)) -
CB_dt * Phi_my_zp;
    % z轴中间非 PML 区域的 By 更新程序
    By(:,j2,kB) = By(:,j2,kB) - CB_dt_dz * (Ex(:,j2,kB + 1) - Ex(:,j2,kB));

    % % Bz 更新公式
    % 负 y 轴方向 PML 区域中的 Bz 更新程序
```

```
Phi_mz_yn = b_mz_yn. * Phi_mz_yn + a_mz_yn. * (Ex(:, jnB + 1, k2) - Ex(:, jnB, k2));

Bz(:, jnB, k2) = Bz(:, jnB, k2) + C_Bz_dyn. * (Ex(:, jnB + 1, k2) - Ex(:, jnB, k2)) +
CB_dt * Phi_mz_yn;
    % 正 y 轴方向 PML 区域中的 Bz 更新程序

Phi_mz_yp = b_mz_yp. * Phi_mz_yp + a_mz_yp. * (Ex(:, jpB + 1, k2) - Ex(:, jpB, k2));

Bz(:, jpB, k2) = Bz(:, jpB, k2) + C_Bz_dyp. * (Ex(:, jpB + 1, k2) - Ex(:, jpB, k2)) +
CB_dt * Phi_mz_yp;
    % y 轴中间非 PML 区域中的 Bz 更新程序
    Bz(:, jB, k2) = Bz(:, jB, k2) + CB_dt_dy * (Ex(:, jB + 1, k2) - Ex(:, jB, k2));

    % 负 x 轴方向 PML 区域中的 Bz 更新程序

Phi_mz_xn = b_mz_xn. * Phi_mz_xn + a_mz_xn. * (Ey(inB + 1, :, k2) - Ey(inB, :, k2));

Bz(inB, :, k2) = Bz(inB, :, k2) - C_Bz_dxn. * (Ey(inB + 1, :, k2) - Ey(inB, :, k2)) -
CB_dt * Phi_mz_xn;
    % 正 x 轴方向 PML 区域中的 Bz 更新程序

Phi_mz_xp = b_mz_xp. * Phi_mz_xp + a_mz_xp. * (Ey(ipB + 1, :, k2) - Ey(ipB, :, k2));

Bz(ipB, :, k2) = Bz(ipB, :, k2) - C_Bz_dxp. * (Ey(ipB + 1, :, k2) - Ey(ipB, :, k2)) -
CB_dt * Phi_mz_xp;
    % x 轴中间非 PML 区域中的 Bz 更新程序
    Bz(iB, :, k2) = Bz(iB, :, k2) - CB_dt_dx * (Ey(iB + 1, :, k2) - Ey(iB, :, k2));

    % % 物质本构关系更新公式——磁导率
    Hx = Bx/mu_0;
    Hy = By/mu_0;
    Hz = Bz/mu_0;

    % % 更新电磁场空间分布图形
    if mod(nt, 10) == 1          % 图形刷新间隔循环数
        % 电场瞬时值空间分布的 XOZ 平面切片
        ax1_surf1.ZData = permute(Ex(range_x, range_y_c, range_z), [1 3 2]);
        set(ax1, 'Layer', 'top', 'GridLineStyle', 'none');
        drawnow

        % 电场振幅空间分布的 XOZ 平面切片
        ax2_surf1.ZData = permute(E_mag(range_x, range_y_c, range_z), [1 3 2]);
        set(ax2, 'Layer', 'top', 'GridLineStyle', 'none');
        drawnow
```

```
            % 电场瞬时值空间分布的 YOZ 平面切片
            ax3_surf1.ZData = permute(Ex(range_x_c,range_y,range_z),[2 3 1]);
            set(ax3,'Layer','top','GridLineStyle','none');
            drawnow

            % 电场振幅空间分布的 YOZ 平面切片
            ax4_surf1.ZData = permute(E_mag(range_x_c,range_y,range_z),[2 3 1]);
            set(ax4,'Layer','top','GridLineStyle','none');
            drawnow
    end

    %% 制作 GIF 动态图片
    frame1 = getframe(fig1);
    im1 = frame2im(frame1);
    [A1,map1] = rgb2ind(im1,256);
    if nt == 1;
        imwrite(A1,map1,'D:\图 8.7.gif','gif',
        'LoopCount',Inf,'DelayTime',0.1);
    else
        if mod(nt,20) == 0          % 动画制作间隔循环数
            imwrite(A1,map1,'D:\图 8.7.gif','gif',
            'WriteMode','append','DelayTime',0.1);
        end
    end
    toc                        % 显示一次循环所需时间
    nt                         % 显示当前已完成步数

end
```

（9）仿真后处理（S9_Post_Processing.m）

```
%% M 文件名称: S9_Post_Processing.m
%% M 文件功能: 仿真后处理
%% 输出图形窗口图片
figure(1)
set(gcf,'InvertHardcopy','off')      % 打印时不改变图形窗口底色背景
set(gcf,'PaperPositionMode','auto')  % 打印时不改变图形内各个对象的
                                     % 位置
print(gcf,'-dtiff','-r300','D:\图 8.7.tiff') % 设置图片格式、分辨率和保存路径
```

以上程序代码的运行结果如图 8.7(a)～(d)所示，图(a)和图(b)给出电场 E_x 的瞬时值和总电场振幅在 xOz 平面上的空间分布结果，图(c)和图(d)

给出电场 E_x 的瞬时值和总电场振幅在 yOz 平面上的空间分布结果,从图中可以观察到高斯光束入射气泡后发生的散反射现象。

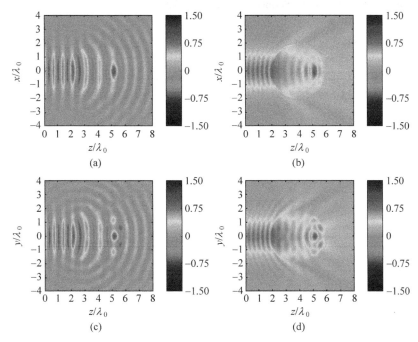

图 8.7 熔石英玻璃内高斯光束入射球形气泡散反射特性 FDTD 仿真结果

(a) $E_x(x,0,z,t)$; (b) $E_0(x,0,z)$; (c) $E_x(0,y,z,t)$; (d) $E_0(0,y,z)$

参考文献

[1] VESELAGO V G. Properties of materials having simultaneously negative values of the dielectric (ε) and magnetic (μ) susceptibilities[J]. Sov. Phys. Solid State,1967, 8:2854-2859.

[2] PENDRY J B,HOLDEN A J,ROBBINS D J,et al. Low frequency plasmons in thin-wire structures[J]. J Phys.:Condens Matter,1998,10:4785-4809.

[3] PENDRY J B,HOLDEN A J,ROBBINS D J. Magnetism from conductors and enhanced nonlinear phenomena[J]. IEEE Trans. Microwave Theory Tech. ,1999,47 (11):2075-2084.

[4] PENDRY J B. Negative refraction makes a perfect lens[J]. Phys. Rev. Lett. ,2000, 85:3966-3969.

[5] SMITH D R,PADILLA W J,VIER D C,et al. Composite medium with simultaneously negative permeability and permittivity[J]. Phys. Rev. Lett. ,2000,

84：4184-4187.

[6] SHELBY R A,SMITH D R,SCHULTZ S. Experimental verification of a negative index of refraction[J]. Science,2001,292：77-79.

[7] ELEFTHERIADES G V,IYER A K,KREMER P C. Planar negative refractive index media using periodically L-C loaded transmission lines[J]. IEEE Trans. Microwave Theory Tech. ,2002,50(12)：2702-2712.

[8] FANG N,LEE H,SUN C,et al. Sub-diffraction-limited optical imaging with a silver superlens[J]. Science,2005,308：534-537.